랜디와 잭 그리고 베카에게

차 / 례 /

프/롤/로/그

1900년의 샌프란시스코는 골드러시의 붐을 타고 번듯한 차림새의 중년들까지 이주해 오는 어엿한 신흥도시였다. 50년 전만 해도 이곳은 모래 언덕 위에 광산 노동자들의 야영 텐트가 세워져 있을 뿐이었다. 하지만 이제 20층 높이에 달하는 빌딩과 대형 호텔, 노브 힐에 세워진 빅토리아풍의 저택들이 하늘을 배경으로 새로운 풍광을 그려 내고 있었다. 여배우의 목걸이 같은 체인을 매단 케이블카가 철커덕거리며 언덕을 오르내렸다. 신흥 갑부들의 열의에 힘입어 이 도시에는 오페라 하우스가 세 곳이나 들어섰다. 그러나 족제비털로 만든 오페라 외투 밑에서는 여전히 거친 과거의 심장이 고동쳤다. 살롱과 희가극, 아래층은 식당이고 위층엔 여자들이 있던 '프랑스식 레스토랑' 그리고 매음굴 안에는 여전히 옛 바바리 연안Barbary Coast의 흔적이 남아 있었다.

　드센 갈매기들이 안개와 태양의 서늘한 어울림 속으로 날아오르더니 고집스럽게 울어 대면서 마을을 한 바퀴 빙 돌았다. 거리로 나가 보면 전기와 자동차를 이용하려는 사람들의 욕망에도 불구하고 도시는 여전히 가스등과 마차의 물결이었다. 1인승 마차와 전차들이 시내부터 교회, 사원, 빈터를 지나 오션 비치까지 서쪽으로 덜컹대며 달렸다. 마켓 가의 경사진 빈터가 남서쪽에서 북서쪽으로 뻗어 있는 마을을 양분했다. 카스트로 가에서부터 둥근 지붕의 시청을 지나고 팰리스 호텔과 중앙 시장과 골든 룰 바자 백화점까지 지나면 마침내 이 도시의 끝인 부두가 보인다. 해운회사 건물 시계탑이 방문자들의 눈에 들어오는 첫 번째 풍경이었다.

　선창은 매년 도착하는 수천 대의 범선과 증기선들 그리고 그 위에 삐죽 솟은 돛대와 굴뚝들로 빽빽했다. 안개 사이로 각 배의 항로를 안내하기 위해 모든 갑岬의 등대들이 깜빡거렸다. 현대적인 농무경적濃霧警笛 장치가 도입되기 수십 년 전에는 엔젤 아일랜드, 알카트래즈, 예르바 부에나 등 각 섬마다 부두에 종, 선박용 호각, 사이렌 혹은 차임벨 장치까지 준비해 두고 고유의 음향신호를 보냈다. 안개 낀 날이면 안전한 항구까지 배를 안내하기 위해 이상한 음악을 연주해 대는 탓에 부두는 고대의 파이프 오르간과 같은 소리들로 가득 찼다.

　그러나 항구는 더 이상 안전한 곳이 아니었다. 태평양을 건너 뜻밖의 수입품 즉, 선腺페스트(페스트 중 가장 흔한 질병. 피부로 침입한 균이 림프절로 들어가 출혈성 화농 염증을 일으킴. 전신으로 퍼지면서 패혈증을 일으켜 사망하게 됨―역자 주)가 들어왔던 것이다. 중국과 하와이에서 출발한 국제 무역선들이 값비싼 화물과 희망에 가득 찬 이민자들 그리고 전염병을 옮기는 해충들을 싣고 금문교 하구에 도착했다. 쥐들이 구멍에서 빠져 나와 배의 장비들 사이로 황급히 숨었다가 선창으로 내려왔다. 그리고 비탈로 도망쳐 도시의 심장부까지 들어갔다.

연방 정부 제복을 입은 두 의사, 조지프 키년과 루퍼트 블루는 페스트를 진정시키기 위해 각자 나름대로 최선을 다했다. 한 사람은 엔젤 아일랜드 검역소의 실험실에서 병의 발생을 막아 보려고 노력했다. 또 다른 사람은 거리로 나와 산책로에서 지하실까지 전염병 방역을 실시하느라 애를 썼다. 그 시절의 공중위생은 과학지식의 부족으로 열악한 상황이었으며 질병에 대한 부정否定과 인종차별이라는 두 악마로 인해 엉망이었다. 한 사람은 실패했고 다른 한 사람은 최고의 의사로 성공했다. 오늘날 그들의 이름을 기억하는 사람은 거의 없다. 그러나 그들의 사명은 다가오는 세기에 유행병으로 겪게 될 어려움을 미리 예견하는 것이었다.

페스트가 닥쳤던 당시에 대해 한 의사는 후에 이렇게 회상한다. "우리는 암흑 속에서 싸우고 있었습니다." 과학자는 금문교 옆의 도시에서 환영받지 못하는 존재들이었다. 세기의 반환점에서 샌프란시스코는 페스트 없는 '태평양 연안의 파리'가 되겠다는 야심에 찬 계획을 세웠다. 도시미화운동의 지지자인 제임스 펠란 시장은 보자르 미술관 안에 시민회관을 세우려고 시도했다. 산업면에서 이 도시는 태평양 연안 해운산업의 중심지이자 미국 육군의 서부수송센터라는 자부심을 갖고 있었다. '평화시엔 황금, 전쟁기엔 강철'이라는 표어에서 보듯이 샌프란시스코의 미래는 광채가 나든 안 나든 금속에 달려 있었다. 이 도시의 거물들은 산에서 금광을 개발하고 경제구역 내에 대형 은행을 건설함으로써 부를 축적했다. 이후에는 철광산업과 조선업자들이 필리핀에서 벌어진 미국·스페인 전쟁을 위한 군함을 공급함으로써 이 도시의 흑자를 이끌었다.

1900년의 정신에 대해 예술가들이 발행하는 신문 『크로니클』지는 철도, 전신기 및 발전기 엔진을 작동하는 진보의 여신이라고 묘사했다. 샌프란시스코는 이 진보의 윤리를 채택하면서 해치해치 강에 둑을 쌓고 타호 숲을 파괴하여 동력과 건축자재를 얻었다. 존 뮤어와 그가 이끄는 환경단체 시에라 클럽이 이에 항의했다. 기업의 중역회의실에서부터 교회의 설교단까지 도시 전체가 미국·스페인 전쟁이 경제에 득이 되리라고 환호하는 분위기였다. 철강산업노동조합과 남부태평양 철도가 잘나가는 만큼 도시도 잘나갔다. 골드러시의 자녀인 샌프란시스코 사람들은 스스로를 새로운 아르고선船 용사, 탐험가, 확실한 운명의 집행자라고 불렀다.

미국 동부에 애스터Astor, 카네기Carnegie, 맬런Mellon 가家가 있다면 샌프란시스코에는 '4대' 철도왕인 홉킨스Hopkins, 헌팅턴Huntington, 크로커Crocker, 스탠퍼드Stanford 가가 있었다. 이들은 토스카나 구릉지대Tuscan hill town에 모여 살던 르네상스 시대의 왕자들처럼 노브 힐에 각자의 궁전을 짓고 모여 살았다. 곧 다른 산업가들이 그들을 따라 마켓 가街 남쪽을 버리고 노브 힐과 퍼시픽 하이츠의 보다 상쾌한 기후를 택했다. 최고가 되기 위해 서로를 밀어 대던 이들은 이탈리아 르네상스풍, 프랑스 바로크풍, 빅토리아풍, 에드워드 왕조풍, 앤 여왕조풍 등 다양한 양식의 주택으로 언덕을 채워 나갔다.

햇살 좋은 주말이면 짐마차와 접이식 지붕마차, 이륜 포장마차 그리고 몇 대의 자동차가 바람을 가르며 금문교 공원을 가로질러 서쪽으로 달렸다. 그들의 녹색 양탄자가 모래 언덕을 덮으면서 한때 도시의 서쪽 변두리로 날아들던 모래 폭풍이 잠잠해졌다. 반짝반짝 윤이 나는 푸른 초목 사이로 미끄러지듯 달려서 여행자들이 몰려가는 곳은 목재로 지은 빅토리아풍 레스토랑 '클리프 하우스'의 생강과자 성이었다. 이 레스토랑은 갑 위에 자리하고 있어서 태평양의 흰 파도와 바위 위에서 포효하는 바다사자가 내려다보였다. 목적지에 도착한 여행자들은 다시 몸을 돌려 집을 향해 달리면서 유쾌하게 떠들고 서쪽에서 안개가 몰려들기 전에 바람에 얼굴을 태웠다. 이런 주말의 행렬은 하루 종일 계속되었다.[1]

산책하는 사람들은 마켓 가나 몽고메리 가, 카니 가를 거닐었다. 남자들은 어깨가 넓은 트위드 슈트를 입고 중산 모자를 썼다. 코르셋으로 숨이 찰 만큼 꼭 조여 8자형 몸매를 만든 여자들은 화이트 하우스나 시티 오브 파리 같은 고급 양장점에서 맞춘 담갈색, 산호색 혹은 하늘색 데이 가운을 살짝 끌면서 지나갔다. 모자 꼭대기에 체리 다발과 굴광성 식물의 잔가지를 얹거나 레이스와 백로 깃털로 장식한 큰 접시처럼 생긴 챙 넓은 모자와 토스카나산 모자를 쓰는 것이 대유행이었다. 땅콩과 프렌치 캐러멜을 물릴 만큼 먹은 세일러복 차림의 아이들은 공연장에서부터 집까지 부모의 뒤를 졸졸 쫓아갔다.

집에는 저녁 식사가 준비되어 있었다. 이 무렵 코나 커피는 파운드 당 20센트, 원양 생선이 파운드 당 12.5센트, 캘리포니아 무화과 열매가 4파운드에 25센트에 팔렸다. 골드러시의 산물인 이스트로 부풀린 빵은 두 덩어리에 10센트였다.

극장에는 관객이 몰려들었고 마크 트웨인의 〈바보 윌슨〉에서 파데레프스키의 피아노 독주회까지 각자의 입맛에 맞는 볼거리가 풍성했다. 알레아자르 극장에서는 프랑스 희극이 공연되었고 오페라 하우스에서는 화려한 거장 발터 담로슈가 〈방황하는 네덜란드인〉을 지휘했다. 상류층의 젊은이들은 그린웨이 무도회장과 라 죄네스 코티리옹에서 점잔을 빼며 왈츠를 추었다. 쇼걸과 젊은 멋쟁이들은 템포가 빠른 탭댄스를 즐기기도 했다.

일단 거물들이 노브 힐로 옮겨가고 나자 마켓 가 남쪽의 볕 좋은 삼각지대는 노동자 계층에게 돌아갔다. 그리하여 이곳은 유행의 선두 지역에서 하숙집과 단층 연립주택이 주를 이루는 실용적인 구역으로 탈바꿈했다. 카프 앤 스트리츠 타말리 그로토와 리파인드 콘서트홀에서는 싸구려 희극이나 실력 있는 아마추어들의 무료공연이 인기를 누렸다. 어떤 면으로는 이 동네 자체가 희극이었다. 그러나 신흥도시의 자유분방함은 종종 석탄산(石炭酸, 페놀의 옛 이름—역자 주) 음독이나 열쇠구멍을 가득 메운 가스 폭발사고와 함께 비극으로 끝나곤 했다. 불행을 이기고 살아 남은 사람들의 마지막 휴양지는 트윈 픽스의 안개 자욱하고 바람 많은 언덕에 세워진 국립 빈민구제소였다.

샌프란시스코 항에 새로 들어오는 사람들은 범선이나 증기선을 타고 금문교를 통과한 후 엔젤 아일랜드 부근의 만에 있는 검역소에서 배가 검역을 통과할 때까지 기다려야 했다. 중국인일 경우, 의사들은 몸의 각 분비기관을 엄밀하게 검사하고 목구멍 속까지 꼼꼼히 살펴본 후 살균제로 목욕을 시켰다. 백인일 경우는 살균제 세례만은 면할 수 있었다. 하지만 그들도 태평양 해운회사의 선창에 하선하기 전에 의사들에겐 입 안을, 검역관들에겐 가방을 열어 보여야 했다.

길고 낮은 헛간 같은 창고 건물에 백인과 중국인의 대합실이 따로 분리되어 있었다. 한쪽 대합실에서는 하와이 항해를 마치고 상륙한 빅토리아 시대의 여행자들이 가족들과 재회했다. 다른 대합실에는 솜옷을 입고 천으로 만든 신을 신은 이민자들이 들어갔다. 비단코트 차림에 작고 높은 샌들을 신은 여자들은 남편의 부름을 받고 온 부인들이었다. 볼이 발그레하고 풋풋한 시골 아가씨들은 매춘굴의 쪽방 열쇠 더미를 들고 있는 검은 옷차림의 여자들에게 인도되었다.

마차가 그들을 태우고 오르막길을 달려 차이나타운에 내려주었다. 도시 중심부에 자리를 잡은, 열두 블록 남짓 되는 구역이 바로 차이나타운이다. 이곳은 발코니가 달린 벽돌과 목재로 지은 주택들, 짙은 향 냄새가 풍기는 사원, 갈색 기름이 자르르 흐르는 오리와 함께 매달아 놓은 채소들, 피라미드처럼 쌓아 놓은 양파와 양배추들, 오렌지와 푸르스름한 멜론 더미들의 마을이었다.

이삼만 명 정도 되는 중국인들의 안식처인 이 일대는 바바리 연안에 옮겨 놓은 중국 황제의 비옥한 식민지 땅이었다. 구경꾼들 눈에는 남자들만의 사회, 전통에 따라 길게 땋아 내린 변발 위에 미국식 중산모자로 폼을 낸 남자 노동자들만의 마을로 보이기도 했다. 그들은 대개 하숙집에서 쓸쓸하고 빈곤한 생활을 했는데 가족들을 샌프란시스코로 데려오려면 많은 비용이 필요했기 때문이다. 부인과 자녀들은 아주 소수에 불과했으며 그나마 모두 부유한 상인의 가족들이었다. 백인들과 함께 학교에 다닐 수 없었던 중국인 자녀들은 6학년으로 끝나는 인종차별적인 학교에 맡겨졌다.

귀화인이든 캘리포니아 태생이든 차이나타운 사람들은 자신들을 대변하기 위해 중국 6대 회사의 강력한 상업력에 의지했다. 이것은 중국 각지에서 온 사람들로 구성된 일종의 지역협동조합이었다. 또 중국인자선협회로 알려진 단체도 많은 역할을 했다. 이 협회는 박애주의적인 단체이자 비공식적인 외교기관이었고 또한 상공회의소이기도 했다. 가난한 이들을 위한 자선금을 모금하고 편견과 싸웠으며 차이나타운과 도시의 백인 조직 사이에서 중재자 역할을 했다. 도박과 매춘을 관리하는 비밀 조직들 사이에 세력 다툼이 생기면 중국 6대 회사가 나서서 화해시켰다. 백인들의 법이 중국인들을 차별대우할 때도 중국 6대 회사가 변호사를 선임하여 법정에 세웠다. 해외이주자노인회는 회원들이 살아 있는 동안 거친 백인 사회에서 잘 헤쳐 나갈 수 있게, 그리고 죽은 뒤에는 중국에 뼈를 묻을 수 있도록 도왔다.

차이나타운의 주된 통행로는 듀폰 가로 이곳 사람들은 '도반개'Do bahn gai라고 불렀다. 후에 시의회 의원들이 이곳을 그랜트 가로 개명하지만 지금도 노인들 사이에서는 듀폰 가로 불린다. 이 도로는 서쪽으로는 노브 힐의 저택들과 호텔들까지 이어져 있고 동쪽으로는 경제구역, 선창 부근의 해운회사들, 만의 반들반들한 회색 물결 앞까지 뻗어 있었다. 남쪽으로는 유니언 광장 근처에 몰려 있는 세련된 상점과 식당, 극장들 그리고 매춘굴까지 연결되었다. 북쪽으로는 로망스어 억양이 짙게 밴 분위기 속에서 자유분방한 예술가들이 시큼한 포도주에 취해 있는 바바리 연안의 살롱들과 라틴 지구가 있었다. 이런 유혹의 거리들 중 아시아인에게, 더구나 가난한 아시아인 노동자들에게 열려 있는 것은 거의 없었다.

중산 모자를 쓴 빅토리아 시대의 남자들과 말끔한 블라우스 차림의 여자들은 일없이 시간을 보내러 차이나타운에 들렀다. 어떤 이들은 홀짝거리며 차를 마시거나 골동품을 샀다. 또 단돈 얼마에 안내인을 구해서 아편굴 관광을 즐기는 사람들도 있었다. 그들은 흡연자들이 좁은 침상에 누워서 뿔로 된 상자에 담긴 행복의 도구를 흔들어 대는 모습을 볼 수 있었다. 처음에 그들은 아편 원액에 적신 타르 조각을 철사로 잘 녹인 다음 기포가 새지 않게 잘 막은 후 길고 가느다란 대나무 자루가 달린 골무 크기의 돌 파이프에 붙였다. 그리고 점점 나른해져서 흐리멍덩한 눈으로 낙원에 도착할 때까지 파이프에 계속 채워지는 그 자극적인 향을 들이마셨다. 아편을 태우는 자극적인 향에 뒷걸음질치는 관광객이 있는가 하면 땅콩 볶는 향에 비교하는 이들도 있었다. 안내인들은 출입이 금지된 비밀 응접실에서 백인 남녀들까지 파이프를 빨아 대고 있다고 털어놓곤 했다.

물론 이런 악덕은 차이나타운만의 문제가 아니었다. 전해지는 말에 의하면 소설가 잭 런던과 그의 동료들이 모든 인종의 매춘굴들을 골고루 답사하고 다녔다고 한다. 사실, 시내에서 악덕의 중심점은 유니언 광장 바로 뒷골목인 모턴 가였다. 이곳 상점들은 뻔뻔하게도 가게 앞 유리창에 버젓이 여자들을 진열해 놓곤 했다. 후에 이 길은 메이든 레인으로 개명된다.

차이나타운은 위대한 샌프란시스코가 그러하듯이 번쩍이는 황금에 눈먼 사람들이 행운을 찾아 모여들던 시기에 형성되었다. 1850년대, 광저우를 성도로 둔 중국 광둥성 주장강 삼각주의 남자 수천 명이 고향마을을 등졌다. 그들은 자기들 언어로 '괌산(황금산)'이라고 부르던 땅에 도착하기까지 몹시 어둡고 저급한 3등 선실에서 몇 주 동안이나 견뎌야 했다. 1860년대에 들어서자 철도회사 간부들은 시에라 산맥을 관통하는 터널을 뚫은 후 대륙횡단철도의 선로를 깔고 대못을 치기 위해 더 많은 중국인들을 채용했다. 이 일이 끝나자 중국인들은 광산과 철로를 떠나 자두와 아스파라거스 수확에 뛰어들었다. 그리고 캘리포니아 들판에서 북쪽으로 멀리 떨어진 워싱턴의 과수원과 알래스카의 양식장까지 수확기를 쫓아 이동했다.

마을 안에 정착한 중국인들은 빨래를 하고 셔츠를 깁고 신발을 수선하거나 담배를 말아서 생계를 이어갔다. 팰리스 호텔에서 요리사로 일하거나 문지기 제복을 입고 마차 출입구의 말들 뒤에서 교묘하게 정보를 주무르는 이들도 있었고 상류사회의 집사와 주방장 노릇을 하는 이들도 있었다. 중국인 노동자들은 신중하고 열심히 일하면서도 값싼 일꾼들이었다. 중국인 소기업주들은 상인 계층의 발전을 도왔다. 그들의 산업은 별과 줄무늬의 땅 혹은 그들이 '꽃무늬 깃발의 나라'라고 부르던 아메리카의 풍부한 노동력으로 보상을 받았다. 그들은 어느새 꼭 필요한 존재가 되었다.

좋은 시절에는 중국인들이 받아들여졌다. 하지만 19세기 말 불경기와 함께 분위기가 바뀌었다. 이전에는 그들의 생산력이 고맙게 여겨졌지만 이제 중국인들은 교활하고 음흉한 일자리 도둑의 역할을 맡아야 했다. 백인 노동자들의 선동적인 지도자 데니스 카니가 소집한 집회는 '중국인들은 돌아가라.'라는 함성 속에 폭동으로 변해 버렸다. 백인 노동자연맹 소속의 구두 수선공들은 자신들이 만든 구두에 중국인들이 손대지 않았다는 표시로 도장을 찍었다. 그리고 백인 제품을 사는 행위가 '우리 주와 도시의 백인 구두 수선공들이 자신과 가족들을 부양할 수 있게 돕는 길이다.'라고 소비자들을 설득했다. 그런데 얼마 지나지 않아 중국인들은 더 많은 누명을 써야 할 처지가 되었다. 백인들의 일자리를 빼앗았을 뿐 아니라 도시의 젊은이들을 아편과 매춘으로 타락시키고 질병을 퍼뜨렸다는 죄목까지 뒤집어쓰게 되었던 것이다.

정치가들은 이런 두려움을 1882년에 만들어진 중국인 이민금지법으로 달래려 했다. 이 법률은 소위 쿨리coolies들의 입국만은 예외로 쳤다. 쿨리라는 단어는 최하급 계층 노동자나 백인을 위한 짐꾼을 연상시켰다. 20세기가 열리면서 식민지 비하정책은 여전히 적개심을 불러일으켰으며 종종 끓어 넘쳐 폭력적인 행동으로 표현되기도 했다.

자갈과 판자로 포장된 1900년 샌프란시스코의 산책로를 걷노라면 종종 중국인 사내가 자신의 변발을 세게 잡아당기거나 심지어 잘라 버리는 광경을 볼 수 있었다. 긴 흑색 변발은 청나라 왕조에 대한 충성의 상징이자 견딜 수 없는 상황일 때 고향으로 돌아갈 수 있는 통행증이었다. 어떤 이들은 이런 동양과 서양 사이의 충돌이 '후들럼(불량 청년)'이라는 단어를 낳았다고 말한다. 즉, 중국인 희생자에게 말을 거는 백인 불량청년이 '해치워 Huddle'em!'라고 외친 다음부터 이 표현을 응용했다는 주장이다. 좀 기발한 생각이기는 하다. 하지만 위조해서 만든 작품 속에도 원작의 핵심만은 그대로 남아 있게 마련이다.[2]

일요일 제일회중교회 근방에서 작가 앰브로즈 비어스는 언젠가 이런 장면을 목격했다. 사건인즉, 주일학교 학생들 한 무리가 듀폰 가를 지나던 어느 중국인에게 돌을 던졌다. 기도할 시간이라고 그들을 부르는 찬송가 소리가 들리고 나서야 돌팔매질이 끝났다.

주사위 게임을 하러 백인 술집에 들어갔던 한 중국인 세탁부는 자기 세탁물 바구니 속에 처박혀 밖으로 내던져졌다. 그래서 그는 가족들의 음료수를 사기 위해 강도행각을 벌여야 했다. 그는 법정에서 정당성을 주장했지만 변호사와 판사는 그를 비웃었다. 신문은 이 사건을 우스꽝스런 이야기로 보도하는 한편, 폭행은 '칭크(중국인을 모욕적으로 부르는 표현—역자 주)의 행운과 화려한 미래를 근절' 시키려는 선한 의도에서 나온 행동이었다고 평했다.

샌프란시스코 신문들은 엉터리 영어를 내뱉는 이민자들을 풍자적으로 표현한 '칭크' 만화들을 통해 백인 노동자들의 두려움을 공공연히 부채질했다. 일반적인 대화 속에서 그들은 '미개한 중국인'으로 불리곤 했다. 이 표현은 브렛 하테가 「진실한 제임스의 솔직한 언어」라는 시에서 새로 만들어낸 표현이었다. 그 시에는 소매 속에 카드를 숨기고 백인들을 속여 돈을 빼앗던 교활한 도박꾼 아신에 관한 이야기가 담겨 있다. '황색 재난'에 대한 편집병이 날로 심각해져 가는 가운데 부드럽지만 교활한 이방인에 대한 풍자만화가 빅토리아 시대 샌프란시스코의 정신에 분노의 불을 댕겼다. 경제 불황이 인내의 목을 죄던 상황에서 전염병은 인종차별적인 적대감을 더욱 눈덩이처럼 부풀리는 역할을 했다. 태평양 연안의 입구에 위치한 샌프란시스코는 항상 질병의 유입에 그대로 노출된 상태였다. 1900년, 역사상 가장 악명 높은 질병이 막 들어오려 하고 있었다.

14세기 플로렌스에서 17세기 런던까지 선페스트가 유럽을 휩쓸었다. 그리고 19세기 말까지 인도와 중국 사이의 히말라야 국경지대를 따라 서서히 번졌다. 군인들이 국경을 종횡으로 넘나드는 사이 페스트가 중국 내륙까지 묻어 들어갔다. 그리고 1894년 홍콩에서 시작된 무서운 전염병이 중국 대륙 전역으로 퍼졌다. 페스트는 항구에 정박해 있는 국제선에 몰래 묻어 들어갔고 많은 대륙으로 실려 나갔다. 이런 행선지 중 하나가 금문교의 도시, 샌프란시스코였다.

페스트가 은밀히 여행을 시작했다. 그것이 얼마나 번질지는 아직 아무도 예측하지 못했다. 이 병의 전염에 대한 19세기의 학설은 더럽고 오염된 음식과 '독기' 혹은 전염성 증발물로 이루어진 구름 때문으로 보는 경향이 우세했다. 신흥도시 샌프란시스코의 사업가와 정치가들은 페스트를 무역과 여행에 악영향을 미칠 외국의 재앙 정도로만 여겼다. 그런 탓에 시청부터 주청사까지, 공무원들 대다수는 별로 두려움을 느끼지 않고 있었다.

1900년에 이 도시는 스스로 자초한 대재앙에서 매우 역동적인 배역을 맡았다. 빅토리아 시대 대부분의 도시들과 마찬가지로 샌프란시스코는 쓰레기로 만을 오염시키는 노화된 하수구 시설들에 관심이 없었다. 그리고 급격히 늘어나는 쥐들을 너그럽게 보아 넘겼다. 빅토리아 시대의 도시들은 디프테리아, 결핵, 천연두 등 모든 유행성 세균들의 배양접시나 다름없었다. 샌프란시스코 역시 마찬가지였다. '봉쇄조치'에 대한 소문이 퍼졌고, 모든 가족들은 언제 이웃들에게 떼밀려 구급마차로 주립병원의 격리병동에 실려 갈지 몰라 불안한 나날을 보냈다. 과학자들 외에는 아무도 볼 수 없는 불가사의한 세균들은 하얀 막으로 목구멍을 완전히 뒤덮거나 기침으로 폐를 좀먹고 얼굴에 상처자국을 남길 때까지 맹렬하게 날뛰었다.

샌프란시스코의 거의 십분의 일을 차지하는 차이나타운은 비좁은 12개 구역의 경사지 꼭대기까지 오밀조밀한 집들이 즐비했으며 질병에 특히 취약했다. 그러나 도시 공무원들의 눈에 듀폰 가의 질병은 다른 곳의 질병과 달리 더러운 외국인의 특징으로 비쳤다. 백인들은 차이나타운의 모락모락 김이 나는 향기 강한 국물 요리에 코를 들이대고 마치 바로 그 공기가 전염병 구름인 것처럼 굴었다. 의료진들 중에서조차 가난하고 병든 사람이 호흡을 통해 다른 사람에게 페스트를 전염시킬 수 있다는 낡은 설을 고수하는 이들이 있었다. 또 지역적인 특수성 때문에 사원의 향, 돼지고기 훈재소 냄새, 아편 향 등이 뒤섞인 차이나타운의 공기가 백인의 콧구멍에는 해롭다고 생각하는 경향이 있었다. 그와는 반대로 중국인들은 그들이 번식시킨 질병에 이미 면역되어 있다고 믿어졌다. 이런 편견들 때문에 중국인들은 다른 곳에서는 살 수 없는 상황이었음에도 차이나타운에 몰려 살면서 그 지역을 황폐화시킨다고 비난받았다.

기록을 살펴보면, 시청은 훨씬 이전인 1885년에 샌프란시스코 시 행정위원회에 제출하는 보고서에서 차이나타운의 위생상태에 대해 다음과 같이 묘사했다.

중국인들은 인류가 행하는 천한 짓들 중 가장 천박한 습관(도박, 아편, 매춘)을 이곳으로 들여 와 번창시켰고 여전히 자행하고 있습니다. …… 그들은 우리 젊은이들에게 가장 소름끼치는 부도덕이라는 병균을 접종시키고 있습니다. 뿐만 아니라 같은 원천을 통해, 가장 무서운 질병을 전염시킴으로써 수천 명의 피를 중독시켰습니다. 그리고 전염병을 일으키는 존재와 함께 살아야 하는 전 인류와 자기 자신에 대해 저주하느니 차라리 태어나지 않는 편이 나았을, 연주창(목 부분 림프절에 생기는 결핵—역자 주)과 나병 희생자의 피를 물려 받은 그런 후손들을 퍼트리는 것 또한 질병의 중요한 원인으로 보입니다.

이런 비난과 대비되는 새로운 위협이 다가왔다. 처음에는 어렴풋이 느낄 수 있는 정도였다. 유행병이 무섭게 번져 중국 대륙 전역에서 많은 목숨을 휩쓸어 갔다는 소식이 홍콩에서 들려왔다. 1899년까지 증기선과 범선들이 태평양을 건너 하와이까지 전염병을 옮겼다. 열이 나고 선腺이 붓다가 갑자기 죽는 환자들이 호놀룰루에 있는 차이나타운에서 발생했다. 페스트가 상륙했음을 인식한 시의 보건국은 전염병이 발생한 집들을 태워 버리라고 명령했다. 그러나 무역풍이 갑작스레 방향을 바꾸면서 불길이 진압할 수 없게 번지기 시작했다. 교회의 뾰족탑에 불이 옮겨 붙는가 싶더니 소방호수가 닿는 범위 밖으로 불똥이

튀었다. 곧 차이나타운이 불길 속에 빨려 들어갔다. 화염이 폭발하면서 불꽃이 쏟아져 내렸고 상점들은 잿더미로 변했다. 연기가 가셨을 때는 호놀룰루에 살던 6천 명의 중국인들이 집을 잃은 상태였다.

섬에 정착했던 자기 동포들의 운명을 보면서 샌프란시스코의 중국인들은 두려움에 떨었다. 그것은 '이중 저주'였다. 유행병에 화재까지 겹쳐서 발생한 대재앙이었다. 그러나 샌프란시스코의 백인들은 열대성 전염병이 서늘하고 안개가 많은 자신들의 도시에는 문제를 일으키지 않으리라고 믿었다. 이런 순진한 낙천주의를 포착한 샌프란시스코의 조사관은 '왜 샌프란시스코는 페스트에 뚫리지 않는가'라는 제목의 기사를 썼다.

붉은 벨벳의 카펫, 비단 커튼, 공단을 씌운 타구로 장식한 응접실 안쪽에서 안전한 삶을 즐기던 샌프란시스코의 세력층은 이 아시아 페스트가 벨칸토 창법(아름다운 소리를 내는 데 치중하는 발성법—역자 주)과 도자기 욕조가 있는 도시에서는 발붙일 곳조차 찾지 못하리라고 확신했다. 그러나 페스트의 유령은 안개 속의 망령과 같아서 잡을 수가 없었다.

페스트에 대한 두려움이 먼저 도시를 강타했다. 한 해 전 일본 선박 '니폰 마루호'가 항해 중 페스트로 인해 두 명의 승객을 잃은 후 태평양을 건너 이 도시에 도착했다. 배가 샌프란시스코 만에 들어오자 두 명의 아시아인 밀항자가 뛰어내렸다. 배에 있던 구명장비를 그대로 걸친 그들의 시신이 차가운 잿빛 파도 속에서 끌어올려졌다. 그들을 부검한 의사들은 의심스런 세균을 발견했다. 그러나 모든 종류의 세균이 왕성하게 퍼진 부패한 시신에서 죽음의 원인을 정확히 분별해내기란 어려운 노릇이었다. 전문가들은 두 밀항자의 사망 원인을 둘러싸고 논쟁을 벌였다. 그러나 바다에서 두 명, 항구에서 두 명을 잃은 니폰 마루호에 대한 기억은 금방 잊혀졌다.

1900년을 하루 앞두고 또 다른 배가 수평선에 모습을 드러냈다. 하와이와 금문교 사이를 정기 운항하는, 돛대가 네 개 있는 증기선 '오스트레일리아호'였다. 1899년 크리스마스 즈음, 샌프란시스코 사람들이 트리를 장식할 무렵 이 배는 감염된 호놀룰루 항에 닻을 내렸다. 그리고 화물을 선적한 다음 다시 닻을 올리고 샌프란시스코를 향해 출발했다.

1900년 새해 첫날, 샌프란시스코 신문들은 오스트레일리아호의 입항이 위험할지도 모른다고 지적했다. 세찬 남서풍이 비구름을 몰고 와서 하늘을 씻어 내렸다. 1월 2일, 드디어 축구장처럼 길쭉한 모습을 드러낸 배가 푸른 물살을 가르며 금문교로 들어왔다. 오스트레일리아호가 엔젤 아일랜드 근처의 검역소에 닻을 내리자 검역관들이 특실에서 3등 선실까지 샅샅이 검사했다. 하지만 그들은 전염병의 흔적을 전혀 발견하지 못했고 성급한 화물 주인들의 성화에 못 이겨 상륙을 허가하고 말았다.

엔젤 아일랜드에 정박했던 오스트레일리아호가 칼날 같은 동체를 돌려 샌프란시스코 항으로 향했다. 검역관들은 걱정스런 마음으로 V자형 거품을 일으키며 잠에서 깨어나는 오스트레일리아호를 지켜보았다. 선창을 향해 천천히 미끄러져 들어간 배는 소독처리한 가방들, 훈증소독한 우편물들과 함께 승객 68명을 내려놓았다. 그리고는 이들을 따라온 네 발 달린 밀항자들이 들키지 않고 배에서 빠져나갔다.[3]

쥐 / 의 / 해

이 위험천만한 시기에 1900년 새해의 문이 열리고 있었다. 샌프란시스코에서는 늘 그랬듯이 두 얼굴의 명절이 있었다. 예년처럼 시내에서는 백인들이 한 해의 마지막 날 소동을 벌였다. 전 해의 불길한 서막 속에서 차이나타운의 거리는 음력 새해 위로 어두운 그림자를 길게 드리우고 있었다.

그 해의 마지막 날, 비가 산책로 위로 후드득 떨어졌다. 하늘이 개자 들뜬 축하객들이 밖으로 나왔다. 복면한 사람들 한 무리가 유니언 광장과 차이나타운 바로 밑의 마켓 가와 카니 가의 모퉁이로 몰려들었다. 나팔을 불고 방울을 울리면서 색종이 조각을 던지고 크리스마스 때 쓰고 남겨 둔 상록수 가지로 옆에 지나가는 사람들을 툭툭 건드렸다. 곧 축하행진은 난장판으로 변했다. 흥청대는 사람들의 행렬이 카니 가 북쪽으로 다섯 블록 정도 떨어진 차이나타운까지 밀려 올라갔다. 그들은 상점에 진열해 놓은 중국 악기들을 집어 들더니 징을 두드리면서 한바탕 요란스런 소동을 부렸다. 소음이 너무 심해서 근처 남성 클럽의 토론회장까지 들릴 정도였다. 구경꾼들은 '옛 시절'의 선율에 섞여 나오는 중국 장례식 악대의 구슬픈 울부짖음과 같은 소리를 듣고 몸을 움츠렸다.

그러나 장례식 분위기는 1900년에 매우 잘 어울렸다. 죽음은 그해 새해 축제에 초대받지 않았음에도 복면한 사람들처럼 변장한 모습으로 찾아왔다.

양력 2월에 찾아오는 차이나타운의 음력설이 가까워졌음을 가장 먼저 알리는 것은 언제나 악을 쫓아내는 폭죽의 숯 또는 펑 하는 소리와 꼬리를 길게 늘이며 콧구멍을 자극하는 연기였다. 전통적으로 노점상들은 즙이 많은 사탕수수와 바삭바삭한 멜론 씨를 무더기로 쌓아 놓고 팔았다. 봄의 잔치 식탁에 향기를 더해 주기 위해 사람들은 뻣뻣한 녹색 싹과 꽃봉오리가 봉긋하게 올라온 수선화 화분을 사곤 했다. 나팔모양의 수선화가 피면 꽃 한가운데에 행운의 상징인 황금색 화관이 드러난다. 공작새 같은 색깔의 비단옷을 입은 사람들이 선물과 케이크를 들고 친지와 친구들을 방문했다. 머리에 꼭 끼는 수놓은 모자와 보석으로 머리를 장식한 아이들이 손에 손을 잡고 행진했다.

이 모두가 음력 설 축제 때 펼쳐지는 행사였다. 그러나 1900년, 이 해만은 예외였다. 폭죽 대신 총성이 거리에 울렸고 골목길은 피범벅이 되었다. 갱들의 전쟁이 다시 시작되었던 것이었다. 그에 대한 응징으로 샌프란시스코 경찰국은 모든 구역에서 명절 축하행사를 금지시키는 엄격한 조처를 취했다. 길거리에서 꽃이 사라졌고 잔치도 없었다. 거리는 한산하기만 했다.

그렇게 중국인들의 새해가 점성술 달력의 거대한 수레바퀴에서 따온 이름 그대로 회색과 담갈색으로 느릿느릿 다가왔다. 1900년은 바로 쥐의 해였다.

중국 점성술에 따르면 쥐의 해에 태어난 사람은 영리하고 재물 운이 있다. 자기 핏줄을 사랑할 줄 아는 동물인 쥐는 검소하고 약삭빠르며 불행한 상황에서 좋은 동료가 되기도 한다.

그러나 이 해의 쥐는 악의 전조였다. 상인들은 골목길과 안뜰에서 회색 털을 지닌 작은 동물들의 사체를 발견하고 화들짝 놀랐다. 흐릿한 눈빛에 뻣뻣한 털이 텁수룩한 동물 사체들이 동네 전체를 오싹하게 만들었다.

옛날, 시골에서는 쥐가 유행병의 전조였다. 어떤 집에서 쥐들이 죽고 나면 곧바로 사람이 따라 죽었다. 1792년에 시인 시 타오난은 이런 시를 썼다.

페스트의 악마가 다가오니
갑자기 불빛이 흐릿해진다.
곧 불이 꺼지고
어두운 방안에 남은 사람은 유령과 시신뿐이다.

옛날, 시골에서는 죽은 설치류가 눈에 띄면 온 가족이 멀리 떠나 버리곤 했다. 그러나 여기서는 달아날 데가 없었다. 차별대우 때문에 중국인들은 시내의 다른 어디서도 살기가 힘들었다. 설날에 벌어진 불행한 사태에 두려워하며 그들은 시 당국에 대한 불만을 쌓아 갔다. 그러나 평상시와 다름없이 아무 일도 일어나지 않았다. 많은 사람은 쥐를 사람 사는 마을에서 떼어낼 수 없는 동반자라고 생각했으며 심지어 유익한 역할을 담당하는 자연의 쓰레기 청소부라고 여기기까지 했다. 그리고 결국 이것이 차이나타운이었다.

습하고 으스스하며 불안한 가운데 3월이 찾아왔다. 늦겨울 안개 낀 해안에서 열병이 슬금슬금 올라왔다. 열병은 네 발 달린 짐승 속에 숨어 있다가 어두컴컴한 셋집에 누워 잠든 가난한 노동자의 침대로 침입했다. 장티푸스부터 디프테리아까지 온갖 종류의 질병들이 도시의 가난한 사람들을 찾아왔다. 그러나 이 병은 달랐다. 이것은 몇 세기 동안 쥐의 침입과 함께 들어온 재앙이었다. 쥐가 죽으면 벼룩들은 그 시체를 버리고 새로운 피, 사람의 피를 찾아 다녔다. 이 질병에는 심한 고열과 덜덜 떨리는 오한이 함께 따라왔다. 두개골을 쪼개는 듯한 두통 증상도 나타났다. 감염된 사람들은 힘없이 침대에 누워 버렸다. 예리한 통증이 등과 사지를 할퀴어 댔다. 붉은 종기들이 겨드랑이 밑과 서혜부에 돋아났고 건드리면 무척 아팠다. 피부 밑에서는 출혈이 일어나 검은 멍자국이 생겼다. 환자는 종잡을 수 없는 헛소리를 하며 이불을 쥐어뜯고 쉴새없이 이를 딱딱 부딪치면서 안절부절못했다. 불안은 뇌사 상태에 빠진 후에나 진정되며 결국은 그렇게 죽음을 맞았다.

1900년 3월 6일 화요일 오후 늦은 시간, 경찰청의 전화가 울렸다. 클레이 가 814번지 중국인 장의사에 죽은 남자의 시체 한 구가 들어왔는데 장례식을 치르기 위해서 경찰 검시관의 허가서가 필요하다는 것이었다. 시체에는 총상도, 칼에 벤 상처도 없었다. 남자는 매우 고통스런 질병으로 사망한 듯했다.

죽은 남자의 이름은 왕춧킹. 41세의 목재상으로 잭슨가 모퉁이 근처 듀폰 가 1001번지에 있는 글로브 호텔에서 독신 노동자의 빈약한 생활을 꾸려 오고 있었다. 한때 유행의 중심지에서 값싼 숙박업소로 변해버린 글로브 호텔은 '5층 건물'로 알려져 있었다. 비좁고 갑갑한 각 방들은 차이나타운 노동자 수백 명의 안식처였다. 그들은 귀화한 나라에서 드넓은 꿈과 좁은 침상을 함께 나누며 살았다.

이제 왕춫킹은 중년에 접어들었고 병까지 걸렸다. 목재 야적장으로 일하러 나가려다 몸에 기운이 하나도 없음을 느낀 왕춫킹은 글로브의 초라한 숙소에 들어가 누웠다. 그는 서혜부의 쿡쿡 쑤셔 대는 통증을 진정시키기 위해 양 무릎을 끌어당겼다. 침대 위로 가냘픈 가스등 불이 황금색 빛을 비추어 주었다. 간이침대 위에서 그는 힘들게 자세를 바꾸었다. 동네 치료사는 불안정한 중년의 물집이라고 진단하고 나서 통증을 가라앉히는 약초를 주었다. 심한 고열로 흠뻑 땀을 빼고 나자 심한 오한이 찾아왔다. 마지막으로 그는 그가 먹었던 빈약한 음식을 모두 토해냈다. 그리고는 갑자기 정신착란에 빠져들었다.

열이 치솟자 그의 영혼은 닻을 올린 채 의식의 안팎으로 자유롭게 떠다녔다. 왕춫킹이 정신착란 상태에서 헤매 다닌 고향 마을이나 열광적으로 꿈꿔온 황금산은 오직 그의 눈에만 보였다. 고열의 환상 속에서 그는 자신의 초라한 방이 신비로운 색깔에 휩싸여 흔들리는 장면을 보았을 것이다. 어쩌면 고향인 링엽 지방의 페이 항에서 떠나는 새파랗게 젊은 얼굴의 자신을 보았는지도 모른다. 그러나 황금산을 찾아 태평양을 건너와서 발견한 것은 황금색이라기보다 잿빛에 가까운 동네였다. 어쩌면 그는 가족과 멀리 떨어진 채 차이나타운에 거주하는 독신자들의 바다 한가운데서 외롭게 떠돌고 있는 자신을 보았을지 모른다.[4] '그린 맨션'이라고 부르는 매춘굴의 '모든 남자들의 아내들'을 찾아가 몸을 풀며 점점 늙어 가는 자신을 보았을지도 모른다.

왕춧킹의 몸이 축 늘어지자 세균이 그의 선과 혈액 속으로 퍼졌다. 전염병을 유발하는 것은 비록 극소수의 페스트균이지만 왕춧킹을 문 벼룩은 아마도 1만 5천 마리 이상의 치명적인 세균들을 주입했을 것이다.

대부분의 희생자들과 마찬가지로 그는 물린 자국을 긁어 댔고 세균은 점점 더 깊이 침투했다. 일단 번식을 한 세균은 벼룩에 물린 다리에서 골반의 림프절을 향해 퍼져 갔다. 면역체계의 보초인 림프샘은 침입자를 진압하려고 애썼다. 림프절이 점점 벌겋게 부어 올라 살짝만 건드려도 아팠다. 열이 점점 올랐다. 혀에 하얗게 설태가 끼고 입술은 쩍쩍 갈라져서 쓰라렸다. 전염병이 혈액을 타고 점점 온몸으로 퍼졌다. 세균을 먹는 거대세포(대식세포)가 페스트균을 잡아먹으려고 달려들었다가 오히려 나가떨어지고 말았다. 간혹 항체가 세균들을 죽이기도 했다. 그러나 세균은 죽으면서 최후의 무기, 즉 치명적인 독을 퍼뜨렸다. 이 독소는 혈액 속에서 신나게 뛰어다니며 심장, 간, 비장 조직 등을 파괴했다. 맹공에 시달린 신체기관들이 피를 흘리기 시작했고 점점 무너져 내렸다. 혈관이 팽창되고 혈압이 떨어졌다. 패혈증 쇼크가 일어났다. 왕춧킹은 뇌사에 빠졌다.[5]

사람이 집 안에서 죽으면 그 집에 불행이 찾아온다는 믿음 때문에 왕춧킹의 무능력한 육체는 글로브의 지하방에서 끌려나와 근처 장의사로 옮겨졌다. 사우판포는 글자 그대로 '수명이 긴 관'을 파는 곳이다.[6] 그러나 그곳에서 왕의 삶은 끝을 맺었다. 순간적으로 가쁘게 몰아쉬던 숨이 잦아들더니 간격이 길어졌다. 폐가 수축했다. 그리고는 마지막 숨을 토해냈다.

경찰 검시관 F.P. 윌슨은 장의사에 도착하자 시신에 덮어놓은 천을 벗겨 냈다. 그의 손가락들이 사후경직이 일어나기 시작한 왕춧킹의 잿빛 시신을 더듬었다. 림프샘이 부어 있음을 손가락으로 감지할 수 있었다. 죽은 남자의 서혜부에 눈에 띄게 돋아난 작은 종기는 짜증스럽게 긁어 댔는지 잔뜩 곪아 있었다. 아마도 곤충에 물린 자국 같았다. 경찰 검시관은 시 공중위생의 A.P. 오브라이언을 불렀다. 그들은 함께 시의 젊은 세균학자 윌프레드 켈로그에게 전화를 걸었다.

자정이 다가올 무렵, 윌슨과 오브라이언 그리고 켈로그가 단서를 찾기 위해 부검을 실시했다. 우선 살갗을 뚫고 벌겋게 부은 림프선에서 액을 뽑아냈다. 그들은 시신에서 혈액과 담황색의 림프액 그리고 분홍색의 육질 조직을 채취해서 분석해 보기로 했다. 현미경 렌즈 밑에서 헤엄치는 세균 무리에 초점이 맞춰졌다. 끝이 둥그스름한 짧은 막대 모양의 세균 무리에 착색을 하자 분홍색으로 변했다. 그것들은 마치 잠가 놓은 안전핀처럼 보였다.

페스트가 아닐까 하는 의심이 들었다.

페스트 소식이 홍콩과 하와이에서 간간이 들려왔고 샌프란시스코 시의 공중위생의들 역시 고열 뒤에 찾아오는 갑작스런 죽음에 대해 경계태세에 들어가 있었다. 그러나 시의 세균연구소는 이런 의구심에 대한 정확한 확신이 필요했다. 최종판단을 위해서는 더 정확한 지식을 지닌 고참 전문가와 조사 결과를 분석할 시간이 필요했다. 그런 전문가를 찾을 수 있는 곳은 엔젤 아일랜드 섬의 검역소밖에 없었다. 그러나 시 공무원들은 최종적 판단이 내려질 때까지 기다리지 않았다.

어둠 속에서 경찰관들이 차이나타운을 급습했고 열두 블록 둘레에 줄을 쳤다. 백인들은 차이나타운 밖으로 안내되었고 중국인들은 그 안에 갇혔다. 제한구역 안에서 공포가 폭발했다. 어떤 이는 방역선을 따라 달리거나 주변을 천천히 걸으면서 빠져나갈 구멍을 찾았다. 하지만 경찰이 주위를 순찰하며 대비하고 있다가 곤봉으로 내리쳤다. 오직 경찰과 검역관들만이 비상 방역선을 넘나들 수 있었다.

차이나타운의 일간지인 『충사이예포』지의 한 기자가 오후 순회를 돌다가 포위가 뚫린 곳을 발견했다. 그는 기사를 준비하기 위해 신문사로 급히 돌아갔다.

시체를 검사한 백인 의사는 환자가 유행병으로 죽은 사실을 발견하고 놀랐다. 경찰들이 차이나타운을 봉쇄시킨 이유는 질병의 확산을 막기 위해서이다. 아아, 유행병의 원인은 사계절의 에너지인 기의 불균형 때문이다. 또 그것은 사람에서 사람으로 옮겨지지도 않는다. …… 금요일까지 이 병이 페스트가 아니라는 사실이 밝혀지길 기대해 본다. 그렇지 않으면 호놀룰루에서 일어났던 일이 우리에게도 닥칠지 모르는 노릇이다.

'호놀룰루!' 이 단어를 속삭이는 모든 이의 목구멍에 두려움이 치솟았다. 차이나타운의 주민이라면 겨우 두 달 전에 일어난 호놀룰루의 화재에 대해 모르는 사람이 없었다. 사람들의 두려움은 눈덩이처럼 점점 불어났고 왕춧킹의 옷가지와 침구들은 길거리로 내던져진 후 불태워졌다. 불꽃이 탁탁 소리를 냈고 연기가 원을 그리며 올라갔다. 재가 마치 회색 눈처럼 떨어졌다. 공중위생의들이 유황 단지를 끌고 오더니 연기로 장의사 내부를 소독하기 시작했다. 달걀 썩는 듯한 냄새가 풍겼다. 왕춧킹의 시체는 염화수은 방부제에 담갔던 아마포 수의로 둘둘 싸여진 다음 염화석회 가루로 선을 그린 납 관 안에 밀봉되었다. 관은 마차에 실려 시내 서쪽의 자갈 길 위를 지나 오드펠로 공동묘지로 운반되었다. 거기서 시체는 불길 속에 던져졌다.

시 보건국은 전염병으로 희생된 사람은 누구든 부검과 화장을 하도록 규정해 놓고 있었다. 그러나 신체를 자르고 불태우는 행위는 부모에게 효도해야 하는 유교 윤리에 위배되었고 시체해부는 고인에게 생명을 주었던 그의 부모에 대한 모욕이라고 여겨졌다. 그리고 화장은 최종적인 신성모독이었다. 이런 행위는 육체에서 분리된 영혼이 공간을 떠돌게 만든다고 믿어졌다. 『차이니즈 데일리』지의 기자는 이렇게 썼다. "재가 공중으로 흩어지고 허무의 집, 공허한 동굴로 보내진다."

왕춧킹이 앓은 병에 대해 차이나타운은 나름대로의 견해를 가지고 있었는데 분명히 페스트는 아니라는 쪽이었다. 노인들은 왕춧킹이 그린맨션에 자주 드나드는 다른 독신 노동자들처럼 '악명 높은 임질' 또는 '유해한 망고형 종기'라고 알려진 병을 앓았다고 생각했다.

부인과 멀리 떨어진 곳에서 외롭게 살아가는 노동자들의 공동체에서 잘 생기는 이런 질병은 손에 못이 박히는 것만큼이나 일반적인 병이다. 성병 역시 불미스런 병이긴 했지만 페스트처럼 이웃에 불의 징벌을 가져오지는 않았다.

글로브 호텔에 불의 징벌이 내릴지 모른다는 소문이 돌자 세 들어 살던 사람들은 침대에서 빠져 나와 연기처럼 사라졌다. 그러나 호텔은 소각되지 않았다. 대신 시는 화학약품을 계속 살포했다. 이 방법은 거주자들의 위생에 좋지 않은 영향을 미쳤다. 훈증소독과 유황 연기 같은 강력한 화학 공격은 벽에 얼룩을 만들거나 커튼을 망가뜨렸고 실내 장식품들도 못 쓰게 만들었다. 이웃 상점들에서도 비단이 누렇게 바랬고 조각품들 위로 껄끄러운 연기 찌꺼기들이 내려앉았다. 탁하고 매캐한 연기 때문에 주민들은 눈물이 나서 앞을 보기 힘들었고 숨이 답답

해져서 공기를 들이마시러 다급하게 거리로 뛰어나가곤 했다. 그들은 질병 때문에 죽지 않는다면 분명 이 소독 때문에 죽게 될지도 모르겠다고 생각했다.

감옥 안에 갇힌 사람들은 방역선 바깥 세상을 그리워하며 눈길을 거두지 못했다. 바깥 세상은 직장이고 돈이며 음식이었다. 용감하거나 무모한 몇몇 사람이 장벽을 뛰어넘거나 밑으로 빠져나가려고 시도했다. 하지만 번번이 경찰봉의 일격에 다시 봉쇄구역 안으로 떼밀려 들어왔다.

차이나타운 관저에서는 중국 영사 호야우가 무거운 마음으로 거리를 내려다보고 있었다.

양쪽 세계에 모두 정통한 호야우는 완벽한 영어를 구사했으며 아시아 최고 외교관답게 전통 비단옷과 짙은 색 비단 모자 차림새를 하고 있었다. 그는 자신의 조국으로부터 임명받은 중국 문화의 대표자였지만 이륜마차경주 같은 서양 스포츠를 즐겼다. 그래서 우승 말인 자신의 애마 솔로를 북부 캘리포니아 전역에서 열리는 경주에 내보내곤 했다. 솔로는 눈부신 비늘과 반짝이는 눈의 화려한 용무늬가 수놓아진, 붉은색과 푸른색 비단 승마복을 입은 기수를 태우고 승리를 향해 달렸다.

호야우는 페스트가 얼마나 무서운 병인지 잘 알고 있었다. 중국에 있는 아버지 집에서 하인 두 명이 페스트로 죽었기 때문이다. 그러나 차이나타운 전체를 봉쇄한 것은 인종차별적인 조치라는 생각이 들었다. 차이나타운의 경계선에서 백인들의 상점을 제외시키기 위해 방역선이 몹시 꾸불꾸불 쳐져 있음은 누가 보아도 알 수 있었다.

호 영사는 페스트 그 자체보다도 이번 봉쇄조치가 자칫 중국인이민금지법 논쟁을 재발시키게 되지 않을까 염려했다. 그는 자기 국민에게 공평한 대우를 해 달라고 시에 요구했었다. 중국에서 태어난 이민자들이 미국 시민권자로 귀화하기에는 어려움이 많았다. 그들은 법적으로 중국 황제의 국민들이었다. 미국에서 태어난 중국인들조차 2년 전인 1898년 미국 연방대법원이 '왕킴악 사건'에서 그들의 신분을 공식적으로 인정하기 전까지는 시민으로 간주되지 않았다. 여전히 대다수의 백인들 눈에는 그들의 아시아적인 외모와 황색 피부가 지워지지 않는 이방인의 낙인으로 보였다.

호야우는 중국 6대 회사를 찾아갔다. 이 모임은 단순히 중국 상공회의소라기보다 전문 외교기관이었다. 단체들 사이의 평화를 유지하고 이민 생활의 갈등을 풀기 위해 조언을 해 주는 것 역시 이들의 역할 중 하나였다. 이제 봉쇄조치에 맞서 호야우와 중국 6대 회사에게 다른 임무가 맡겨졌다. 바로 자기 국민의 시민권을 방어해야 하는 것이다. 그래서 그들은 변호사들을 선임하고 미국 내에서 자신들의 작은 권리를 지키기로 맹세했다.

쥐의 해에 황금산의 어려운 시간들이 점점 더 어려워지려 하고 있었다.

살 / 아 / 있 / 는 / 시 / 체

유리병에 담긴 왕춧킹의 부검 샘플을 조심스럽게 든 시의 세균학자 윌프레드 켈로그가 시내전차에 올라탔다. 운전사가 해운회사 빌딩 정류소라고 외치자 켈로그는 전차에서 내려 엔젤 아일랜드 행 표를 샀다. 배에 타기 위해 경사로를 오르는 동안 그는 쓰레기가 둥둥 떠다니는 물과 바다 속에서 음식 조각을 잡아채려고 내리 덮치는 갈매기와 간조를 틈타 게걸스럽게 먹어 대는 쥐들을 별 의심 없이 바라보았다.

배가 북쪽으로 방향을 틀자 단단한 만에 파도가 휘감기며 물 위로 하얗게 물살이 일어났다. 알카트라즈 섬의 바위지대를 지나 군데군데 얼룩진 목선의 잔해가 보이는 엔젤 아일랜드가 나올 때까지 배는 앞으로 나아갔다. 중도에 배가 큰 파도에 세차게 부딪히자 켈로그는 샘플이 떨어지지 않도록 더 단단히 쥐었다. 한 번의 실수로 마개를 닫아 놓은 시험관들이 선실 바닥에 부딪히기라도 하면 반투명한 분홍색 림프액과 붉은색 육질 조각이 유리 파편 사이로 흘러나올 것이다. 그렇게 되면 왕춧킹의 죽음에 대한 비밀은 영원한 수수께끼로 남게 될지 모른다.

40분 후 엔젤 아일랜드의 북쪽 해안에 도착한 배는 엔진을 끈 후 호스피탈 만으로 조심스레 접근했다. 켈로그는 다리가 흔들리지 않도록 힘주어 떼 놓으면서 경사로를 따라 부두로 내려왔다. 그런 다음 검역관인 조지프 J. 키년의 연구실을 향해 걸어갔다. 키년의 업무는 도착하는 배들을 조사하고 승객과 선원들을 진찰하여 환자를 격리시키고 화물들을 훈증소독함으로써 주에 질병이 들어오지 못하게 막는 것이었다. 또 이 항구도시에 연방 정부의 표준위생법을 적용하는 것 역시 그의 임무였다. 불과 10개월 전에 수도에서 샌프란시스코로 발령받은 그는 질병과 싸우는 전사였다. 엔젤 아일랜드는 그의 요새였고 샌프란시스코 만 전체가 그의 해자(垓字, 성 주위로 둘러 판 못—역자 주)였다.

키년은 '세균학자' 즉, 전염병의 원조 루이 파스퇴르가 창시한 세균학이라는 새로운 과학분야를 유럽에서 전수받아 온 박사였다. 나이는 서른아홉, 뚱뚱하고 머리가 벗겨지기 시작했으며 갈라진 턱과 고집스런 성격을 지녔다. 연약한 자아에도 불구하고 배짱만은 두둑했다. 키년의 성격은 정치성이 짙은 그의 직업과 어울리지 않았다. 그는 동료들에게 공중위생국 직원은 얼굴 가죽이 두꺼워야 한다고 말하곤 했지만 그 자신은 오히려 양파 같은 피부를 지닌 사람이었다.

남북전쟁 하루 전날 잉태된 조지프 제임스 키년은 1860년 11월 노스캐롤라이나의 이스트 밴드에서 태어났다. 남부연합군의 군의관이었던 존 헨드릭스 키년과 그의 아내 베티 앤의 아들로 태어난 키년은 어머니의 보살핌 속에 유아기를 보냈다. 그의 어머니는 군인이었던 남편을 늘 그리워하며 기도했다. 1861년 크리스마스 바로 직후의 일요일, 베티 앤은 펜을 들고 남편에게 교회에 다녀온 일, 돼지치기 혹은 흑인노예 경매 등의 가정사를 요모조모 알리기 위해 편지를 쓰고 있었다. 편지지의 중앙에는 발 밑에서 한참 장난을 치고 있는 13개월 된 아들 조가 그린 그림으로 채웠다.

"우리 사랑스런 꼬마는…"이라며 편지가 이어졌다. "걸음마가 제법 늘었답니다. 조가 방을 가로질러 뛰어다니는 모습을 보면 당신도 좋아하리라 생각되네요. 가끔은 지칠 때까지 스무 번 정도나 그렇게 뛰어다니기도 한답니다. 작은 두 손을 가슴께에 붙이고 걷는데 그런 자세가 아장아장 걷기에 좋은 모양이에요. …… 새끼 돼지처럼 잘 먹어요."

남북전쟁이 끝나자 그의 아버지는 개업의로 돌아왔다. 키년은 아버지 발자국 뒤를 졸졸 쫓아다녔다. 그 후 미주리 주의 센터 뷰로 이주한 키년은 12세 되는 해에 어머니의 죽음을 겪었다. 이런 가족사의 격동 속에서도 조지프 키년은 아버지 밑에 견습생으로 있으면서 일찌감치 자신의 천직을 깨달았다. 미주리 주 성 루이 의과대학을 졸업하고 뉴욕의 벨뷰 의과대학에서 1882년에 의학박사 학위를 딴 그는 그 후 미주리로 돌아와 아버지의 병원에서 함께 일했다.

센터 뷰의 집에서 지내는 동안 그는 미주리 처녀 수잔 엘리자베스 페리(리지)를 만나 결혼했다. 당시 그들은 둘 다 스물세 살이었다. 리지는 일 년 만에 딸을 낳지만 어려서 죽고 만다.

아버지와 일하는 동안 조지프 키년은 미생물의 세계를 탐구하는 프랑스 과학자 루이 파스퇴르의 흥미로운 논문을 읽었다. 그리고 현미경 렌즈를 통해 질병의 원인인 세균 연구에 몰두하게 되었다.

키넌은 아내를 데리고 동부로 돌아와 벨뷰 병원에서 세균학 연구를 계속하다가 1886년에 미국 해병대병원에 합류했다. 이 병원은 연방 정부 산하 기관으로 선박들을 시찰하여 질병 여부를 조사하고 해상검역을 실시하여 병든 선원들을 돌보았다. 이런 활동을 위해 세균학에 열정을 갖고 있던 이 기관은 강력하고 새로운 과학을 다룰 줄 아는 키넌 같은 의사들이 필요했다. 그리하여 둥지를 떠날 때가 된 키넌은 뉴욕 검역소에 세균연구실을 차려달라고 요구했다. 그가 명성을 날리기 시작한 곳은 스태튼 섬 해병대병원의 다락방에 차린 원룸식 연구실이었다.

뉴욕 항에 상륙한 한 배의 승객들이 경련과 심한 설사로 고통스러워했다. 지역 의료진은 최악의 경우 콜레라가 아닐까 걱정했지만 누구도 확실한 진단을 내리지 못했다. 여러 가지 증상이 나타날 수 있는 데다가 무엇보다도 기준이 모호했다. 다른 질병들의 증상과 거의 흡사했던 것이다. 그것을 확인해 주거나 부정하는 것이 키넌의 역할이었다. 그는 앓고 있는 승객들에게서 샘플을 채취하여 슬라이드를 만들었다. 현미경 렌즈로 들여다보니 편모라고 불리는 짧은 털이 잔뜩 난 짧은 막대형 세균이 유리 슬라이드 위에서 헤엄치고 있었다. 바로 콜레라의 원인균인 비브리오 콜레라균이었다.

미국 혹은 서반구에서 콜레라의 세균학적 진단이 내려지기는 이것이 처음이었다. 27세라는 나이에 조 키넌은 그런 진단을 내려야 하는 책임을 짊어지게 되었다.

1891년, 그는 원룸 연구실을 워싱턴의 미국 국립위생학연구소라 불리게 될 곳으로 옮겼다. 그곳에서 그는 여러 유행병들의 세균학적 진단을 추구하기 위해 폭넓은 권한을 부여받았다. 그의 슬라이드와 실험용 용기가 몇십 년 뒤 '미국 국립보건학회'라고 불리게 될 광대한 생물학 연구 왕국의 기반이 되었다.

1899년, 미생물 연구의 원조인 프랑스의 파스퇴르와 독일의 로버트 코흐가 시작한 유럽의 혁신적인 전염병 연구에 미국이 뒤쳐지지 않도록 하기 위해 키년은 최선을 다하고 있었다. 키년은 미생물학의 성지로 순례여행을 떠났고 파리의 파스퇴르 학회와 베를린의 코흐 연구소에서 연구했다. 코흐에서 그는 모범적인 실험방법과 질병의 원인균을 확인하기 위한 기본적인 비결을 배웠다. 1) 환자로부터 세균을 분리해 낸다. 2) 순수한 환경에서 세균을 배양한다. 3) 균을 실험용 동물에게 주사하여 질병을 재발생시킨다. 4) 실험용 동물에서 똑같은 세균을 분리해 낸다. 이런 입증 과정은 한 세기 후에까지 전염병의 진단에 계속 이용되었다. 그는 세균에 노출된 말의 피에서 질병과 싸우는 항체를 분리하여 디프레리아에 대항하는 면역소를 만드는 방법도 배웠다.

키년은 미국 국립위생학연구소로 돌아오면서 현미경과 배양균, 착색, 슬라이드 등을 사용하는 유럽식 기술을 들여왔고 이제 의학적 진단기술은 침대 맡에서 증상을 관찰하는 케케묵은 방식에서 벗어나 연구실 과학으로 발전하게 되었다. 열과 통증 같은 증상들은 모호하고 오해의 여지가 많았다. 세균학은 진단된 가설을 실험해 볼 방법을 제공해 주었고 그 진실 여부를 확인할 수 있게 만들어 주었다. 그야말로 세균학은 확신을 이끌어내는 학문이었다. 아니 키년은 그렇게 생각했다.

키년이 국립위생학연구소에서 지낸 지 첫 10년이 지날 무렵 상관이 갑자기 그를 멀리 떨어진 자리로 전출시켰다. 해병대병원의 공중위생국장 월터 위만은 해마처럼 우락부락하게 생긴 사람이었다. 무뚝뚝한 독신자였던 위만은 연구소 직원들을 가족처럼 여겼지만 갑작스럽게 전임시키기로도 유명했다. 그는 검역소에 정치적인 힘을 휘두르는 것이야말로 자신의 가장 근본적인 임무라고 생각하는 사람이었다. 마침 이 무렵 태평양 연안의 검역소에 직원이 필요했고 그는 그 자리에 키년을 점찍어 두었다.

선페스트가 중국을 황폐화시키고 있는 지금, 위만은 미국의 태평양 입구가 공격받기 쉬운 상태임을 잘 알고 있었다. 그래서 그는 조지프 키년을 전투에 끌어들였다. 그는 키년에게 그의 가족, 즉 세 명의 자녀와 또 다시 임신 중인 리지를 데리고 서부로 옮기도록 명령했다.

키년은 갑작스런 전근 발령에 몹시 당황했다. 국립위생학연구소를 운영하던 사람을 항구 도시의 질병단속에 내려 보내다니 정말 치욕적인 강등이라는 생각이 들었다. 그러나 위만은 위생학연구소에 키년의 후임자를 배정했고 결국 키년은 캘리포니아 행을 받아들여야 했다. 키년은 뛰어난 세균학자였지만 금문교 검역소의 검역관 자리에는 전혀 어울리지 않는 사람이었다. 인종 간의 갈등이 부글부글 끓고 있는 잡다한 인종의 도가니 같은 항구도시에는 외교 감각을 지닌 의사가 필요했다. 그곳에 도착한 키년은 지적으로는 예리했지만 기대했던 수준의 존경을 받지 못하자 상처를 입은 독재적인 과학자로 변하고 말았다.

키년이 내키지 않는 출발을 하기 하루 전날, 워싱턴에 있는 그의 동료들이 라우서 레스토랑에서 고별잔치를 열어주었다. 그들은 파란 비단실로 묶은 미색 종이에 축복의 말들을 적어서 그에게 선사했다. 그날 밤 있었던 축하연으로 구겨지고 얼룩진 그 인쇄물을 키년은 다른 서류들과 함께 죽는 날까지 간직했다.

"오, 행복하고 자랑스러운 미국이여! 키년의 인증을 받을 사람들에게 세 배의 행복이 있길. 모든 재능을 다해 침착하고 확고하게 인류를 위한 고귀한 임무를 수행하는 데 마음을 다해 주길." 사회자가 선창했다. "새로운 활동 분야와 새 동료들이 기다리고 있는 태평양 연안 금문교로의 여행에 행운이 함께 하길……."

임신 중인 아내와 세 명의 어린 자녀들을 이끌고 기차에 올라탄 지 일주일 후, 키녠은 안개 자욱한 추방지에 도착했다. 제복차림의 문지기가 있는 호화롭고 화려한 팰리스 호텔에서 잠시 휴식을 취한 그는 그 호텔의 모든 요금이 검역관들이 감당하기에는 너무 비싸다는 사실을 깨달았다. '그곳은 동부 출신 파리들을 잡는 거미의 덫이며 샌프란시스코에 발을 들여놓기 위한 모든 사람들은 이 돈 먹는 상어들에게 공물을 바쳐야 합니다.'라고 그는 동부의 친지와 동료들에게 보낸 편지에서 묘사했다.

계산을 하고 호텔에서 나온 그는 가족들을 마차에 태운 뒤 마켓가를 지나 해운회사 건물로 향했다. 그리고 그곳에서 증기선 '조지 스텐버그' 호에 올랐다. 40분 동안 40킬로를 항해한 끝에 배는 엔젤 아일랜드 북쪽 해안의 선창 입구로 미끄러져 들어갔다.

저편 멀리 샌프란시스코를 바라보고 있는 북향 건물이 그의 새 본부였다. 그것은 천국에서 가장 눈에 거슬리는 오점처럼 보였다. 만에서 가장 큰 섬인 엔젤 아일랜드는 고대 미웍Miwok 인디언 부족의 야영지였는데 지금은 미국 검역소와 군대가 차지하고 있었다. 740에이커의 땅에는 참나무, 월계수, 유칼리나무 등이 빽빽하게 자라서 하늘이 보이지 않을 정도였다. 래쿤 강의 푸른 물로 씻어낸다면 코브 병원은 리조트 호텔의 아름다운 명승지가 될 수도 있겠다고 키녠은 생각했다. 이번에는 소박한 검역소와 드문드문 있는 사택을 바라보았다. 그의 아내 리지가 몸을 떨었다. 키녠의 가슴이 무너져 내렸다.

쓰러질 듯한 선창과 검역소의 지저분한 길들이 우기의 탁한 개울과 뒤범벅되어 있었다. 검역관의 거주지역이 이렇게 원시적이라면 이민자들을 위한 시설들이야 두말할 나위 없을 터였다. 사실 그곳엔 살균 목욕을 마친 이민자들이 잠시 들어가 있을 만한 건물이 전혀 없었다. 그래서 새로 입국한 사람들은 선 채로 만의 바람을 고스란히 맞으며 젖은 몸으로 추위에 벌벌 떨어야 했다.

새로운 거주지에는 그의 아이들인 메리 엘리스, 콘래드, 페리, 새로 태어난 빨간 머리 아기 존 나단 등을 위한 학교와 오락거리가 없었고 이웃도 별로 없었다. 낚시를 할 수 있는 방파제가 있긴 했지만 키년은 태평양 물고기들은 맛이 없다고 생각했다. 리지는 발 건강이 좋지 않아 집 안에서만 지냈다. 열네 달 동안 단 한번의 외출도 할까 말까할 정도로 허약한 그녀는 자주 짜증을 냈다. 그들은 외로웠고 친구도 거의 사귀지 못했다. 밤이면 그들은 파도의 한탄과 안개종의 울림 그리고 등대의 깜빡거림 속에 갇힌 검역소의 일부분인 듯 보였다.

섬에서의 유배 생활에서 좋은 점이 하나 있다면 바로 사진이었다. 리지는 저녁 시간을 암실에서 보내면서 시큼한 냄새가 풍기는 화학약품으로 아이들의 희미한 초상화를 인화했다. 이 취미가 그나마 평화를 지켜주었다. 조지프는 자신의 연구실에서, 리지는 그녀의 암실에서 살았다.

키년은 연방 정부 검역관 제복의 견장 때문에 살갗이 벗겨지자 '정부의 노새', '하인'이라 놀림당하는 기분이라며 투덜거렸다. 아직 20대 때 콜레라 진단에 몰두하던 시절, 그는 해병대병원의 젊은 스타였었다. 왜 위만 국장이 그를 공중위생국의 중추신경에서 멀리 떨어진 이런 미개한 곳으로 전출시켰을까? 키년은 위만 박사가 그를 매장시키기 위해 서부로 내쫓았다고 자조했다. 자신의 조언자들 중 한 사람에게 쓴 편지에서 키넌은 자신이 '살아 있는 시체'나 다름없다고 하소연했다.

확실히 그의 과학경력은 은행가, 기업가, 신문이 지배하는 이런 시끄러운 고장에서는 아무런 가치가 없었다. 키넌은 도시의 생활과 공중위생이 상인들의 손에 놀아난다는 사실에 분개했다. 동부의 친지들에게 보낸 편지에 그는 이렇게 표현했다. "알다시피 샌프란시스코는 종종 '유대인 고을'이라고 불리는데 정말 잘 어울리는 이름이죠." 그는 시의 유대인 사업가들이 자신을 제거하고 싶어한다고 생각했다. 하지만 그것은 틀린 생각이었다. 사실은 그곳의 '모든' 사업가들이 그를 제거하고 싶어했던 것이다. 그의 페스트 검역 활동이 사업에 방해가 되기 때문이었다. 도시가 그를 욕하면 할수록 키넌은 자신이 공중위생을 위한 십자군전쟁의 외로운 영웅이라는 상상에 빠져들었다.

"운 좋게도 내 일생에서 한 번 데비 크로켓Dav Crockett(미국의 개척자이자 정치가, 영웅—역자 주)의 역할을 맡았네. 그리고 내가 옳다고 확신하고 있다네." 그는 한 친구에게 이렇게 고백했다. 키넌은 국가의 건강을 수호하는 자신이 포위공격을 당하고 있다고 느꼈다. 마치 너구리가죽 모자를 쓴 자신의 영웅이 알라모에서 그랬듯이!

어느 날 밤, 아내 리지가 꿈을 꾸었다. 공중위생국장이 엔젤 아일랜드에 예고 없이 찾아와 어둠 속에서 검역소를 검열할 수 있게 촛불을 달라고 그녀에게 부탁했다. '남편이 올 때까지 조금만 기다리세요.' 라고 그녀는 설득했다. "도대체 이 꿈이 무슨 뜻일까요, 조?" 얼마 뒤 그녀가 키넌에게 물었다. 위생국장은 어둠 속에 있었고 그는 키넌에게 자신의 길을 비추어 달라고 부탁했다. 그것은 매우 분명한 의미로 보였다. 키넌은 자신의 이름을 따온 성경 속의 요셉처럼 낯선 해안에서 펼쳐지려는 일에 대해 예언하는 악몽을 풀이하여 파라오에게 영예를 얻게 되기를 열망했다.

페스트의 유령은 그전에 나타났다. 1899년 6월, 일본 증기선 '니폰 마루' 호가 항해 중 페스트로 선원 둘을 잃은 후 샌프란시스코 항에 들어왔었다. 그리고 두 명의 밀항자가 페스트균에 오염되었다고 의심되는 몸으로 배에서 뛰어내렸다. 그런 진단을 확신할 수는 없었지만 키년의 연구 분석 자료는 그런 의심을 떨쳐 내지 못하게 했다.

그러나 이제 또 다른 배에 대한 기억이 키년을 괴롭혔다. 바로 1900년 1월 페스트에 오염된 호놀룰루에서 온 증기선 오스트레일리아 호였다. 그 배는 차이나타운의 하수구가 흘러나오는 선창에 정박했다. 그리고 얼마 뒤 중국인들은 지붕과 뜰에서 죽은 쥐들을 엄청나게 많이 목격했다. 아무래도 쥐들이 하수관을 통해 중국인들의 집으로 드나드는 통로가 있는 모양이었다.

검역관들은 항상 배의 입항허가서를 빨리 내달라는 압력에 시달리며 지냈다. 하지만 키년은 언제나 방심하지 않으려고 노력했다. 1900년 1월, 그는 홍콩, 호놀룰루, 시드니, 고베 같은 감염지역에서 오는 배들에게 페스트 감염 항에서 온 배라는 표시로 노란색 경고 깃발을 달도록 명령했다.

워싱턴에 있는 위만 박사에게 보낸 편지들에서, 페스트의 조짐에 대해 경고하는 키년의 어조는 점점 높아졌다. 그는 마닐라에서 본국으로 돌아오는 군함들이 샌프란시스코에 페스트를 전파할 가능성이 있다는 점을 우려했다. 그는 외국에 대한 권한 때문에 위험을 숨기고 있다고 생각했다. 그가 중요한 점을 놓칠 리 있겠는가?

옆에서 서성거리는 켈로그와 함께 키년은 왕춧킹의 조직과 혈액에서 채취한 세균을 현미경으로 들여다보았다. 그는 한눈에 모든 사실들을 알아보고 몸을 떨었다. 양끝이 진한 장밋빛을 띤 막대형 세균. '그래, 바로 이거였어.' 그는 자신의 진단을 확인하기 위해 병균을 분리해서 순수하게 배양한 후 왕춧킹의 병을 복제하기 위해 실험용 동물에 주사했다. 죽은 사람에서 채취한 병균을 주사기에 넣은 후 쥐 한 마리, 기니피그 두 마리, 원숭이 한 마리에 주입했다. 막대형 세균이 페스트균이라면 동물들은 병에 걸릴 것이다. 동물들이 왕춧킹과 똑같은 증세를 보이다 죽는다면 그들의 림프절을 검사해야 한다. 림프액에서 페스트균이 발견되면 그것이 바로 증거이다. 그는 실험용 동물들을 다시 우리에 집어넣은 다음 안전을 위해 다시 커다란 질그릇 안에 넣고 기다렸다.

키년은 '의심스런 호박' 등 연방 정부 암호책의 낯선 어구들을 사용하여 위만 박사에게 놀라운 소식이 담긴 전보를 보냈다.

'호박'이라는 단어는 페스트를 의미했다. '차이나타운에 페스트가 의심된다.' 암호화된 문구는 전신국 주위에서 서성거리는 서부연합 오퍼레이터들과 기자들의 눈을 피해 갔다. 전선 위로 타전된 소식이 '다리받침'이라는 키년의 암호명 밑에 그의 암호 서명을 달고 동부로 흘러갔다.

『다운타운』, 『샌프란시스코 크로니클』 및 다른 신문들은 페스트 소동을 희가극과 같다고 조소했다. 정치지도자들은 검역을 기금조성을 위한 사기행위 내지는 시 보건국의 도둑질 정도로만 여겼다. '보건국의 선페스트'라는 농담이 유행했다. 키년은 허풍선이라는 낙인이 찍혔다. 『샌프란시스코 블루틴』지에는 조롱하는 듯한 운율로 그를 비방하는 시가 실렸다.

> 사람 우글거리는 땅에 내린 재앙
> 치명적인 바칠루스*Bacillus* 균,
> 중국인의 선에서 발견되어
> 우리를 죽이겠다고 협박하는 바칠루스 균에 대해 들어보았는가?
>
> 원숭이는 멀쩡히 잘 살아서 번성하고
> 모르모트도 좋아 보이니
> 보건국은 무슨 핑계를 대며 방역선을 걷어 낼까
> 헛되이 궁리하고 있다네.

차이나타운 안은 그야말로 지옥이었다. 임금과 직장을 잃은 분노, 굶주림, 두려움 등으로 중국인들은 거의 죽을 지경이었다. 그 질병이 페스트가 분명하다고 믿는 사람들은 방역선 안에 갇혀 있다는 사실 때문에 공포에 빠졌다. 모든 정황으로 미루어 볼 때 정말 페스트가 맞는지 의심스럽다고 생각하는 대다수의 사람들은 봉쇄조치가 그저 더 많은 차별을 위한 구실이거나 화재, 파괴, 투옥의 서막이 아닐까 염려했다. 차별대우는 그들이 매일 밥과 함께 삼켜 온 쓰디쓴 약이었다. 하지만 백인들이 새로운 고문을 고안해 냈을지 누가 알겠는가? 한편 방역선 밖에서는 백인들이 세탁부, 요리사, 일꾼들의 부재로 인한 모든 불편 때문에 분노하고 있었다. 집 여주인들과 호텔 경영자들은 요리사와 하인들이 없어진 상황에서 남아 있는 빈약한 음식들이나마 찾아보느라 정신이 없었다. 시내 호텔에 투숙 중인 손님들은 주방 직원들이 방역선 안쪽에 갇혀 버린 탓에 쫄쫄 굶고 있었다. 음식, 우편물 및 기타 보급품들이 양쪽 구역 사이를 오고가기란 아주 힘들었다. 아니, 완전히 불가능했다.

봉쇄가 시작된 지 3일, 소위 페스트의 출현이라고 볼 만한 새로운 환자는 아직 없었다. 실험용 동물들도 아직 살아 있었다. 게다가 중국인들이 봉쇄에 항의하여 배상을 청구하기 위한 소송을 제기하는 등 분위기가 험악해지고 있었다. 시 보건국은 이제 어리석은 짓을 하고 있다고 느꼈으며 봉쇄를 푸는 수밖에 도리가 없었다.

방역선이 제거된다는 소문에 사람들은 자유에 대한 기대에 부풀어 차이나타운 거리로 몰려들었다. 3월 10일 오후 4시, 방역선이 걷히자 환호성이 터져 나왔다. 수천 명의 중국인들이 봉쇄구역에서 샌프란시스코로 쏟아져 나왔다. 음식을 배달해 달라는 주문이 줄을 이었다. 사람들은 마을의 호텔과 주방의 일자리로 돌아갔다. 백인들 역시 더 이상 형편없는 식사를 하지 않아도 된다는 사실에 기뻐했다. 『이그제미너』지에는 축하시가 실렸다.

'방역선 해방'

달콤한 퐁이 다시 직장으로,

요리계 최고의 권좌로 돌아오네.

주방 렌지 위에서 다시

진수성찬의 김이 모락모락 피어 오르고

굶주린 손길이 머물던 자리에

기쁨에 찬 미소 넘치네.

보라! 보건국이

그러나 이런 시와 농담들, 환호와 축하는 너무 성급했다.

이틀 뒤인 3월 12일, 엔젤 아일랜드 연구실의 우리 안에서는 동물들이 발을 끄는 소리도 발톱으로 긁어대는 소리도 들리지 않았다. 고요만이 감돌고 있었다. 키넌이 안을 들여다보니 쥐와 기니피그가 우리 안에서 차갑게 식은 채 누워 있었다. 원숭이는 점점 피곤한 모습을 보이면서 고개를 떨어뜨리더니 다음날 죽었다.

캣 / 피 / 시 / 강 / 에 / 서 / 온 소 / 년

키년이 안개 짙은 엔젤 아일랜드에서 페스트 실험에 골몰하고 있는 사이, 또 한 명의 박사가 이탈리아 제노바의 일터에서 일사병에 걸린 지중해 사람을 지켜보고 있었다. 키년이 천재형이라면 32세의 루퍼트 블루는 대기만성형으로 이제 막 전성기를 맞기 시작했다. 그 역시 멀리 떨어진 자신의 근무지에서 유행병을 주시하라는 내용의 속달우편을 최근 해병대병원으로부터 받았다. 1900년 6월 27일, 블루는 지역 신문을 펼쳐 들다가 가슴이 덜컹하는 기사를 읽었다. 터키와 그리스에서 열두 명의 사람이 병으로 쓰러졌으며 세 명이 선페스트로 죽었다는 내용이었다. 그는 워싱턴으로 급전을 쳤다. "선페스트가 레반트 해안을 따라 천천히 북쪽으로 이동하고 있으며 동양에서 유럽으로 몰려들고 있음." 그는 이렇게 공중위생국장에게 전보를 보냈다. 유럽의 입구로 유행병이 몰려들고 있다는 그의 예측은 상관인 월터 위먼의 눈길을 끌 만큼 흥미로웠다. 그러나 그것은 잘못된 경고임이 밝혀졌다. 에게 해에서 발생한 12건의 사건은 페스트가 유럽으로 되돌아온다는 선전포고는 아니었다.

하지만 아직 경계를 늦추지 말아야 한다는 블루의 생각은 옳았다. 성서시대 이래로 페스트는 전 세계를 휩쓸고 널리 퍼진 죽음의 병, 2천 년 동안 세 차례나 출몰했던 초강력 유행병이었다. 주일학교 학생시절 블루는 아무런 의심 없이 사무엘서를 읽곤 했는데, 팔레스티나인들 사이에 퍼진 페스트에 대해 그들은 '자신들의 은밀한 부위의 적들'을 견뎌야 했다고 표현되어 있었다. 이 시적으로 표현된 질병의 특징적인 증상인 서혜부와 겨드랑이 밑 움푹 들어간 부위에 생기는 서혜선종 혹은 부어오른 선에서 이 병의 명칭이 유래되었다. 6세기 유스티니아누스 왕조시대의 페스트는 아시아, 아프리카, 유럽에서 거의 10억의 생명을 앗아 갔다. 14세기에 전 세계적으로 유행한 페스트는 '흑사병'이라 불리며 유럽 인구의 4분의 1을 포함하여 총 5억의 희생자를 냈다. 1665년 런던에 대유행했던 페스트의 경우에서 보듯이 그 후유증은 몇 세기 동안 영향을 미쳤다.

이제 1894년 홍콩에서 시작된 세 번째 선페스트가 무역경로를 따라 퍼져 나가고 있었다. 무역선을 움직이는 바람을 만난 페스트는 21세기의 석탄화력 증기선을 타고 빠른 속력으로 이동했다.

그 증상은 매우 격렬했다. 고열, 머리를 쪼개는 듯한 두통, 참을 수 없는 구역질 등으로 겨우 한 시간 전만 해도 건강했던 사람조차 아주 허약한 상태로 변했다. 벌겋게 부은 림프선은 침입해 온 세균들을 억제하려고 애썼다. 림프선이 부은 부위는 어디고 할 것 없이 고통스런 서혜선종이 붉게 돋았다. 모세혈관에서 잉크처럼 검은 혈액이 터져 나오면서 피부는 흑사병의 두려운 '징표'인 검푸른 멍으로 얼룩졌다. 맥박은 처음에는 질주하다가 차츰 느려져서 나중에는 의사의 손가락 밑에서 가느다란 실이 움직이는 정도로 잦아지게 되었다. 착란과 고통으로 혼란에 빠진 이들은 사지를 떨며 죽음의 춤을 추었다. 마지막 사투를 벌이는 희생자들은 종기의 가장 가벼운 통증조차 견디기 힘들어하며 이불을 잡아 뜯었다.

페스트의 유일한 축복이라면 종말을 빨리 맞게 해 준다는 점이다. 서혜선종이 주요 증상일 경우 페스트는 5일 안에 끝장을 내주었다. 페스트가 폐에 침입해서 희생자가 피를 토하는 경우라면 2, 3일 안에 죽음이 찾아왔다. 소위 폐肺페스트라 불리는 병은 아주 드물지만 가장 치명적인 것이었다. 이것은 또 희생자의 기침을 통해 간병인과 가족까지 감염시키는 등 침을 통해 사람에서 사람으로 퍼지고 전염된다고 알려져 있는 유일한 질병이었다. 선 혹은 폐페스트는 모두 바칠루스 페스티스Bacillus pestis 혹은 예르시니아 페스티스Yersinia pestis 등 여러 가지로 알려진 같은 병균에서 시작되었다.

재앙 그 자체보다 더 끔찍한 것은 페스트가 인간의 정신에 미치는 영향이었다. 그것은 인간을 야수로 변화시킨다. 보카치오Giovanni Boccaccio는 『데카메론』의 서문에서 페스트에 상처 입은 피렌체의 목격자를 소개한다. 그는 환자가 고통 속에서 어떻게 버려지는지, 공동묘지에 시체들이 어떻게 겹겹이 쌓여 가는지 그리고 고귀한 궁전이 어떻게 텅텅 비어 가는지에 대해 들려준다.

……죽어 가는 사람이 오늘날 괴팍스런 악한이 받는 만큼의 존중조차 받지 못하는 지경에 이르렀습니다. ……그리고 모든 교회에 매일매일

아니 더 솔직히 말하자면 매 시간마다 도착하는 헤아릴 수 없이 많은 시신을 매장할 축성된 땅이 부족했습니다. 포화상태에 달한 묘지에 일단 엄청나게 큰 구덩이를 팠습니다. ……그런 다음 새로 도착한 시신들을 100구 정도까지 여기에 던져 넣었답니다. 배의 선창에 화물을 싣는 방식으로 시체들을 구덩이 속에 겹겹이 포개 놓는 겁니다. 그리고 각 층마다 흙을 얇게 덮어 주었습니다. 구덩이가 완전히 찰 때까지 말입니다.

다니엘 디포는 17세기 런던에 대해 쓴 1722년 작품 『페스트 일기*A Journal of the Plague Year*』에서 전염병의 공포가 페스트균으로 오염된 마을에 '사기와 공모'를 부추겼다고 적고 있다. 또 이런 고장의 공무원들은 묘지 기록을 위조했고 환자와 시체를 숨기는 사람들을 위협했다.

……병을 감출 수 있는 짓이라면 무엇이든 했다. 이웃들이 대화하기조차 꺼리면서 멀리 피해 버리거나 당국에서 그들의 집을 폐쇄하지 않도록 하기 위해서였다. 그것은 아직 실현되지 않았음에도 위협적이었고 사람들은 그것을 생각하는 것만으로도 충분히 두려움에 떨었다.

의사들은 페스트를 막을 힘이 없었지만 계속 이상한 특효약들을 고안해냈다. 오염된 증기를 막기 위해 백단향, 후추, 장뇌, 장미로 만든, 향이 강한 경단을 처방했다. 시민들은 당밀 즙, 포도주 등을 마셨고 뱀을 잘게 썰어 먹었다. 부자들은 진주 가루와 황금 녹인 물을 섞어 만든 더 비싼 약을 먹었다. 젠틸레 다 폴리뇨라는 이탈리아 약제사는 보석으로 기발한 약들을 조제했다. 이 중에는 자수정 부적과 에메랄드 가루를 넣어 만든 마시는 약도 있었다. 특히 이 후자의 약은 '너무나 효험이 좋아 두꺼비가 그것을 보면 눈이 멀 정도'라고 그는 광고했다. 자포자기에 빠진 부자들에게는 불행한 일이었지만 먹는 보석과 황금은 페스트를 치료하지 못했고 오히려 죽음을 앞당기는 경우마저 있었다.

14세기 이탈리아에서도 페스트를 억제하기 위해 고대의 방편들이 등장했다. 예컨대 나환자병원 혹은 성경에 나오는 나병 걸린 걸인의 이름에서 따온 라자로 격리병원, 그리스도의 광야 체류를 기념하기 위해 본래 40일 동안 머물게 했던 선박검역소 '라 콰란티나' 등이 그것이다.

과학지식이 부족했던 대중들은 페스트를 종교적인 신비로 포장하여 끔찍한 천벌이라고 해석했다. 병의 발생 기원에 대해 어떤 이들은 혜성에서 쏟아져 내린 페스트가 유대인들이 독을 넣은 우물에서 흘러나와 이집 저집으로 퍼졌다는 전설을 지어냈다. 의심 많고 복수심에 불타는 이웃들이 희생양들을 제 집에 가두고 산 채로 화형을 시켰다. 이런 전설들이 페스트를 의학적 파국의 상징으로 만들었지만 하찮은 쥐벼룩에게 물린 자국에서 전염된다는 사실은 여전히 베일에 싸여 있었다.

19세기 말엽까지 오는 동안 이런 치료법들은 역사 속에 묻히게 되었다. 그러나 빅토리아 시대에도 몇몇 말도 안 되는 치료법들이 소개되었다. 인도의 영국 식민지 의사들은 페스트 환자들에게 희석한 석탄산을 마시게 하거나 신선한 얼음물로 관장하여 열을 식혔다.

1900년 6월, 제노바에 있던 블루의 예고에도 불구하고 페스트는 유럽에 맹공을 퍼붓지 않았다. 그러나 의심스런 지중해 사건들로 인해 그는 중국에서 바다를 건너 전 세계 여러 항구로 이동하고 있는 세 번째 페스트 대란의 새로운 흐름에 대해 경계를 늦추지 않았다. 페스트는 홍콩에 대량 사망이란 타격을 가했고 워싱턴은 영국 식민지 지도자들의 보고를 통해 상황을 지켜보고 있었다. 이탈리아로 전진한 그날부터 페스트는 블루의 경력에서 주요 관심사가 되었다. 그 해에 그는 이탈리아에서 미국으로 귀환하라는 명령을 받았다. 그리고 전염병이 도시 안으로 잠입을 막 시작하고 있는 샌프란시스코에 배정되었다.

전임자인 조지프 키년과 마찬가지로 로퍼트 블루는 남부 출신이었다. 노스캐롤라이나 주의 리치몬드 카운티에서 태어난 그는 세 살 때 어머니의 고향인 사우스캐롤라이나 주의 매리언으로 이사했다. 키년의 아버지처럼 그의 아버지도 남북전쟁에 참가했다. 하지만 세균학의 선구자이자 유명한 국립위생학연구소의 창시자인 키년과 달리 블루는 질병과의 전투에서 그저 보병으로 시작했다. 그는 군인의 아들이었고 제복에 매료되었다. 하지만 그는 미국 해병대병원에 병사로서가 아니라 의사로서 지원했다.

캐롤라이나의 스코틀랜드인 혈통에서 물려받은, 180센티가 훨씬 넘는 큰 키의 블루는 푸른 눈과 새카만 머리카락의 소유자였다. 그리고 그는 건강에 관한 관심과 권투에 대한 애정을 가지고 잘 가꾼 덕에 빅토리아 시대의 체격인 떡 벌어진 가슴을 자랑했다. 유행에 따라 머리 가운데 부분에 멋을 내고 코밑수염을 곡선형 팔자 모양으로 길렀다. 그는 유쾌한 순간에 혹은 무엇인가에 집중하고 있을 때 그 콧수염을 빙빙 꼬거나 비틀곤 하는 버릇이 있었다. 그는 존 길크리스트 대령과 부인 애니 마리아 에번스의 3남 5녀 중 여섯째였다. 그의 조부모는 넓은 캐롤라이나 대농장과 많은 노예들을 소유했다. 그러나 1868년 5월 30일에 태어난 루퍼트 블루는 재건세대였고 자유 노예들과 농장 노동자들 속에서 살았다. 보수적인 남부의 한 가운데서 블루 가家는 많은 동시대인들보다 훨씬 진보적이었다. 블루 부인은 남북전쟁 이전 시기의 남부에서 대학에 다닌 보기 드문 소녀들 중 한 명이었다. 블루 대령으로 말하자면 변호사로 개업을 했었고 사우스캐롤라이나 주 의회에서 활동하며 여성들의 교육운동을 옹호했던 사람이었다. 그의 외로운 운동은 사우스캐롤라이나의 유명한 군사학교 '시타델Citadel'에 여자들이 드나드는 꼴을 보려는 수작이라고 조롱받았다. 그가 제출한 법률안은 기각되었다. 그러나 한 세기 후 그의 운동을 비웃기 위해 나왔던 농담이 정말 실현된다.

블루 가의 자녀인 샐리, 에피, 이다, 윌리엄, 빅터, 루퍼트, 케이트 릴리, 헨리에타 등은 매리언의 공립 및 사립학교에 다니면서 역사와 라틴어 공부에 열을 올렸다. 블루 가의 아이들 중 빅터와 케이트는 외향적인 성격으로 친구들 사이에서 빛을 발했다. 반면 루퍼트와 헨리에타는 과소평가받기 쉬운 영혼을 지닌 수줍은 성격의 소유자였다. 루퍼트는 고대 로마에 대한 책들을 매우 열심히 읽었으며 성경을 공부했고 나폴레옹 이야기에 푹 빠졌다.

블루 가 자녀들은 메인 가에 있는 백인 중심의 장로교회에서 세례와 견진성사를 받았다. 아이들은 집에서 1.5킬로미터 정도 떨어져 있는 캣피시 강둑 위의 통나무에 다리를 벌리고 걸터 앉아 강꼬치고기, 전갱이, 메기 등을 낚았다. 또 메추라기와 꿩을 사냥할 때도 있었다. 혈통 좋은 송아지와 순종 개, 앙고라 염소와 메리노 양들이 소년들의 동물인 반면 소녀들은 혈통 좋은 고양이를 키우고 닭, 오리 등을 소중히 여겼다.

봄이면 캐롤라이나 소나무 숲에서 쏙독새 울음소리의 첫 음조 맞추기 놀이를 했다. 여름 아침에는 가장 흥미진진한 즐거움을 비밀스럽게 맛보기도 했다. 동틀 무렵 아이들은 덩굴에 아직 이슬이 맺혀 있는 멜론 밭으로 살금살금 기어 들어가 멜론 서리를 했다. 그리고 예법이나 은그릇 없이 멜론의 붉은 속살을 게걸스럽게 먹어 치웠다.

부모와 쑥쑥 자라는 여덟 아이들의 발소리가 울려 퍼지는, 소나무 마룻바닥과 넓은 울타리를 두른 현관이 있는 블루 가의 대농장 '블루필드'는 가족적인 분위기였고 견고했으며 허세를 부리지도 않았다. 300에이커에 이르는 대농장에는 담배와 목화, 옥수수, 목재용 나무를 키웠다.

사우스캐롤라이나의 매리언 카운티를 피디Pee Dee 강의 크고 작은 지류들이 포크가 찌르는 형상으로 흐르고 있었다. 여름이면 지역 인디언들이 '위드라쿠체'라고 불렀지만 아이들은 그저 캣피시 강으로만 알던 늪지에서 나른하게 수증기가 올라왔다. 매리언 마을에 자리를 잡은 저택들은 웅장한 그리스 르네상스 풍으로 지어졌고 보라색 등나무와 활짝 핀 붉은색 백일홍으로 장식되었다. 지나가던 어느 북군 병사들이 소나무겨우살이의 녹회색 다발을 기념품처럼 슬쩍 가져가려다 그만 빨간 벌레들에게 물렸다는 이야기는 오늘날까지 이 고장의 우스갯소리로 전해온다.

매리언은 영국군을 피해다니며 물과 나무뿌리로 버텼던 미국 독립전쟁의 영웅인 '늪의 여우' 프랜시스 매리언Francis Marion의 이름에서 따왔다. 한 세기 후, 주들 사이에 벌어진 전투의 영웅들을 독립 전쟁의 영웅들과 동일시하던 이 소년은 캣피시 강의 해군 전투에 참가하게 되었다. 남북전쟁이 끝나갈 무렵 매리언은 갑작스런 날씨의 변화 덕분에 셔먼의 공격에서 벗어난다. 즉, 폭풍우로 피디 강이 범람하게 된 것인데 불어난 강물 때문에 연합군 사령관의 공격이 비껴갔던 것이다. 감사한 매리언 주민들은 이 강을 '셔먼의 홍수'라고 불렀다. 루퍼트 블루는 남부연합의 아들로 태어났지만 혁명의 아들로 교육받았다.

영웅들은 어린 시절에 지혜와 지도력 등의 재능을 드러내는 경우가 많다. 하지만 분명 루퍼트 블루는 매리언의 가장 두드러진 아들로 출발하지는 않았다. 오히려 두 살 위인 형 빅터가 그런 영예를 누렸다. 빅터는 아나폴리스의 해병대 학교에 입학하여 아버지의 군대경력을 이어받았고 졸업 후에는 미국·스페인 전쟁에 참전했다. 쿠바의 산티아고 항에서 고난도의 지휘력을 발휘하여 적선을 지능적으로 공격하는 등 뛰어난 공적을 쌓은 그는 그 덕에 해병대 영웅으로 축하를 받기도 했다. 조각 같은 용모에 용기와 우아함까지 갖춘 빅터는 자신의 어린 동생 위로 긴 그늘을 만들었다. '퍼트'라는 애칭으로 불리며 수줍음이 많아 사람들 앞에서 머뭇거리던 그의 어린 동생 루퍼트는 빅터의 매력적인 빛 아래서 제 빛을 발휘하지 못했다.

빅터는 '가족의 모범으로 부모의 큰 사랑을 독차지할 만했으며 형제자매는 그에게 성가신 존재였다.'라고 여동생 케이트 릴리는 너스레를 떨며 표현했다. 다른 형제들에 대해서도 그녀는 나름대로 평가를 했다.

"빅터와 루퍼트 사이에 차이점이 가장 많았어요." 케이트의 말이다. 빅터가 전쟁 영웅이 되어 집에 돌아왔을 때 "그는 자신이 이전에 알았던 모든 사람들과 유쾌하게 담소를 나누었죠." 그의 남동생은 전쟁 영웅도 사교계의 명사도 아니었다. "루퍼트는 아주 달랐어요. 그는 거리 모퉁이에 서서 함께 학교에 다녔을 누군가에게 반갑게 손을 내밀지도 못했죠."라고 케이트는 설명했다.

학교를 졸업한 루퍼트는 1888년, 집에서 북쪽으로 17킬로미터 떨어져 있는 작은 촌락 사우스캐롤라이나 라타Latta에서 예비대학생으로 실용적인 약제술을 배우게 되었다. 이것이 바로 그가 처음 맛본 의학이었다. 기숙사에서 생활했던 그는 농장을 몹시 그리워했다. 하지만 겉으로는 용감한 체 했다. "천성적으로 세계주의자인 덕에 나는 어디에서도 만족스럽게 삽니다." 그는 편지에 농담 투로 이렇게 적었다. 하지만 사실은 너무나 집안 소식이 그리워서 가족에게 보내는 편지에 답장을 보내 달라는 뜻으로 우표를 동봉하기도 했다.

블루의 소년기는 어느 겨울밤에 갑작스럽게 끝났다. 루퍼트의 아버지는 182센티가 훨씬 넘는 건장한 체격이었지만 보이는 것만큼 건강하지 않았다. '스코틀랜드 소년들'이라고 불리던 연대를 인솔했던 남북전쟁 당시 그는 포탄과 포화는 용케 피했지만 류머티즘성 발열 가능성이 있는 심장에 상처를 안고 돌아왔다. 그는 술을 삼가기로 유명한 지도자였지만 담배는 자유롭게 탐닉했다. 그런데 이 기호품이 그의 심장에 더욱 무리를 주었다. 농장 안을 돌아다니기조차 힘들어진 그에게 아들들은 쉬라고 간청했다. 그 해 겨울, 기력이 완전히 빠진 그는 매리언의 눅눅한 기후 대신 상쾌한 공기를 찾아 노스캐롤라이나 주 리치몬드 카운티의 옛집으로 떠났다. 그 무렵 유럽에서 해병대 훈련 중이던 루퍼트는 빅터와 라타로부터 약제술을 배우며 '아빠의 회복'을 바란다는 간절한 편지를 보냈다. 블루 대령은 자신이 틀림없이 회복될 것이라고 유쾌하게 말했지만 블루 부인과 딸들은 편지 봉투를 여는 그의 거미줄 같이 가늘고 허약한 손가락이 파르르 떨리고 있음을 보았다.

1888년 크리스마스, 블루 대령은 심장마비를 일으켰다. 그는 새해까지 간신히 생명을 이어갔다. 1889년 1월 6일 일요일 밤 늦은 시각, 가족들이 침대 곁에 모인 가운데 그는 세상을 떠났다. 가족들은 그를 노스캐롤라이나에 묻었다.

미망인은 집에서 아직 십대인 두 명의 딸 케이트, 헤티와 함께 그 럭저럭 삶을 꾸려나가야 했다. 장남인 빌은 농장을 맡았다. 가운데 아들은 계속 해병대에 남았고 20세의 견습 약사인 막내아들은 아직 이렇다 할 지위도, 가능성도 없었다. 모든 것이 순식간에 변했다.

가족의 상실로 충격을 받은 상태에서 루퍼트는 '제퍼슨 대학'이라고도 불리는 샬로츠빌의 버지니아 주립대학에 입학했다. 가족들이 다시 기운을 차리기를 바라는 그의 영혼은 대학 생활의 모든 유혹에도 불구하고 위험에 빠지지 않았다.

"내 품행에 대해서는 염려하지 않아도 돼. 나는 마음 내키지 않는 일이라면 어떤 일에도 넘어가지 않으니까. 다른 사람들의 악덕에 동참하지 않을게." 그는 케이트에게 이런 편지를 보냈다. "건전하게 살려고 애쓴다면 무엇인가 성취할 수 있겠지. 나는 의지와 야망을 가지고 있으니까."

꼬불꼬불한 담에 둘러싸인 샬로츠빌의 캠퍼스에서 2년 간 공부한 루퍼트는 볼티모어의 메릴랜드 의과대학에 입학했다. 그는 가장 눈부신 학생은 아니었지만 뚜렷한 사명감을 가진 가장 착실한 노력가였다.

그는 케이트에게 보낸 편지에 이렇게 썼다. "나는 트로이 사람처럼 공부하고 있어. 그리고 내 노력이 반드시 보상을 받게 되리라고 믿어."

아버지가 죽은 후로 돈이 궁해진 루퍼트는 수업료와 여행 중에서 하나를 선택해야 했다. 그는 편지에 "봄에 집에 갈지도 몰라."라고 쓰고 나서 이렇게 덧붙였다. "그것은 오로지 내 재원 상태에 달려 있어. 솔직히 말하면 의학진찰에 대한 단기과정을 수강하고 싶어." 그는 뉴욕에서 의학과정을 수강할 때 자신을 훨씬 능가했던, 버지니아 학교의 또 다른 친구이자 절친한 라이벌인 조 거스리보다 뒤떨어지지 않을까 걱정했다. 그는 절망했다. "배워야 할 것이 너무 많아……."

심란했다. 그가 악착같이 공부에 매달렸던 시기에 '결혼의 열기'가 매리언의 지역 무도회를 후끈 달구고 있었다. 루퍼트는 그 지역에서 꽤 미인 축에 드는 에밀리에게 구애했다. 그러나 그는 소심한 구혼자였고 사랑이 마치 되풀이되는 고역이라는 듯이 이렇게 썼다. "바라건대 내가 치유된다면……."

마침내 블루는 의대에서 무료로 공부하게 되었다. 해부학에서 2등을 했으며 다른 과목들도 평균 90점을 받았던 것이다.

1892년 4월 15일 블루는 의대를 졸업했다. 가족 중 누구도 졸업식에 오지 않았다. 그래서 그는 불참한 가족들을 위해 눈부신 구경거리에 대한 자세한 내용을 써서 보냈다.

"어제 학위 수여식이 화려하고 정중하게 치러졌어요. 제 어깨 위에 맡겨진 많은 책임에 대해 완벽하게 이해하면서 오늘은 교수로서의 경력을 시작합니다. 고별사를 들으면서 저는 늘 정의의 편에 서겠다고 머릿속으로 다짐했습니다. 어떤 유혹이 앞에 다가오더라도 저를 성실의 길에서 방해하지는 못할 겁니다."

하지만 그는 케이트가 자신의 진지함을 놀릴지도 모른다는 생각에 얼른 이렇게 덧붙였다. "이런 고백이 제 어린 시절에 대해 잘 알고 있으며 제 성격에 관해 고정관념을 가지고 있을 가족들에게는 낯설게 느껴질지도 모릅니다. 그러나 저는 의사들이 매우 특별한 환경 속에서 살고 있으며 고소당할 가능성도 많다는 말로 그에 대한 답변을 하겠습니다."

그런 다음 자신의 새로운 지위를 돋보이게 하려는 듯 장식적인 글씨체로 편지에 서명했다.

"모두에게 사랑을 전하며. 여러분의 R. L. 블루, 의학박사."

볼티모어에서 병든 굴 장수들을 치료하며 인턴 기간을 보낸 후 루퍼트 블루 박사는 미국 공중위생국 산하에서 나날이 발전하고 있는, 항구와 검역소들의 수호자 격인 미국 해병대병원에 입사지원서를 제출했다. 입사자격을 받기 위해서는 의학과 일반상식 과목의 시험 경쟁을 통과해야 했다. 블루는 초조했다. 이제 어엿한 도서관 사서가 된 케이트가 그의 머리 속을 학문적인 내용들로 꽉 채워주기 위해 책을 한 보따리나 보냈지만 너무 늦게 도착했다. 그러나 루퍼트는 라틴어를 유창하게 읽어서 좋은 점수를 받았다. 아직도 해병대병원에 입사하기 위해서는 대통령의 지명과 상원의 승인을 받아야 했다. 지원자는 25명인데 자리는 넷뿐이었다.

결과를 기다리는 동안 그는 아버지의 악습이던 담배를 연신 피워 물고 가족들에게 편지를 쓰면서 걱정을 삭였다.

그는 케이트에게 보내는 편지에서 "이 분과는 미국 해병대와 군대에 많은 혜택을 베풀지…… 빅터 형이 2년 동안의 항해에서 집에 돌아와 명령을 기다리던 그 여름과 똑같은 상황에 지금 내가 처해 있어."라고 썼다. "어느 곳에 배치 받을지 아직 모르는 상태야. 메인 주에서 캘리포니아 주 혹은 호수에서 만까지 모든 곳이 다 가능하겠지. 이런 상황에 약간 흥분되어서 나는 계속 담배를……."

"우리 제복은 해병대와 똑같아. '해병대병원' 보조의사의 직위는 대위와 같고 일년에 1,600에서 1,700 혹은 1,800까지 받지. 그러니까 해군 소위나 육상 근무를 하는 대위들보다 더 많이 받는 셈이야. 하지만 물론 몇 가지 불이익이 있긴 해. 예컨대 플로리다 주 키웨스트의 황열병 검역소나 드라이 토르투가스 제도 등에 발령을 받을 수도 있다는 말이지. 엄마와 살리에게는 너무 걱정하지 말라고……."

　일 년 후, 그는 어머니에게 개업의 대신 보건국을 선택한 것에 대해, 개업 의사들은 너무 돈에 종속되어 부자 환자들에게만 감사하게 된다고 농담조로 말했다. 그는 그러다 보면 질병에 감사한 마음을 갖게 된다고 설명했다. 말하자면 환자가 회복되면 돈이 날아가 버린다는 말이다. 하지만 솔직히 말하면 그는 질병 치료에 별 열망이 없었다. 그가 원하는 것은 질병에 대한 완전한 예방이었다.

　블루의 믿음대로 그의 미국 해병대병원 임용이 곧 승인되었다. 첫 임무를 따라 그는 텍사스 주 갤버스턴의 초라한 항구로 내려갔다. 그가 그곳 만에서 지내는 동안 그의 어머니는 황열병 대신 젊은 청년들에게 흔한 열병 때문에 새로운 걱정에 빠졌다. 그가 갤버스턴 극장의 쾌활한 젊은 여배우를 보고 홀딱 반하고 말았던 것이다. 그녀의 이름은 줄리에트 다운스, 남부출신 철도원의 딸이었다. 애니 마리아 블루처럼 남부 상류사회 출신의 한 사람이요 선한 빅토리아 시대의 여가장인 블루의 어머니는 줄리에트의 직업이 배우라는 게 마땅치 않았다. 어떤 이들은 여배우를 유혹하려 들기도 하고 젊어서 방탕에 빠지는 경우까지 있지 않던가. 그렇다면 결혼상대로는 어떨까? 여배우는 확실히 며느릿감으로는 선뜻 내키지 않는 후보였다.

　한편 블루의 형, 빅터는 직업에서처럼 짝을 찾는 데 있어서도 나무랄 데 없는 취향을 보여 주었다. '넬리'라고 불리는 일리노어 푸트 스튜어트는 군인 출신의 재력가의 딸로 굽슬굽슬한 금발 머리의 미인이었다. 빅터와 넬리는 두 명의 잘 생긴 아들을 낳았으며 종종 전 세계를 여행한 후 매리언 지역 사교계의 부러움을 한 몸에 받으며 집에 돌아오곤 했다. 하지만 현재 블루 일가를 모르는 사람이 없는 매리언에서 그 누구도 루퍼트의 애인 줄리에트의 방문에 대해서는 기억하지 못했다.

인습에 반대하며 루퍼트와 줄리에트는 1895년에 결혼했고 뉴욕에 잠시 들렀다가 곧 서해안의 새 임지로 향했다. 신혼의 해병대병원 보조의사는 샌프란시스코 만 엔젤 아일랜드 검역소에 배치를 받았다. 그는 배를 타고 나가 어둡고 냄새나는 화물 창고를 살펴보고 특별실부터 3등 선실까지 승객들을 진찰했다. 블루의 감독관은 그에 대한 수행 평가에서 '근면하고 신중하며 재치가 있다.'는 점과 확고한 직업관에 높은 점수를 주었다. 하지만 이따금 술 마시기를 좋아하고 '무엇인가에 쫓기는 듯한 경향이 있다.'라고도 지적했다.

한때 시골 소년이었던 27세의 블루는 유행에 민감하며 세련된 취향을 가진 아내를 부양하는 문제에 대해 생각해야 했다. 우기에 엔젤 아일랜드는 진흙사태를 맞곤 했으므로 그의 가족은 도시의 호텔로 거처를 옮겼다. 그러나 그곳의 생활방식은 너무 사치스러웠다. 루퍼트는 미망인인 어머니와 미혼인 두 여동생 케이트, 헨리에트를 위해 여전히 집에 자기 봉급의 일부를 보냈다. 하지만 일 년에 1800달러로 어떻게든 살아 내기란 힘든 노릇이었다.

1900년 이탈리아로 발령을 받았을 때, 루퍼트와 줄리에트는 그녀의 어머니인 다운스 부인까지 동반하고 로마의 부활절 축제에 참가했다. 줄리에트와 그녀의 어머니는 현대적인 로마를 돌아보았다. 마침 푸치니가 오페라 「라보엠」을 새 작품 「토스카」와 연달아 공연하고 있었다. 루퍼트는 '영원의 도시' 로마를 돌아보았다. 눈이 휘둥그러진 채 포룸(고대 로마의 공공 광장—역자 주)을 거닐어 보고 학창시절에 배웠던 고대의 문화와 성경에 나와 있는 고대 기독교인들의 자취를 살펴보기도 했다. 그리고 어머니와 케이트에게 함께 성지 순례를 하자고 간청하는 편지를 썼다. 한때 로마의 성직자가 되기를 열망했던 줄리에트의 아버지는 교황의 지지자였다. 노쇠한 교황 레오 13세가 축복의식에서 이 젊은 부부를 꼭 안아주었다. 일생 장로교인이었던 루퍼트 블루는 그런 의식에 회의적이었다. 하지만 교황이 양손으로 그의 얼굴을 감싸면서 프랑스어로 멀리 농장에 있는 그의 어머니를 축복했을 때 그의 가슴속에서 무엇인가 꿈틀거렸다. "이 늙은 성직자가 마음에 들어." 그는 이렇게 인정했다.

이탈리아를 맛본 20대의 부부에게는 다시 미국 내의 임무로 복귀해야 한다는 것이 너무 무료한 일처럼 느껴졌다. 포틀랜드에는 푸치니가 없었다. 밀워키에는 미켈란젤로가 없었다. 돈이 궁했지만 루퍼트는 계속 봉급의 일부를 집에 보냈다. 그러니 무도회 가운, 마차, 만찬, 밤 외출을 위한 비용이 부족할 수밖에 없었다. 순회 의사 생활은 최고의 결혼 생활을 만들어 나가기에는 어려운 조건이었다. 갤버스턴의 열기 속에서 불이 붙고 이탈리아의 돌체 비타에서 활활 타올랐던 로맨스가 밀워키 겨울의 꽁꽁 얼어붙은 얼음과 포틀랜드의 음울한 빗속에서 점점 식어갔다.

루퍼트는 빅터 같은 군인의 명예도 없었고 우아한 사교계의 요령도 부족했으며 유리한 조건의 결혼을 한 것도 아니었다. 자신에게 부족한 이 모든 것에 대해 깨달은 루퍼트는 갑자기 빅터에게 영원한 경쟁심이 솟아남을 느꼈다. 몇 년 뒤 '혁명의 아들들'의 회원자격을 신청할 때 그는 케이트에게 이렇게 말했다. "빅터는 훈장이 아주 많으니까 그 옆에 있을 때 내 제복차림도 초라해 보이지 않도록 배지 몇 개를 달고 싶어." 루퍼트 블루는 군인이 아니었다. 하지만 그 안에 내재한 예민한 힘이 유행병의 시기에 시험받기를 기다리고 있었다.

활동적인 의사로 살았던 루퍼트는 모든 면에서 전사다웠다. 그의 해병대병원 제복에는 화려한 기장이 달려 있었다. 군청색의 프록코트에는 18개의 반짝거리는 단추가 달렸고 어깨 가장자리는 금사로 장식했다. 벨트는 금사와 해병대 줄무늬, 금색 비단실을 섞어서 짠 송아지 가죽이었다. 여기에 75센티미터가 조금 넘는 예식용 검까지 매달았다. 검의 흰 상어가죽 손잡이는 금박 입힌 철사로 감고 묵직한 황금색 술을 달았다. 병원 측은 그에게 화려한 제복의 세부 사항과 고정 장치에서부터 독수리 장식까지 모든 점에 대해 정리해 놓은 325쪽 분량의 안내서를 제공했다.

제복을 입은 루퍼트 블루는 형 빅터처럼 거의 군인의 모습이었다. 오직 벨트 버클 위의 도금된 잠금 장치만이 그들의 임무가 다름을 암시했다. 앞면의 조각은 해병대병원의 닻이었다. 그것은 그의 첫 환자들과 같은 바다 사나이들의 상징이었다. 버클 위에는 또 쌍둥이 뱀이 얽혀 있는 헤르메스의 지팡이(두 마리의 뱀이 감긴 꼭대기에 두 날개가 있는 지팡이. 평화와 의술의 상징으로 미 육군 의무대의 휘장―역자 주)도 새겨져 있다. 헤르메스의 지팡이는 해운업과 의술 양쪽 모두를 상징한다. 그리고 보건국 수호자들의 원조인 아스클레피오스(의약과 의술의 신―역자 주)의 지팡이와도 비슷하다. 고대 신화에서 아스클레피오스는 죽은 사람에게 감히 생명을 되돌려 줌으로써 신들을 모욕했다. 이런 그의 뻔뻔함에 제우스신은 그를 번개로 내리쳤다. 훗날 블루는 정치가들을 놀라게 할 수 있는 의사는 신들을 화나게 했던 아스클레피오스와 거의 같은 존재라는 사실을 배운다.

이후 20년 동안 거의 매일 블루는 병원의 작업용 제복인 수수한 카키색 작업복을 입고 지냈다. 그러나 그날만은 정식 예복 차림이었다. 영웅처럼 얼굴을 반쯤 돌리고 턱은 치켜세운 채 양팔을 허리춤에 올린 그는 그가 상상조차 할 수 없는 미래를 희망과 도전의식에 가득 찬 시선으로 바라보았다.[7]

시 / 체 / 감 / 추 / 기

조지프 키년은 대담하게 용의자를 체포했다. 착색제와 슬라이드, 현미경 그리고 죽은 실험용 동물들이 남긴 무언의 증언을 통해 그는 이 세균이 왕춧킹을 죽인 살해범이라는 사실을 확인했다.

그가 잡은 살해범은 성서시대 이래로 아시아와 유럽을 파괴했던 바로 그 세균이었다. 이것이 데카메론에 묘사되었던, 부자와 가난한 이들을 공동묘지로 보내고 노브 힐 저택을 피렌체의 성들처럼 텅 비게 만든 그 유행병의 시작일까?

몇 천 년 동안 유럽을 휩쓸었음에도 페스트의 본성과 원인은 열띤 과학경쟁이 벌어진 후인 1894년까지 밝혀지지 않았다. 세균이 확인된 이후에조차 어떻게 그것이 인간의 몸에 들어가는지에 대해서는 여전히 의문이었다.

선페스트가 중국에 고통과 죽음을 가했던 1894년, 두 명의 라이벌 과학자인 파리의 알렉상드르 예르생Alexandre Yersin과 도쿄의 시바사부로 키타사토Shibasaburo Kitasato가 페스트의 원인을 규명하기 위해 홍콩에 갔다. 두 사람은 뛰어난 과학자이자 결핵균을 발견했던, 선구적인 미생물 사냥꾼 로버트 코흐와 광견병 백신을 개발한 루이 파스퇴르의 제자들이었다. 예르생과 키타사토는 둘 다 그람염색이라고 부르는 기술을 이용했다.

그람염색은 덴마크 과학자 한스 크리스티앙 요아킴 그람이 고안한 실험방법으로, 곤충에 따라 어떤 염료가 스며들거나 탈색되는 경향들을 교묘하게 이용한 것이다. 세균체가 자랄 때까지 배양해야 하는 기존의 방식에 비해 그람염색 실험은 단 몇 분밖에 안 걸리고 분홍색과 파란색 염료 몇 병만 있으면 가능하다. 과학자가 어느 균 샘플을 파란색 염료로 흠뻑 적셨다가 헹구어 낸다. 만일 파란색 염료가 착색되었다면 그 균은 '그람양성균'으로 분리된다. 파란색 염료가 탈색되어 버리고 대신 두 번째 분홍색 염료가 착색된다면 그 균은 '그람음성균'으로 분리된다. 유명한 포도구균과 연쇄상구균처럼 파란색으로 변하는 균이 그람양성균이다. 그러나 페스트균은 파란색 염료가 탈색되고 선명한 분홍색이 착색되는 그람음성균이다. 착색되는 무늬 역시 세균들의 독특한 모양과 특징들을 도드라지게 만든다. 막대형 페스트균은 둥그스름하고 양끝이 짙은 장미색으로 변해서 마치 안전핀처럼 보인다.

그러나 페스트를 발견하려고 서두르던 두 경쟁자, 키타사토와 예르생은 그람염색의 결과를 다르게 발표했다. 먼저 키타사토가 전 세계에 페스트균은 파란색으로 착색되는 그람양성균이라고 발표했다. 하지만 그는 그 후 모르겠다고 말하면서 발뺌했다.

예르생은 경쟁자보다 나흘 늦게 홍콩에 도착했다. 주요 병원에 부검을 실시할 권위자가 부족했기 때문에 그는 임시방편을 써야 했다. 그는 장례식을 기다리는 시신들을 입수하기 위해 밀짚 오두막 뒤의 천막 안에서 일하면서 장의사 역할을 하는 영국 군인들에게 돈을 쥐어 주었다. 시신을 입수한 후엔 관을 열고서 시체에 뿌려 놓은 석회를 털어 냈다. 시체의 선에서 생체조직을 떼어낸 예르생은 '참으로 순수한 상태의 세균'을 발견했다. 그 세균을 일단 정화시킨 후 그람염색을 실시하자 페스트균이 분홍색으로 바뀌었다. 그람음성균이었다. 예르생은 옳은 답을 찾아냈다.

오늘날까지도 키타사토의 실수는 어처구니없게 느껴진다. 어떤 역사가들은 그가 파란색으로 염색되는 포도상구균이나 연쇄구균에 오염된 생체 조직을 이용했을지도 모른다고 추측하고 있다.

키타사토와 예르생은 늘 페스트균의 공동발견자로 간주되었지만 승리는 예르생의 발견으로 돌아갔고 바칠루스 페스티스Bacillus pestis는 곧 예르시니아 페스티스Yersinia pestis로 명칭이 바뀌었다. 이 획기적인 발견은 전 세계 과학자들에게 치명적인 세균의 식별법을 알려 주었다.

진화과정 중 겨우 유아세균에 해당하는 예르시니아 페스티스는 현재 1,500살에서 2만 살 사이에 해당하는 것으로 추정하고 있다. 이것은 40만에서 1,900만 살 사이인 고대 세균 예르시니아 슈도튜베르큘로시스Yersinia pseudotuberculosis에서 진화했으며 장腸 질병의 원인이 된다. 이 상냥한 부모에게서 놀랄 정도로 유독한 균이 태어났는데 이 균을 치료하지 않고 그냥 둘 경우 인간에게 가장 치명적인 것으로 알려져 있다. 현대에 이르러 항생제가 개발되었지만 선페스트는 여전히 예기치 않은 환자에게 충격을 가한다. 1995년, 마다가스카르에서 선페스트 항생제에 내성을 지닌 변종이 나타나 한 환자에게 병을 일으켰다. 다행히 민첩한 과학자와 의사들이 합성설파sulfa제를 사용해 이 환자를 구했다. 그러나 놀란 과학자들에게 이 사건이 들려주는 메시지는 분명했다. 요컨대 페스트는 지구상 미생물계의 최고가 되기 위해 많은 경쟁 상대들과 겨루고 있으며 여전히 세상에서 활동하고 있다는 것이었다.

예르생의 발견은 조지프 키년에게 범죄 용의자의 얼굴과 그것을 빨리 알아볼 수 있는 방법을 제공해 주었다. 그리고 다른 실험 방법들도 있었다. 페스트균이 왕츳킹을 죽였다는 사실을 증명하기 위해 키년은 배양접시에서 불투명 유리처럼 보이는 페스트 균체에 코흐의 필요조건을 적용했다. 우선 균을 분리해 냈다. 그런 다음 순수한 배양 접시에서 그것을 키웠다. 그리고 그 균을 실험용 동물들에 주사했다. 동물들이 똑같은 질병으로 죽었고 그는 다시 균을 분리해 냈다. 그리하여 결국 그는 살인범, 선페스트를 체포했다.

그러나 1900년의 샌프란시스코 시민들에게, 심지어 가장 숙련된 의사들에게조차 새로운 세균학은 아직 검은 마술이었다. 신비하고 이해가 확실히 안 되어 신뢰할 수 없다거나 침대 맡에서 증상을 살펴보고 진맥을 짚어 보는 것보다 열등한 방법이라고 여겨졌다. 열과 부은 선에 대해 그들은 연쇄구균이나 매독이 일으키는 증상의 하나일지 모른다고 진단했다. 마을의 많은 의사들이 세균학자 키년을 무시했으며 대부분의 주민들은 자신들의 가족주치의를 신뢰했다.

많은 신문들이 페스트 소탕작전을 풍자했다. 만화가들은 중국인의 족자에서 균을 뜯어내는 의사들을 그렸다. 세균은 '씩' 웃고 있는, 이무기 얼굴을 한 올챙이로 묘사되었다. 변발을 늘어뜨린 이민자들의 풍자화가 마을에 떠돌았다. 3월 14일자 『샌프란시스코 콜』지에는 'A수사修士, 엔젤 아일랜드 선페스트균 목장에서 사망'이라는 야유조의 부고가 실렸다.

하지만 차이나타운의 유력지인 『충사이예포』지와 『이스트웨스트 데일리』지를 창간하고 발행하는 장로회 목사 응푼추보다 더 회의적인 사람은 없었다. 페스트 시험 결과에 대해 보도하는 글에서 그는 공동체 전체에게 페스트로 죽게 될까봐 그렇게 많이 걱정할 필요는 없다고 말했다. 하지만 그들은 바로 그런 생각 때문에 파멸하게 된다.

'원숭이가 죽다'

…… 아아, 차이나타운의 평판이 원숭이의 생사에 달려 있단 말인가? 만일 이 원숭이가 살았다면 차이나타운은 두려움에서 해방되고 중국인들은 그 소식에 환호했을 것이다. 우리는 영어권 신문의 사설이 암시하는 바를 분명하게 이해하지 못하기 때문에 그들이 차이나타운이나 원숭이를 성원하고 있는지 어떤지 모른다. 또 행운이 의사나 차이나타운에 호의적일지 어떤지도 모른다. 그러나 오늘 아침 원숭이가 죽었다고 발표한 이 신문은 원숭이의 죽음이 페스트 때문이 아니라고 말하고 있다. 안타깝게도 원숭이는 굶주림 때문에 죽었다. 불행한 결과가 뜻하지 않게 이 의사와 마주친 것이다.

소문은 세균처럼 증식되었다. 검역관이 자기 진단의 정당성을 입증하기 위해 실험용 동물들에게 독을 먹였다는 말이 돌았다. 게다가 차이나타운에서 노브 힐까지의 모든 사람들은 어떤 시체에서든 분비액을 추출해서 주사하면 사람이 죽게 된다고 믿었다. 그래서 죽음의 원인은 페스트균이 아니라 분비액이 부패했기 때문이라고 여겼다. 모두가 세균학은 잔인한 실험이라고 동의했다.

『데일리』지의 헤드라인은 페스트와 관련된 일련의 사건들을 사기라고 규정했다. '페스트 유령, 보건국의 더욱 우스운 사업'이라고 3월 13일자 『크로니클』지는 비난을 퍼부었다. 바로 다음날, 그 신문은 '페스트, 발견되지 않다'라고 공언했다. 시내에 축제 분위기가 한창인 성 패트릭의 날을 즈음해서 이 신문은 이렇게 결론을 내렸다. '선페스트 소동, 막 내리다!'

이렇게 질병에 대해 부정하는 북소리와 달리 조심스런 경청자들은 차이나타운의 장의사에서 들려오는 망치소리를 들을 수 있었다. 왕 춧킹이 죽은 지 딱 일주일이 되는 3월 15일, 스물두 살의 노동자가 새크라멘토 가에서 죽었다. 그 다음 희생자는 3월 17일 듀폰 가에서 죽은 서른다섯 살의 요리사였다. 그 다음으로 오네이다Oneida 구역이라고 불리는 비좁고 구불구불한 골목에서 중년의 노동자가 쇠약해져서 죽었다. 세 희생자 모두 페스트의 낙인이 있었다.

정치가, 상인 그리고 중국인들은 모두 이런 진단을 부정해야 할 명분이 있었다. 누구도 황금의 주 입구에 노란 페스트 깃발이 휘날리는 모습을 보고 싶지 않았다. 무역과 관광에 타격을 입게 될지도 몰랐다. 차이나타운은 다시 봉쇄구역으로 선포되고 중국인들은 진찰도구를 든 백인 의사들의 간섭, 화학약품, 화재의 목표가 될 터였다. 유행병에 생소한 중국인들에게는 치료가 질병보다 오히려 더 위험하게 보였다.

한편 시청에서는 시장이 보건국을 제멋대로 조정하고 있었다. 제임스 듀발 펠란은 부패하고 나약한 시장들의 명단에 들어갈 만한 인물로 민주당의 개혁주의자이며 중국 이민자들에게 최대의 적이기도 했다. 1882년 중국인 입국금지법이 갱신되기 위해 다시 등장했을 때 페스트에 대한 공포 덕에 그는 '쿨리'들이 일으킨 황색 위험에 대해 드러내 놓고 불평할 수 있었다. 대륙횡단철도를 건설하는 동안은 중국 노동자들이 철도군단에 달가운 존재였다. 하지만 새로운 세기의 동이 트면서 잉여노동은 캘리포니아의 현관매트를 닳게 할 뿐이었다. 펠란 시장은 아시아 노동자들이 캘리포니아 주의 사람들에게 위협적인 존재라고 생각했으며 심지어 샌프란시스코에서 태어난 많은 아시아인들에 대해서도 그렇게 생각했다. 후에 펠란은 '캘리포니아를 백인들에게'라는 표어 아래 미국 상원에 출마한다.

중국 영사 호야우가 봉쇄조치로 발생한 차이나타운의 피해에 대해 50만 달러를 보상하도록 제소하겠다고 위협했을 때 펠란은 솔직한 감정을 드러냈다.

"중국인들의 항의와 소송에 대한 내 의견은 이렇소. 저속한 습관과 불결한 오두막에서 헤어나지 못하는 쿨리들이 미국의 어엿한 도시의 법인 구역에 머물도록 허락받았다는 사실만으로도 운이 좋은 줄 알라고 말해 주고 싶소." 시장은 감정이 폭발했다. "경제적인 면에서 보면, 그들의 존재는 노동계급에 큰 손상을 주어 왔고 지금도 그렇소. 위생 면에서 보면 그들은 늘 공중위생을 위협하는 존재들이지."

한편 호 영사는 자기 국민들을 위해 삶의 질을 향상시키려고 노력했다. 그는 중국 6대 회사들과 함께 새크라멘토 가 828번지에 새로 '동양인진료소'를 세웠다. 이 응급병원에는 서양 의사와 중국 한의사가 함께 배치되었으며 기부금으로 1,500달러에 해당하는 기구들을 갖춰 놓았다. 이 진료소는 궁핍한 중국인들이 죽을 때 들어가던 소위 '평화의 방'이라는 낡은 회관을 대신하는 것이었다.

워싱턴에서는 공중위생국장 월터 위만이 차이나타운의 모든 중국인들을 대상으로 예방백신 접종을 실시하도록 지시했다. 이 백신은 열에 죽는 세균을 넣어 만든 것으로 개발자 발데마르 하프키네Waldemar Haffkine의 이름을 따서 하프키네 백신으로 불렸다. 그는 망명한 뒤 파리의 파스퇴르 연구소에 들어간 러시아 과학자이다. 하프키네 백신은 면역반응을 일으키기 위해 소량의 세균을 사용하는 전통적인 자극예방법이다. 문제는 이 백신이 통증과 붓기에서 열과 불쾌감까지, 때로는 죽음에 이르는 심각한 부작용을 일으킬 수 있다는 점이었다. 예방효과는 미비했다. 이미 페스트에 노출된 사람에게는 백신이 매우 위험했는데 균의 치명적인 공격을 더욱 가속화시켰기 때문이었다. 널리 알려진 이런 위험 때문에 백신은 차이나타운 내에서도 맹렬히 악평받고 있었다. 그럼에도 위만은 왕춧킹이 죽은 후 거의 2천 명 분량의 백신을 서부로 보냈다. 그리고 이틀 내에 1만 3천 명 분을 더 보내고 그 이후로는 매주 만 명 분씩을 추가로 보내겠다고 약속했다.

또 위만은 아주 특이한 제품인 예르생의 페스트 항혈청 300병을 보냈다. 이 항혈청은 페스트에 노출된 말의 혈액에서 얻어 낸 항체 용액이다. 항혈청은 전염균에 대항할 수 있도록 미리 만들어진 면역체 용액으로 이미 페스트에 노출된 사람에게는 백신보다 훨씬 안전했다. 그러나 항혈청을 제조하기 위해선 말이 필요했고, 실험용기에서 간단히 배양할 수 있는 세균체에 비해 생산하기도 어렵고 비용도 많이 들기 때문에 귀하고 비쌌다. 그래서 항혈청은 인색하게 사용되었으며 돌발 상황의 한가운데서 일하는 의사들이 많은 양을 가로챘다.

공중위생국장은 차이나타운에 대량 접종을 재촉하면서도 사태의 위험성은 과소평가했다. 그는 그저 페스트가 도시 안에 뿌리내리지 않게 막아 다시 발생할 원인만 남기지 않으면 될 것이라고 생각했다.

윌리엄 랜돌프 허스트가 경영하는 신문 『이그제미너』지는 페스트를 공개적으로 부정하거나 비웃는 샌프란시스코 신문들의 대열에서 빠졌다. 『이그제미너』지는 페스트를 뉴스의 기회로 보았다. 모험심이 넘치는 기자 J.A. 보일은 소매를 걷고 기꺼이 하프키네 백신을 접종한 첫 번째 인물이 되었다.

　"접종 자체는 전혀 아프지 않다. 하지만 두 시간 정도 지나자 혈청이 내 신체기관 여기저기로 퍼졌고 그 효과가 느껴지기 시작했다." 인간 기니피그가 된 기자는 이렇게 썼다. "처음에는 아주 경미한 주사 통증이 예방부위에서 시작되어 가슴을 가로질러 퍼지고 팔로 내려간 다음 몸과 머리까지 올라갔다. 잠시 후 왼쪽 팔의 감각이 무뎌지더니 움직이기가 힘들었다. 어깨선을 덮고 있는 근육들이 마치 고무줄에 묶여 한꺼번에 끌어당겨지는 것 같았다." 그리고 이렇게 덧붙였다. "약간 어지러웠다. 귓속에 윙윙대는 소리가 들렸고, 스스로 정신을 차리기 위해 어떠한 조치도 취하지 않는 무감각 상태에서 둥둥 떠다니는 느낌이었다. 그러는 동안 어깨, 가슴, 목, 팔의 통증이 점점 심해지더니 결국 매우 심각한 지경에 이르렀다. 정신을 집중할 수가 없었고 얼굴이 붉어지며 열이 났다." 여덟 시간 후, 보일 기자의 통증은 가벼워지고 머리도 맑아졌으며 열도 떨어졌다. 그의 체험은 끝났고 그의 기사는 성공을 거두었다. 하지만 이런 곡예도 차이나타운 주민들이 소매를 걷어 올리도록 설득하기에는 역부족이었다.

　이제까지 주사 바늘을 든 백인 의사들의 모습을 거의 본 적이 없던 이들에게 그것은 공포를 일으키기에 충분했다. 장로교 선교단장 도널디나 카메론처럼 차이나타운에서 활동했던 몇몇 백인들은 페스트 백신에 대한 두려움을 일종의 미신이라고 여겼다. 그녀는 접종을 권장하려고 노력했지만 중국인들은 하프키네 백신이 병을 일으키거나 죽게 만들 수도 있음을 알고 있었다. 선교를 하는 몇몇 여성들이 신자들을 일렬로 줄 세웠다. 한 소녀가 줄에서 이탈해 2층 창문으로 달려가더니 밖으로 뛰어내렸다. 구경꾼들은 옷 조각과 검은머리 한 움큼을 보았지만 그녀의 모습은 볼 수 없었다. 아래층에서 쿵 하는 소리가 들렸다. 소녀는 살아 있었지만 발목뼈가 인도에 부딪히면서 뒤틀려 무척 아픈 듯 몸부림치고 있었다.

스코틀랜드 혈통의 장로교 전도사 카메론은 매우 열성적인 소명의식을 가지고 있었다. 요컨대 차이나타운에서 매춘을 하는 노예상태의 소녀들을 구원하여 기독교도로 개종시키겠다는 당찬 포부를 가진 여자였다. 어깨가 부풀고 소맷부리가 좁은 셔츠를 입고, 높게 올린 황갈색 머리 위에 베일이 달린 고급 모자를 쓰고서 활기차게 밖으로 나온 그녀는 악의 소굴들을 급습했다. 카메론의 간섭을 의심스럽게 생각하는 중국인이 그녀를 '판 케이', 즉 백인 악마라고 불렀다. 그 중국인은 자신이 감시하는 이들에게 '라모' 즉 '늙은 어머니'라고 불렀다.

봉쇄조치가 발효 중이던 어느 날, 아칭이란 이름의 아홉 살짜리 소녀가 선교원에 도움을 구하러 찾아왔다. 언니가 페스트로 죽어 가고 있었기 때문이었다. 카메론은 빅토리아 풍의 의상을 벗어 버리고 중국인 바지를 입었다. 그리고 양산 밑에 황갈색 머리카락을 감춘 채 방역선을 넘어갔다.

채광창을 통해 위로 빠져나간 그녀는 지붕에서 지붕으로 펄쩍 뛰어 아칭의 하숙집을 찾았다. 소녀는 인도에 내놓은 나무의자 위에 자포자기 상태로 축 늘어져 있었다. 카메론은 소녀를 선교원으로 옮기고 의사를 불렀다. 이 일련의 사태에 놀란 의사가 소녀를 진찰했지만 그녀는 페스트가 아니라 맹장이었다. 소녀는 세 시간 후에 죽었다. 그녀는 맹장파열의 희생자이자 페스트 공포가 나은 무지의 희생자였다.

차이나타운 위로 퍼시픽 가에서 쓰레기를 태우는 연기가 피어 올랐다. 배관이 화학약품으로 세척되고, 음식 냄새와 바글바글 몰려 사는 사람들의 냄새가 살균제의 독한 구름에 가려져 버렸다. 발코니가 달린 아파트와 상점 정면, 뜰 앞의 퇴적물들 사이에 하얀 석회 가루가 뿌려졌다. 이 구역은 마치 눈 내린 마을처럼 보였다. 지독한 악취가 그 구역 위에 머물렀다.

시내에서는 보건국과 중국 영사 그리고 중국 6대 회사가 만나 차이나타운의 페스트퇴치계획안을 두고 설전을 벌였다. 그들 모두가 동의하는 내용은 모든 지하층을 말끔히 쓸어 내고 쓰레기들을 처리해야 한다는 사실이었다. 그 점에 대해서는 누구도 반대할 수 없었다. 영사는 사람들에게 자기 집과 사업장을 청소하도록 재촉하는 성명서를 발표하자고 주장했다. 하지만 부검과 진찰에 대해서는 서로 견해가 달랐다.

시와 연방 정부 의료진은 의사가 참석하지 않은 상태에서 죽었거나 생전의 병력이 알려지지 않은 사람은 죽음의 원인을 확실히 밝히기 위해서 부검을 해야 한다고 주장했다. 하지만 부검은 슬픔에 잠긴 가족과 친구들의 감정을 해쳤다. 당국을 달래기 위해 호야우 영사는 자신의 지지자들에게 아플 때는 '백인 의사'를 찾아야 한다고 충고했다. 너무 가난해서 의사에게 진료비를 낼 수 없는 사람들에게는 '동양인진료소'에서 무상으로 진료를 받을 수 있게 조치했다.

그러나 부검해 보지 않는다면 페스트를 다른 병으로 오인할 가능성이 있었다. 폐페스트의 경우 일반적인 폐렴으로 오인할 가능성이 크다고 왕춋킹의 부검에 참여했던 공중위생의 오브라이언은 우려했다.

희생자는 너무나 순식간에 호흡곤란을 일으키기 때문에 페스트의 증거인 서혜선종이 발생하기에는 시간이 부족할 수도 있다고 그는 설명했다. 그래서 시 보건국은 폐렴 증상이나 선의 붓기, 열 혹은 페스트일 가능성이 있는 기타 여러 증상들로 사망한 중국인은 '백인과 마찬가지로' 부검을 받아야 한다고 명령했다. 하지만 이 명령이 발표된 뒤 차이나타운 신문들의 부고란에는 기사가 점점 줄어갔다. 사망률이 평소의 반으로 줄었다. 아마도 질병의 발생과 사망 사실을 숨기고 있는 것 같다고 보건국은 추측했다. 중국 영사관 건너편에 살던 한 환자는 검사관이 도착하기 전에 사라졌다. 또 하루 전날 죽었다고 하는 남자는 일주일이 된 시체만큼 부패된 상태였다. 시체가 페스트 때문에 빨리 부패됐는지 혹은 며칠 동안 그냥 방치해 놓아서 그런지 알아내기는 힘들었다. 카니 가의 약국 뒤에서 일했던 원로의사는 페스트 시체들을 감춘 일이 없다고 부정했지만 그런 압력을 받은 적은 있다고 인정했다.

에드워드 셸처 박사는 어떤 환자를 방문한 지옥 같았던 경험에 대해 보건국에 자세히 보고했다. "누울 수도 앉을 수도 없는 환자를 발견했는데 끔찍한 고통으로 몸을 잔뜩 웅크리고 계속 피를 뱉어 내면서 호흡 곤란을…… 내가 해 줄 수 있는 일이 하나도 없다는 사실이 가장 허무했습니다. 그리고 그는 내가 보는 앞에서 죽었어요. 나는 죽음의 원인에 대해 거의 판단을 내리지 못한 상태였습니다만 엽성葉性 폐렴이라고 진단했습니다. 중국인들이 부검에 대해 공포심을 가지고 있어서 그렇게 부검이 필요없는 병명으로 진단을 내려 달라고 애걸했기 때문입니다."

시체들을 이 방 저 방에 감추고 외딴 곳으로 치우거나 지붕 위에 옮겨 놓는 등 이른바 환자와 시신을 검사관에게 들키지 않으려는 도박판이 벌어졌다. 한편, 샌프란시스코 만은 작은 낚싯배에 시체를 싣고 살짝 빠져나가 아무도 모르는 곳에 매장하려는 사람들로 넘쳐 나고 있었다. 시체 감추기는 백인 의사를 강요하는 데 대한 차이나타운 식 대항이었다. 얼마나 많은 시체들이 사라졌는지 아무도 몰랐다.

오히려 눈에 띄는 곳에 숨기는 경우도 있었다. 그 중 한 사건은 도미노 게임을 이용한 교묘한 술책이었다. 사건인즉, 차이나타운의 '웨이벌리 플레이스'를 검열하는 동안 한 의사가 게임 테이블 둘레에 남자 다섯이 앉아 있는 것을 보았다. 경찰관들이 폭풍처럼 몰아닥쳐 건물 안을 온통 휘저어 놓았지만 아무것도 발견할 수 없었다. 그런 소동 속에서도 게임을 하는 사람들은 얼어붙은 듯 자리에서 일어나지 않았다. 두 시간 뒤 게임하는 사람들 중 둘이 죽어 있었다는 사실이 밝혀졌다. 검열하는 동안 동료들이 그를 게임 테이블에 기대어 놓았고 들키지 않도록 손은 도미노 게임을 하는 듯한 자연스런 자세로 만들어 놓았던 것이다.

"갖가지 속임수가 동원되었습니다." 속임수에 당했던 캘리포니아 대학의 W. G. 헤이 박사가 캘리포니아 의료학회에서 행한 연설에서 이렇게 밝혔다. "그 교활한 미개인들은 검사관을 속이는 방법에 대해서 본능적으로 알고 있는 듯 보였습니다." 그는 화가 나서 씨근거리며 말했다.

'미개인'이라는 과장된 표현이 호야우 영사의 마음을 쓰리게 만들었다. 그의 병든 국민들은 백인 의사들의 난폭한 간섭에 두려움을 느껴 달아날 수밖에 없는 상황이라고 그는 해명했다. 하지만 자기 국민들이 시체를 감추고 있다는 소문은 진실이 아니라고 부정했다.

봉쇄령과 화학약품 살포, 주사에 대한 두려움으로 중국인들이 이주하기 시작했다. 일부는 근교에 사는 친구들의 공장과 과수원으로 흩어졌다. 다른 이들은 도시의 개인집에 요리사로 들어갔다. 낡은 글로브 호텔에는 평소 3백 명에 이르던 세입자들이 몇 십 명으로 줄어버렸다. 남은 사람들도 다시 방역선이 설치되거나 화염 공격이 다가오면 떠나려고 가방을 꾸려 놓고 있었다.

바닷가에서는 키년 박사가 검역관으로서의 권위를 지키려고 애썼다. 그러나 그의 허세는 점점 거세지는 조롱의 물결을 진압하는 데 실패했다. 병든 중국인을 태운 증기선 '게일릭' 호가 아시아에서 도착했을 때 키년은 그 선박을 검역했다. 그러나 검역소 내에 기자들의 출입을 금한다는 키년의 금지령에도 불구하고 『이그제미너』지 소속 기자 한 명이 배 안에 몰래 잠입해 키년에 관한 이야기를 빼내려는 시도를 했다. 그 신문은 부두와 정박 명령에 대한 키년의 책임, 폭군 같은 행동, 가난한 이들에게는 위압적이면서 부자들에게는 아부하는 행동에 대한 기사를 실었다.

한편 시 보건국은 차이나타운 정화에 들어가는 비용을 직접 지불하지 않았다. 보건국은, 차이나타운에서 소각로까지 쓰레기를 치우고 포름알데히드를 살포하거나 석회를 삽으로 퍼서 뿌리는 용역꾼들에게 지급할 7,500달러를 달라고 시 행정위원회에 손을 벌렸다. 그런데 이런 식의 기금조성은 페스트가 예산을 메우기 위한 단순한 구실에 불과한 것이 아니냐는 의심을 부채질했다. 신문 만화들은 키년의 원숭이, 쥐, 기니피그를 시의 보물을 훔치는 도둑들로 묘사했다. 『충사이예포』지는 이렇게 평했다. "정부가 이 7,500달러라는 불상佛像을 안고 있지 않았다면 누구도 우리에게 페스트의 누명을 씌우지 않았을 것이다."

샌프란시스코의 불행에 대한 뉴스는 숨길 수 없게 되었고 북쪽과 남쪽 경계의 다른 주와 다른 나라들로 퍼져 나갔다. 치명적인 균과 접촉하기를 두려워하는 이들이 서부행 철도를 단념하면서 열차는 텅텅 비었다. 여행객들은 뜨거운 태양과 풍부한 먹을거리가 있는 보다 안전한 행선지를 선호했다.

무역 상대국들은 이 도시의 오염된 상품을 받아들이는 것에 대해 주저하기 시작했다. 캐나다 정부는 샌프란시스코에서 도착한 모든 증기선에 더 주의를 기울여 검역하라고 명령했다. 국제 증기선인 '쿠라카오' 호는 멕시코 정부의 명령으로 마사틀란Mazatlán에서 검역을 받았다. 호놀룰루에 페스트가 발생한 이후 검역 때문에 하와이 산 설탕의 선적이 얼마나 마비되었는지 샌프란시스코 사업가들은 기억하고 있었다. 캘리포니아 밀은 오염되었을지도 모른다는 선입견 때문에 부두에서 오도 가도 못했고 과일은 눈앞에서 썩은 상태로 쌓여 갔다.

시의 주요 일간지들은 논평을 통해 이 도시가 건강과 즐거움이 넘치는 황금빛 낙원 대신 해로운 페스트 지역으로 낙인찍힌 것은 모욕이나 다름없다고 주장했다.

마켓 가와 카니 가의 교차로 아래에 위치한 서부의 타임 광장에는 언론사들의 으리으리한 복합건축물들이 들어서 있었다. 드 영 가에는 『크로니클』지의 본부로 사용하기 위해 서부에서 최초로 강철 구조로 된 10층 높이의 장대한 마천루가 세워졌다. 그러자 윌리엄 랜돌프 허스트는 같은 건축가를 고용하여 길 바로 건너편에 『이그제미너』지를 위한 더 높은 건물을 디자인하라고 맡겼다. 그러나 그는 『콜』지를 위해 19층짜리 건물을 지은 설탕 왕 클라우스 스프레클스에게 눌리고 말았다.

다른 모든 면에서는 경쟁관계였던 드 영 가의 『크로니클』지 와 스프레클스의 『콜』지가 한 가지 문제에 있어서는 동지가 되었다. 두 신문 모두 키년의 페스트퇴치운동을 사기라고 가차없이 조롱했다. 오히려 3대 유력 일간지 중 유행병의 발생에 대해 진지한 취재를 시도한 신문은 선정적인 언론의 원조인 허스트의 『이그제미너』지뿐이었다. 물론 소위 황색신문이라고 불리는 이 신문이 페스트 기사를 추적한 것은 공공의 건강을 염려하는 마음에서보다는 죽음과 음모라는 자극적인 소재에 구미가 당겼기 때문이다. 어쨌든 이 도시에서는 독점적인 기사였다. 그러나 이제 다른 도시의 신문들이 샌프란시스코에 대해 언론의 공격을 펼침으로써 『이그제미너』지에 부담을 가했다. 『뉴욕 저널』지는 '재앙의 페스트 미국에 잠입'이라고 보도함으로써 이 도시의 불명예스런 뉴스를 퍼트렸다.

3월 25일, 『콜』지의 편집자들이 놀라운 선언을 터트렸다. 즉, 그들과 『크로니클』지의 편집자들이 페스트에 대해 침묵하기로 상호계약을 맺었었다고 인정한 것이다. 동시에 그들은 『이그제미너』지를 이단이라고 혹평했다. "『콜』지와 『크로니클』지는 보건국과 경찰청의 선정적인 행위에 대한 보도를 생략하기로 동의했다. 그러나 『이그제미너』지는 이 옳은 정책에 합류하기를 거절했을 뿐 아니라 『뉴욕 저널』지에 거짓 기사를 흘려보내서 도시에 대한 추문이 다른 주까지 퍼지게 했다."

성난 상인들이 시청에 모였다. 그들은 페스트의 노란 깃발을 샌프란시스코에 절대 걸 수 없다고 맹세했고 시장에게 시의 실추된 이미지를 회복시키라고 요구했다.

펠란 시장은 선택의 여지가 없었다. 미국 40대 도시에 전보를 발송해서 단 한 번의 봉쇄조치가 있었을 뿐이며 차이나타운은 정화되었다고 거짓 주장을 펼쳤다. "앞으로 위험한 일은 절대 일어나지 않습니다."라고 그는 단언했다.

『콜』지는 1면 머릿기사에 '시 당국의 페스트 위협은 명백한 사기'라는 제목을 달았다.

시청이 상인과 신문에 항복했을 때 키년은 세 명의 새로운 페스트 사망자를 확인했다. 보고를 들은 보건국은 암호책을 펼치고 한 마디 한 마디씩 번역했다. 난처해진 샌프란시스코 보건국이 '시내 전체'라는 의미가 함축된 암호를 찾아냈다. 바로 '버라이어티 쇼'였다.

두 / 번 / 째 / 봉 / 쇄 / 조 / 치

유황 냄새가 차이나타운 위로 황갈색 장막을 드리웠다. 중국인들은 숨이 막힐 지경이었고 썩은 냄새를 풍기는 안개에 욕을 내뱉었다. 그러나 보건국은 이 뿌연 연기야말로 페스트에 맞서 이기고 있다는 증거라고 주장했다.

1900년 5월초의 어느 아침, 담배 생산공인 10대 소녀 림파무에는 직장으로 가기 위해 화학약품 안개 속을 바삐 걸어가고 있었다. 일단 담배 공장 안으로 들어가면 훈증소독약의 고약한 냄새를 뒤로한 채 저장된 담배 잎들의 익숙한 향이 반갑게 맞아줄 터였다. 그녀가 그렇게 아프기 시작하지 않았다면 말이다. 똑같은 증상이 지금 그녀를 비난하는 이웃들에게도 엄습했다. 그것은 공식적으로는 존재하지 않는 질병의 증상이었다. 나른한 통증이 등과 사지에서 스멀거렸다. 위가 뒤틀렸다. 머리가 빙빙 돌았다. 두 눈에는 밝은 불꽃이 번쩍였다.

그날 저녁, 클레이 가 739번지의 숙소로 돌아온 그녀의 몸은 마치 늙은 여자처럼 쑤셨다. 몸 안에서는 세균이 림프선 밖으로 흘러 넘쳤고 혈류를 따라 심장, 간, 비장 조직 등으로 침범했다. 세균의 독이 혈관 벽을 녹이면서 혈액이 모세혈관에서 스며 나왔고 피부 밑에 잉크 얼룩 같은 자국을 남겼다. 세포들이 침입자에 대항하는 전투에서 패배하자 열이 점점 끓어올랐고 그녀는 정신을 잃었다. 그리고 그대로 뇌사 상태로 빠져들었다. 맥박이 빨라졌다가 감지되지 않을 정도로 잦아들었다. 그녀의 신체 기관들이 하나씩 차례로 기능을 멈췄다. 심장이 섰다. 5월 11일, 림파무에는 그 도시에서 페스트에 희생된 첫 번째 여자가 되었다. 그러나 마지막은 아니었다.[8]

같은 날, 차이나타운에서 활동하는 백인 의사 미니 윌리는 커머셜 가 730번지로 왕진을 와 달라는 요청을 받았다. 한 가족이 10대 가정부 소녀 친문을 진찰해 달라고 부탁했던 것이다. 집안 청소를 하던 친문은 갑자기 현기증을 느꼈다. 그녀는 계속 허드렛일들을 하려고 했지만 현기증 때문에 누워 있을 수밖에 없었다. 이제 그녀의 머리는 부들부들 떨릴 지경이었다. 두개골부터 배의 움푹 파인 곳까지 통증이 번졌다. 한 번 토하고 나서는 좀 나아진 것 같았으나 그 느낌은 잠깐 동안이었다. 잔인한 고통이 계속되었다. 오른쪽 하복부가 살짝 스치기만 해도 아팠다. 의사가 건드리자 그녀는 몸을 움츠렸다. 체온이 섭씨 40도를 넘었고 맥박이 분당 120에 육박했다.

윌리 박사는 장티푸스성 고열이라고 진단했다. 오염된 우유와 물 속에 장티푸스균이 만연했던 시절 이것은 그럴듯한 진단이었다. 하지만 윌리 박사의 진단은 틀린 것이었다. 아침 무렵 친문은 정신착란을 일으켰다. 그리고 뇌사에 빠져 반응이 없어진 소녀는 마차에 실려 동양인진료소로 옮겨졌다. 그러나 의사들은 그녀를 구하는 데 아무런 도움도 줄 수 없었다. 5월 13일 일요일 새벽, 동트기 전 어슴푸레한 시각에 그녀는 죽었다.

키년 박사와 켈로그는 부검을 실시하기 위해 친문의 시신을 동양인진료소로 다시 옮겨 왔다. 거기서 그들은 월리 박사가 못 보고 넘어간 결정적인 증상 하나를 발견했다. 바로 소녀의 오른쪽 서혜부 안쪽 면에 생긴 종기였다. 종기를 절개하자 벌겋게 부은 림프선 다발이 나왔다. 주사기로 림프액을 흡입하여 유리 슬라이드 위에 쏟은 후 현미경으로 들여다보았다. 짧고 둥그스름한 막대형 세균이었다. 그람염색을 실시하자 세균들이 페스트의 분홍빛으로 변하며 반짝거렸다.

이런 발견에도 불구하고 월리 박사는 전혀 마음의 동요를 일으키지 않은 채 장티푸스라는 진단을 고집하며 친문을 죽인 것은 페스트가 절대 아니라고 주장했다. 친문의 주인집에 사는 네 명의 여자와 네 명의 아이들 그리고 여러 명의 남자들 중 누구도 그녀를 통해 이 질병에 감염되지 않았다. 장티푸스류는 불결한 손, 음식, 식수를 통해 사람에서 사람으로 감염되지만 페스트는 언제나 그것을 퍼트리기 위한 매개자를 필요로 한다는 사실을 월리 박사는 알지 못했다. 이 도시는 페스트가 사람보다는 쥐벼룩의 변덕스런 입맛에 의해 퍼지는 경우가 더 많다는 사실을 모르고 있었다.

5월 중순까지, 공식적으로 페스트 때문에 죽은 사람은 아홉 명이었다. 키년은 새로운 '호박' 하나 하나에 대해 워싱턴으로 전보를 치면서 걱정스러웠다. 병의 발생을 막기 위해서 페스트퇴치운동이 절실한 상황이지만 지역 보건국은 기금이 부족할 뿐 아니라 전염병을 다루어 본 경험이 없었다. 더 심각한 점은 중국인들의 병력을 추론할 길이 없다는 점이었다.

예방접종을 하면 오히려 자신들의 가정이나 상점에 병이 엄습할지도 모른다는 두려움 때문에 중국인들은 거의 자발적인 참여를 하지 않았다. 앓거나 죽은 친척 혹은 이웃에 대해 물으면 사람들은 종종 고인이 한 달 동안 병을 앓았다고 대답했다. 오래 끈 죽음은 짧고 격렬하게 끝나는 페스트와 상반된다. 키년은 면담했던 이들이 혹시 페스트를 감추도록 누군가에게 지도를 받은 것은 아닐까하는 의심이 들었다. 자신이 고의적으로 실수를 저지르는 바보처럼 느껴졌지만 그에겐 그들을 멈추게 만들 방법이 없었다.

공중위생국장 위만은 외교적인 책략을 동원했다. 우선 워싱턴에 있는 중국 특사 위팅팡에게 강한 어조의 편지를 보냈다. "샌프란시스코에 있는 귀국의 영사관에 전보를 보내시길 정중하게 요청합니다. 보건국의 필요한 조치에 중국인들이 기꺼이 응하고 엔젤 아일랜드의 키년 박사와 협의하기 위해 영사가 영향력을 행사하도록……."

5월 15일, 키년에게 보낸 전보에서 위만 국장은 페스트를 억제하기 위한 종합계획을 간략하게 설명했다. "의심 지역에 방역선 설치, 중국인들과 관련된 나루터와 철도역 감시, 하프키네 백신을 가지고 집집마다 검역, 차이나타운 출입통제, 차이나타운 내 페스트 가옥…… 필요하다고 판단되면 페스트 가옥의 거주자는 엔젤 아일랜드로 이동 조치, 시체 살균, 쥐 박멸……."

1900년 봄, '쥐 박멸'이라는 마지막 사항은 그다지 즉각적인 관심을 끌지 못했다. 위만은 항구에서 항구로 페스트를 퍼트리는 주된 요인이 쥐라는 증거가 점점 확실해지고 있음을 인식했다. 하지만 아직 쥐와 인간의 감염 사이에 어떤 관계가 있는지 몰랐다. 벼룩의 위에서 페스트균을 발견했다는 소식이 오스트레일리아 시드니에서 들려왔지만 그다지 많은 주목을 받지는 못했다. 그로부터 몇 년 뒤에야 의학은 쥐와 벼룩이 관련된 단편적인 증거들의 의미를 이해하게 된다.

공중위생국은 키년에게 호야우 영사를 만나서 서로 협력해야 한다는 점을 납득시켜 보라고 명령했다. 키년은 영사와 회견을 하기 위해 샌프란시스코 행 배에 올랐다. 영사에게 안내된 키년은 그가 명석해 보인다고 생각했다. 잘 생긴 외모에 청나라 외교관으로서 예복을 잘 갖추어 입고 있었다. 영어가 유창했다.

중국인 혈통을 가진 이들에게 이 도시는 적의 영토였다. 차이나타운의 젊은이들이 귀화한 땅의 군대에 지원하겠다고 제의했을 때 지역 언론은 변발을 늘어뜨린 지원병들을 만화로 풍자하며 그들의 제의를 비웃었다. 노인들은 중국에 묻히기 위해 자신들의 뼈를 배에 실을 때 뼈 탑승 요금으로 10달러를 내라고 시달렸다. 이제 이 가혹한 페스트 억제 조치와 '선선히' 순종하라는 미국 정부의 명령이 그들에게 다가왔다. 그것은 너무 무리한 요구였다. 호야우는 자기 국민들의 몇 가지 기본 권리들은 인정해 주어야 한다고 주장했다.

키년이 페스트 발생에 대해 호야우에게 막 설명을 시작했을 때 다른 방문객이 문을 두드렸다. 중국 6대 회사의 변호사가 들어왔다. 2대 1. 호야우와 변호사가 자신들의 입장을 밝혔다. 즉, 중국인들은 주사기를 두려워한다, 강제 접종에 복종하지 않겠다, 이 도시 한가운데나 엔젤 아일랜드에 격리시키기 위한 강제 이주정책을 그대로 보아 넘기지 않겠다는 내용이었다.

키년은 기습공격을 받고 제압을 당한 기분이었다. 이 순간까지 그는 중국 6대 회사들을 부유한 상인들의 재산을 보호하기 위한 상업조합 정도로만 이해했었다. 그러나 이제 그들이 사실상 외교관 역할을 한다는 것을 깨달았다. 만만찮은 협상 상대인 그들은 공중보건에 억지로 떼밀리지 않았다. "바로 그곳에서 해병대병원에 대한, 그리고 특별히 나에 대한 반대 여론이 시작되었다고 생각하네." 키년은 친구에게 이렇게 말했다. 위만이 기대했던 순순한 복종을 유도하는 데 실패함으로써 키년은 그날 연합군을 만들지 못했다.

중국인들을 대하는 무뚝뚝하고 간섭적인 태도 때문에 차이나타운 거리와 그곳 신문에서는 키년을 '늑대 의사'로 불렀다. 키년이 늑대 의사이니 중국인들은 그의 희생양이 되기를 거부했다. 대부분의 사람들이 하프키네 백신 이야기와 그 위험한 부작용, 즉 열이 나고 약해지다가 죽음에 이를 수도 있다는 것에 대해 알고 있었다. 호야우는 영사관 저 창가에서 거리에 모여 있는 분노에 찬 사람들을 보았다. 그는 워싱턴에 있는 특사에게 강제접종 명령을 취소해 달라고 요구하는 전보를 쳤다. "중국인들은…… 중국으로 추방되는 편을 선택할 것입니다. 그들은 매우 화가 나 있고 흥분한 상태입니다. 폭동이 일어나거나 사람들이 죽게 되지 않을까 우려되는 상황입니다. 부디 연방 정부에 가서서 접종을 면제하도록 간청해 주십시오."

백인의 주사를 피하기 위해 장로교 선교원 창문에서 뛰어내렸던 소녀에 대한 소문이 퍼졌다. 그녀의 부서진 뼈는 공동체의 무너진 신뢰를 상징했다. 시위참가자들이 벌통 속의 성난 벌들처럼 떼를 지어 몰려다닌다고 『충사이예포』지는 보도했다. 차이나타운의 상인들은 하루 동안의 파업을 선언하고 예방접종 명령에 대한 항의의 뜻으로 상점을 닫았다. 듀폰 가의 분주한 시장에서는 가정용품, 비단, 도자기 판매가 중단되었다. 상점 문이 모두 닫히고 거리는 한산했다.

한편, 중국인들을 복종시키겠다는 공중위생국장 위만의 의지는 반항에 부딪히면 부딪힐수록 더욱 완고해지고 있었다. 위만은 1890년의 검역법을 들먹이며 윌리엄 매킨리 대통령으로부터 페스트일소명령을 공포해도 좋다는 허가를 받아 냈다. 이것은 페스트 환자의 여행을 금할 뿐 아니라 모든 '아시아인과 특별히 질병에 책임이 있는 다른 인종'이 기차나 배로 여행하지 못하도록 금지하는 내용이었다. 이제 철도회사와 해운회사들은 아시아인 승객들에게 표를 판매하지 않았다. 어떤 아시아인도 키넌이 발행하는 건강증명서 없이는 주에서 나갈 수 없게 되었다. 또한 그들은 두려운 하프키네 백신을 접종해야만 했다.

명령을 강제로라도 집행해야 하는 것이 키넌의 임무였다. 여행금지령은 중국인과 일본인 양쪽 모두에게 해당되었다. 일본인들의 주거지와 일터는 차이나타운 경계 근처였다. 하지만 샌프란시스코의 일본인 거주자들 중에는 아직 페스트 환자가 발생한 적이 없었다. 이것은 분명히 피부색에 따른 조치였다.

금지령에 대한 도전이 신속히 일어났다. 루이콴과 같은 상인들은 오클랜드 호에 승선할 수 없게 되자 연방 법원에 공동소송을 제기했다. 중국 6대 회사와 결탁한 사업가 왕웨이는 키넌과 보건국이 실험적이고 위험한 하프키네 백신을 접종한 사람들을 제외한 나머지 2만 5천 명의 중국인들을 샌프란시스코 안에 비합법적으로 감금하고 있다고 고소했다. 법원은 여행금지령을 위헌으로 규정했고 키넌과 보건국에 백신접종이나 여행금지령을 철회하라고 명령했다. 연방 및 지역 보건 당국과 시민권을 주장하는 사람들 사이의 경쟁적인 갈등을 푸는 역할이 판사 윌리엄 W. 머로우에게 떨어졌다. 이 백발의 법학자는 판사가 되기 전에 3차 개정 국회의 공화당 의원이었다. 입법자 머로우는 '도덕적 자질이 전혀 없는'이라고 언젠가 자신이 분류했던 중국인들에 대해 별 애정을 가지고 있지 않았다. 이민자입국금지 건에 대해서 들을 때면 그는 종종 정부의 편을 들곤 했다.

그러나 5월 28일, 머로우 판사는 중국인의 손을 들어주었다. 피고 조지프 키년과 시의 보건국은 아시아계열 주민들이 페스트에 더 잘 걸린다는 것을 입증하지 못했다. 여행금지령과 강제적인 접종은 건전한 과학을 바탕으로 나온 명령이 아니며 "환경, 습관에 관해 고려하지 않은 채 아시아혈통이나 몽골혈통 주민 혹은 그들 개인의 주거지를 질병에 노출된 집단으로 규정하여 뻔뻔하게 통제하는 행위이다. 그리고 이런 인종차별에 대한 유일한 구실은 이 특별한 인종이 다른 인종보다 페스트에 더 잘 걸릴 것이라는 추측뿐이다. 그러나 이런 주장을 뒷받침할 수 있는 증거가 없다."라고 판사는 썼다.

또 왕웨이 소송사건 판결문에서 머로우 판사는 여행을 하기 위한 조건으로 2만 5천명의 중국인 주민들에게 하프키네 백신을 접종하라는 명령은 공중위생국장 위만 자신의 의학적 견해에 어긋난다고 판결했다. "이 백신은 균에 노출되기 전에만 효과가 있으며 그 이후에는 아니다. 노출된 이후에 복용하면 효과가 없을 뿐 아니라 정말로 '생명을 위협'하게 된다. 사람들을 오염구역에서 떠나게 만드는 것이 공중위생국의 목표는 아니다. 따라서 여행금지령과 백신 등 전체적인 계획은 이 중국계 주민들의 자유를 빼앗는 행위로, 동등한 보호에 대한 헌법 제14조 수정조항에 위배되는 차별행위이다. 그리고 키년과 시 보건국은 시민들의 자유권을 정지시키고 그로 인한 조치 등을 감수하게 만들 만큼 페스트 상황이 심각하다는 점을 입증하지 못했다."

하지만 법정소송이 진행되는 동안 명령은 여전히 유효했다. 샌프란시스코의 페스트에 대한 소문은 점점 퍼져 나갔다. 텍사스 주와 루이지애나 주는 모든 캘리포니아 승객과 상품들의 입항을 금지시켰다. 그리고 이제 감염 억제를 위한 계획은 법정의 명령에 의해 중지되었다.

부정적인 평판이 더해 가자 캘리포니아 주 보건국은 몹시 당황했다. 당혹감 속에서 보건국은 봉쇄령을 복귀시키라고 시에 요청하면서 그것이 수락되지 않을 경우에는 캘리포니아 주의 다른 도시들로부터 샌프란시스코 시 전체가 봉쇄당하게 될지도 모른다고 위협했다. 하지만 주 행정위원회는 페스트의 존재를 전혀 인정하지 않는 분위기였다. 그저 부정적인 평판으로 인한 손상을 막고 지독한 입항금지조치로부터 캘리포니아의 무역과 관광을 보호하려는 시도에만 관심이 있었다.

그랜드 호텔에서 열린 모임에 주 보건국은 지역 사업가들을 초청하여 남부태평양철도회사 및 과일통조림제조업 협동조합과 만남을 주선했다. 봉쇄령을 필요악이라고 보는지 혹은 캘리포니아의 생산물들로부터 감염된 세계에 그것은 너무 가혹한 조치라고 보는지에 따라 군중들이 둘로 나뉘었다.

샌프란시스코 보건국의 윌리엄슨 박사는 자신의 손이 묶여 있는 상황에 절망했다. 지역 신문과 사업가들이 페스트퇴치운동은 사기라며 그를 고소했고 법원의 명령이 그를 좌절시켰다.

그러나 캘리포니아 주 보건국의 D.D.크라울리는 전혀 동요하지 않았다. 크라울리는 차라리 차이나타운을 잿더미로 만드는 편이 좋다는 입장이었다. 하지만 그 자신이 횃불을 들 수 없다면 울타리가 그런 효과를 내 줄 것이라고 그는 생각했다. "여러분!" 그가 5월 28일 회의를 끝내며 지시했다. "오늘 저녁에 차이나타운을 봉쇄시켜야 합니다." 위기에 놓인 새크라멘토와 함께 샌프란시스코 행정위원회는 두 번째로 차이나타운을 봉쇄시키도록 보건국에 권력을 위임하기로 결심했다.

다시 한 번 159명의 경찰관들이 차이나타운으로 출동했다. 그들은 스톡턴 가, 카니 가, 캘리포니아 가, 브로드웨이 가로 둘러싸인 직사각형 구역을 봉쇄하고 하루 삼교대 근무를 하면서 24시간 내내 감시했다. 그러나 이번에도 캘리포니아 가와 듀폰 가의 교차로에 위치한 성 케리 교회의 붉은 벽돌로 된 뾰족탑과 백인 상점들을 제외시키기 위해 방역선이 구불구불거렸다.

백인과 아시아인들 사이의 정상적인 거래가 가로막혀 있었고 차이나타운은 욕구불만 속에서 무력하게 소용돌이쳤다. 스톡턴 가의 한 부인이 중국인 재단사에게 가기 위해 방역선을 넘으려고 했지만 경찰관이 그 거래를 가로막았다. 어느 중국인은 봉쇄구역 밖으로 편지를 전달하려 했으나 경찰관이 그를 둘러싸고 빙빙 돌면서 방역선 안쪽으로 돌아가라고 호루라기를 불어 댔다. 한 세탁부는 세탁물 바구니에 밧줄을 묶어서 봉쇄구역 밖으로 배달할 계획이었다. 하지만 경찰관이 그 배달을 중지시켰다.

처음의 봉쇄는 얇은 줄로 만들어 뚫을 수 있었다. 하지만 이번에는 나무 울타리와 가시 달린 철사 줄로 더 단단한 담을 쳤다. 이 봉쇄령은 중국인들을 투옥시키기 위한 서막에 불과하다는 소문이 사람들 사이에 끊임없이 떠돌았다. 위만과 키년은 엔젤 아일랜드의 검역소 근처나 해안 창고 주변의 만에서 떨어져 나온 작고 황량한 미션 록_{Mission Rock}에 페스트수용소를 설치하고 중국인들을 집단적으로 강제격리시키는 계획을 의논하기 위해 전보를 주고받았다. 이 소식은 중국인들에게 두려움을 일으키기 시작했다. 수용소는 중세의 나환자병원, 격리병원 혹은 페스트 하우스로 되돌아가는 셈이었다.

한편 동부에서는 샌프란시스코의 페스트 사건이 이제 언론사의 귀로 새어 들어가기 시작했다는 전보가 도착했다. 큼직한 뉴스거리가 서부에서 터지자 뉴욕의 의학기자들 중 최고참이 조사에 나서기로 결심했다. 『뉴욕 헤럴드』지의 의학기사 기고가인 조지 F.슈레디 박사가 샌프란시스코에 정말 페스트가 나타났는지 조사하기 위해 서부행 기차에 몸을 실었다.

공중위생국장은 이 취재 여행을 눈치 챘다. 나쁜 평판이 날까 애가 탄 그는 키년에게 영향력 있는 그 기자의 호텔 숙소를 방문해서 현재의 페스트 상황에 대해 간략하게 설명해 주라고 명령했다.

키년은 화가 나서 씩씩거렸다. 불쾌함을 억누르며 그는 도시행 페리ferry에 올랐다. 해운회사 건물 앞에서 마차를 잡아타고 마켓 가를 지나 서쪽 뉴 몽고메리 가의 팰리스 호텔에 도착했다. 자갈이 깔린 마차 입구와 7층까지 층마다 설치된 발코니들 밑의 유리 지붕 아래를 지난 그는 마지막으로 샹들리에가 휘황찬란한 45미터 폭의 응접실을 지나 엘리베이터를 타고 슈레디 박사의 방에 도착했다. 팰리스 호텔의 방들은 4미터가 훨씬 넘는 높은 천장과 밖으로 튀어나온 창, 아일랜드 산 리넨이 깔린 침대로 꾸며져 있었다. 그로서는 감당할 수 없는 이곳은, 그가 이 도시에서 처음 모욕감을 느낀 장소였다. 그리고 이것이 두 번째 방문이었다.

"나는 박사를 방문했고 많은 고심 끝에 페스트의 존재를 인정했다네." 키년은 한 친구에게 이렇게 고백했다. "속기사, 타자수, 비서, 벨 보이, 짐꾼으로 둘러 싸여 돌아가는 팰리스에 슈레디 박사가 뉴욕 『헤럴드』지의 편집국 전체를 옮겨 놓았음을 알 수 있었지."

슈레디는 키년에게 신문에 진실을 보도하기 위해 자신에게는 편집의 자유가 보장되어 있다고 장담했다. 그리고 『콜』지에도 자신의 기사가 동시에 실린다고 덧붙였다. 키년은 슈레디의 진짜 계획이 그가 도착하기 전에 페스트가 존재했다는 사실을 부정하고 이곳에 머무는 동안 그것을 '발견'함으로써 뉴욕 『헤럴드』지에 특종을 실으려는 의도가 아닐까 의심했다. 노련한 기자들은 뉴스거리를 만들어 내기 위해 종종 그런 수법을 써먹는다. 키년은 지금까지 진단된 페스트 사례들을 적당하게 줄여가며 설명했고 부검 장면을 보러 오라고 그를 초대했다. 하지만 정작 페스트가 그 주 내내 은신처로 숨어 버려 보여 줄 것이 별로 없었다.

슈레디는 페스트 구역을 둘러보고 본 그대로 보도했지만 아직 자신이 페스트의 생생히 살아 있는 모습은 보지 못했다는 것을 잘 알고 있었다. 그러나 슈레디는 키년이 그 동안 모아 둔 모든 임상 기록, 부검 노트, 실험 기록 등을 보여 주었다고 썼다. 그리고 이 모든 것으로 미루어 볼 때 선페스트가 실제로 존재했다는 확신이 든다고 밝혔다.

"현미경 표본들…… 그리고 아홉 명의 시신에서 채취된 감염된 조직들이…… 이제 말은 못하지만 정확한 과학적 조사를 위해 더없이 소중한 증거로 남아 있다."라고 슈레드는 썼다. "나는 그 표본들 하나하나를 직접 살펴보았는데 그들 모두에 선페스트가 존재했었다는 것은 의심의 여지가 없었다."

문을 차서 넘어뜨리는 버릇이 있는 경찰관 한 명을 대동하고 다시 희미한 촛불이 흔들리는 차이나타운의 주택가로 순례여행에 나선 슈레드는 유행병의 증거인 살아 있는 페스트 환자를 만나게 되기를 기대했다. 하지만 페스트는 그의 눈을 교묘히 피했다.

그러나 슈레드는 불타는 종막終幕을 묘사하고 싶어했다. "그는 차이나타운을 불로, 화약 폭발로 완전히 파괴해서 이 사람들을 그들의 주거지 밖으로 몰아내야 한다고 주장했네." 키년은 이렇게 말했다. 그는 또 백신접종운동이 중국인들을 화나게 해서 반란이 시작되었을 무렵 "그의 뒤에 지금 1만 명의 대군이 버티고 있지 않다면 제발 그런 주장은 펼치지 말라고 나는 정말 간곡하게 부탁했지."라고 말했다.

5월 30일은 미국 전몰장병추도기념일이었다. 현수막이 걸린 거리에서 애국심에 불타는 시민들이 깃발을 흔들고 군악대가 큰 소리로 군가를 울려 댔다. 추도행사가 한창일 때 키년과 켈로그는 차이나타운에서 의심스런 사망자가 다시 발생했다는 연락을 받았다. 그들은 시체부검에 참관하라고 슈레디를 불렀다.

환호하는 행렬 인파 사이로 힘들게 빠져 나온 이들 세 사람은 방역선을 넘어 마음이 내키지 않는 용무를 찾아갔다. 시체안치소에 도착한 그들은 안에 들어가기도 전에 화가 나서 씩씩거리는 의심 많은 중국인에게 심한 공격을 받아야 했다. 안에 들어서자 그들은 수의를 입은 채 누워 있는, 40세의 노동자 당홍의 시신 위에 덮인 천을 벗겨 냈다.

"관찰되는 모든 병리학적 현상은 언제나 세균과 연관되어 있다."라고 슈레디는 적었다. "……턱밑 왼쪽 면에서 선의 염증으로 생긴 화농 자국 발견…… 허벅다리 끝의 선이 살짝 부어 있고…… 켈로그 박사와 키년 박사가 현미경으로 검사하기 위해 시신에서 많은 표본들을 채취했다." 나중에 슈레디가 표본들을 살펴 볼 수 있도록 켈로그가 그것들을 가지고 호텔로 찾아갔다. 두 사람의 의견이 일치했다. 이 표본들 속에는 선페스트 세균이 들어 있었다.

분개한 『충사이예포』지가 이런 진단을 공격했다. 신문은 중국 6대 회사의 참관인이 그 자리에 참석하지 않았으므로 이번 부검이 의심스럽다고 주장했다. "중국인들은 그의 사인死因이 페스트가 아님을 잘 알고 있었다."라고 중국인 기자는 썼다. "고인의 가족들은 이 사악한 의사들이 무슨 짓을 했는지 밝혀 내길 바랐다." 그는 백인 의사들을 썩은 고기를 공격하는 욕심 많은 독수리에 비유했다. "어쩌면 차이나타운 위로 페스트의 유령이 떠돌고 있는지도 모른다. 차이나타운 봉쇄조치는 이런 페스트의 유령에게 먹이를 던져 주는 행위이다. 그들의 먹이감이 충분하다고 생각되는가?"

당홍의 부검에 대한 기사를 보도한 이후로 슈레디는 샌프란시스코에서 유명인사가 되었다. 『콜』지는 그의 기사들을 다시 소개했다. 『차이니즈 데일리』지까지 그의 기사를 실었다. 키녕은 이 기자가 오만한 태도로 가치 있는 기사들을 쓴다면 페스트퇴치운동에 도움이 될지도 모르겠다는 희망을 품었다. 그리고 실제로 그렇게 되어 가고 있는 것처럼 보였다. 그런데 이렇게 세상을 떠들썩하게 만들던 슈레디가 갑자기 변증론자로 돌아섰다.

슈레디의 변화는 호화로운 퍼시픽 유니언 클럽에서 펠란 시장이 그에게 경의를 표하기 위해 베푼 축하연 뒤에 나타났다. 시의 정치가들에게 둘러싸인 채 슈레디는 캘리포니아의 풍요로운 과일과 꽃으로 장식된 식탁 위의 정교한 음식들을 먹고 마셨다. 마차를 타고 금문교 공원을 통과해 클리프 하우스까지 간 그는 태평양의 밀려드는 파도를 바라보며 바닷바람을 마음껏 호흡했다. 팰리스 호텔의 방으로 올라가기 전 슈레디는 자신이 이 도시의 쾌락에 푹 빠졌다고 말했다. 그날 밤 늦게 캘리포니아 주지사 헨리 T. 게이지가 슈레디의 호텔로 담소나 나누자고 찾아왔다.

"그날 만찬은 바라던 효과를 보았습니다." 후에 키녕은 동부에 있는 가족들에게 이런 편지를 보냈다. "슈레디 박사는 확실히 넘어갔으니까요."

쾌락을 맛본 슈레디는 페스트에 대한 자신의 시리즈 기사 완결편을 내보냈다. 그 기사에서 그는 이전에 표현했던 걱정에서 뒤로 물러났다.

"경찰과 주 및 시의 보건국 당국자들의 안내를 받으며 차이나타운 곳곳을 방문해 본 결과 나는 샌프란시스코의 이번 페스트 공포가 부당하다는 결론을 내리게 되었다. 나는 이 도시에 페스트의 위험이 정말로 없다고 그리고 사실상 없었다고 완전히 확신한다. 페스트가 샌프란시스코를 위협하고 있다는 소문은 근거 없는 농담에 불과하다."

그리고 그는 이렇게 기사를 맺었다. "제비 한 마리가 날아온다고 여름이 되지는 않는다. 한 건의 페스트 사망사건이 유행병은 아니다."

키넌은 산산이 부서지는 느낌이었다. 이제 동부에서는 슈레디의 기사에서 전혀 진실을 볼 수 없게 되리라는 두려움에 몸을 떨었다. "속물들이 그 사람까지 물들여 버렸군."

같은 날 슈레디는 차이나타운에서 죽은 49세의 담배 제조공 추쿠 에켐의 기사를 취소했다. 서류상으로는 또 한 건의 '호박'이었다.

시의 상업과 명성이 위기에 처하자 『콜』지는 '인간애의 이름으로' 차이나타운을 소거해야 한다고 주장했다. "오래 참으면 참을수록 아시아인의 불결함과 악덕에서 발생하는 페스트 및 전염병과 같은 온갖 질병들이 샌프란시스코에 더 오랫동안 골칫거리를 안겨 줄 것이다." 5월 31일자 사설은 이렇게 주장했다. "샌프란시스코에서 추한 오점을 닦아내고 그 잔해를 불길 속에 던져 버리자."

늑 / 대 / 의 / 사

페스트는 이제 차이나타운 전역에 걸쳐 불규칙적으로 한 건씩 발생했다. 이미 죽은 12명 사이의 포착하기 어려운 연관성에 대해 머리를 짜내다가 과학자들은 차이나타운 지도 위에 1900년에 어울리는 옅은 녹색의 연필로 점을 찍어 발생지를 표시하기 시작했다. 이후에는 환자와 죽은 사람을 각기 빨간 점과 검은 십자가로 바꾸어 표시했다. 지도 위에 점들이 점점 늘어 갔다.

2차 봉쇄령이 계속 이어지면서 굶주림이 페스트보다도 더 심각하게 차이나타운 주민들을 괴롭혔다. 살 것도 살 돈도 없었다. 중국 6대 회사는 허기를 면할 수 있도록 1인당 매일 25센트씩 지급해 달라고 요구했다. 그러나 시 보건국 직원들은 액수가 너무 많다며 요청을 거절했다. 그러면서 국립 빈민구제소는 수용자들에게 하루 8센트씩 지급한다고 말했다.

시는 전략적으로 반대제안을 했다. 구호음식을 앞에서 흔들어 유혹하면서 미션 록이나 엔젤 아일랜드에 계획하고 있는 수용소로 중국인들을 이주시키려는 계획이었다. 중국 6대 회사는 거절했다. 감옥 안에서 배부른 것보다는 배가 고파도 자유로운 편이 낫다는 논리였다. 중국인들은 합법적이거나 비합법적인 강제격리수용에 저항하기로 맹세했다.

중국인들이 자포자기하는 모습을 백인들은 거의 알아차리지 못했다. 그런 상황에서 6월 3일자 『콜』지의 야유 섞인 기사 한 편이 중국인들의 마음에 상처를 입혔다.

중국인, 귀족적인 방법으로 인생 마감

봉쇄구역 안에 갇혀 있던 어느 중국인, 즉 차우는 삶에 진력이 나서 이 눈물의 골짜기에서 벗어나기 위해 귀족적인 방법을 택했다. 그는 온도계를 깨뜨려서 수은을 삼켰다. 순식간에 그의 모든 고통이 끝났고 지금 보건국은 그의 시신을 부검 중이다.

신문들이 자살을 코미디로 희화하고 있는 사이에 중국인 몇 명이 법정에서 분노를 터뜨렸다. 스톡턴 가의 식료품 장수 주호는 방역선이 바로 옆의 백인 배관공과 석탄 상점을 빼놓은 채 자신의 상점 주위에만 빙 둘러쳐진 것을 발견하고 분개했다. 장사를 못하게 되자 그는 법 앞에서 평등하게 보호받는다는 헌법의 보장 내용을 봉쇄령이 위배했다며 6월 5일 소송을 제기했다. 그는 백인 의사들이 중국인 환자들을 보러 가기 위해 방역선을 넘는 것을 가로막지 말아야 한다고 주장했다.

그 이전의 다른 소송들과 마찬가지로 주호가 제기한 소송의 핵심은 샌프란시스코에 페스트가 없다는 것이었다. 그러나 페스트가 있더라도 집단봉쇄는 중국인들을 보호해 주지 못할 뿐 아니라 그들을 오염된 구역 안에 가둬 놓음으로써 감염될 위험이 더 높아질 수 있다고 그는 주장했다. 그러면서 그는 봉쇄령을 중단하고 오염된 집과 상점만을 봉쇄해 달라고 법원에 요청했다.

키년은 중국인들을 몰아붙여 엔젤 아일랜드나 미션 록에 수용한다는 시의 계획에서 한발 물러났다. 그러나 순회재판소는 중국인 봉쇄구역에 빗장을 거는 잠정적인 출입금지조치까지 문제로 삼았다. 법원은 중국 6대 회사가 중국인 환자들을 돌보기 위해 방역선을 넘을 수 있는 의사들을 선정할 수 있도록 허락했다.

범죄가 이런 상황을 탐욕스럽게 이용했다. 위조 건강진단서 거래가 활기를 띠었다. 그리고 신원이 밝혀지지 않은 한 백인 남자가 1만 달러를 내면 방역선을 풀어 주겠다고 거짓으로 약속하는 일까지 발생했다. 신문에는 연일 사기사건 기사가 실렸지만 사기꾼들은 좀처럼 잡히지 않았다.

보건국의 제안에 천 명 정도의 중국인이 완강하게 버텼지만 흔들리기 시작한 사람들은 하나둘씩 포츠머스 광장으로 내려왔다. 그곳에는 검역선을 넘어온 중국인들에게 백신을 접종하고 옷을 훈증소독하기 위한 텐트가 세워져 있었다. 검역관들이 중국인들에게 강제로 하프키네 백신을 주사하고 있다는 소문이 돌았다. 방역선 내의 평화를 유지하기 위해 파견된 특별경찰이 경찰봉을 휘두르며 시위하는 사람들을 해산시켰다. 그러나 폭도들은 언덕 위로 달려가 웨이벌리 플레이스의 한 상점에 모였다. 그 집주인은 백인 의사들에게 협력했다고 알려져 있었다. 이번에는 경찰진압대도 그들을 말릴 수 없었다. 중국인 시

위대는 땅에서 파낸 자갈돌들을 던지며 상점 유리창을 부수고 안으로 밀려들어가 가구를 부수어 길가로 내동댕이쳤다. 다음날 상점 지배인이 파괴된 상점을 조사하고 있을 때 신문들은 강제적인 예방접종 계획은 없다고 보도했다. 그날 텐트에 들어갔던 사람들은 자발적으로 그렇게 했으며 옷을 훈증소독한 후 차이나타운을 떠나 시베리아 행 유배 행렬에 합류했다.

차이나타운에 있는 장의사로 배달된 물건 하나가 두 번째 소동에 불씨를 당겼다. 어수선하게 모여 있던 사람들은 목재 배달마차가 다가오는 것을 보고는, 관이 배달되는 것은 유행병이 한창 이곳에서 진행 중이라는 인상을 풍기기 위한 보건당국의 계획이라고 판단해 버렸다. 마차를 끌던 말은 차이나타운에 들어서자 음산한 분위기에 주춤거렸다. 그 사이 3백 명의 시위대가 마차를 공격했고 텅 빈 관들을 새크라멘토 가의 자갈 위로 던져 버렸다. 그런 다음 그들은 장의사를 약탈하고 커튼을 찢고 가구들을 길가로 내던졌다.

제복을 입은 경찰관들이 시위대 위로 곤봉을 거칠게 휘둘러댔다. "주동자들은 처벌을 받았다. 경찰은 이례적으로 매우 엄격했지만 그럴 수밖에 없었다. 폭동은…… 허용될 수 없다."라고 『콜』지는 전했다.

봉쇄령은 공중위생이 아니라 인종차별적인 행위라는 주제로 중국인들은 연거푸 법정의 문을 두드려 댔다. "진짜 감옥은 철창으로 되어 있습니다." 중국 6대 회사의 변호사이며 판사를 지냈던 제임스 머과이어가 말했다. "그러나 줄과 울타리로 막아 놓고 사람들의 자유를 제한하고 있는 이 구역을 돌아본다면 여기 또한 감옥이라는 사실을 알게 됩니다. 1만 명의 중국인들이 굶어 죽기를 원하십니까?" 이제 중국인들은 쌀, 양배추, 돼지고기의 배급량에 대해서까지 공격했다.

조각 같은 얼굴의 존 J.드 헤븐 판사는 인신보호영장 신청을 승낙함으로써 봉쇄령에 처음으로 합법적인 흠집을 냈다. 그는, 부시 가에서 백인 주인들과 함께 살았지만 잠시 차이나타운의 친구들을 찾아왔다가 봉쇄구역 안에 갇히게 된 중국인 요리사를 풀어 주라고 명령했다. 드 헤븐 판사는 보건국이 페스트와 직접 관련이 없는 사람이라면 백인이든 아시아인이든 자유를 제한하지 못하도록 금했다.

워싱턴에서는 중국 공사 우팅팡이 차이나타운에 감금된 자기 국민들을 위해 매일 미국 정부에 3만 달러의 수표를 전달했다. 이 수표를 건네 받은 국무장관 존 헤이는 캘리포니아에 정말로 페스트가 존재하는지를 묻는 전보를 게이지 주지사에게 보냈다.

6월 14일, 게이지 주지사는 '위대하고 건강한 도시 샌프란시스코'에 페스트가 존재한다는 사실을 부정하는 14항목의 성명서를 발표했다.

게이지의 페스트부정성명서에 샌프란시스코 명사들이 지지 서명을 했다. 이 중에는 청바지제조업자 리바이 스트로스도 포함되었다. 결국 페스트는 사업에 악재였다. 그런데 스탠퍼드 의과대학의 전신인 쿠퍼 의대의 학장 리바이 쿠퍼 레인을 포함해 세 명의 의대 학장들 역시 지지 서명에 동참함으로써 이 충격적인 공모에 가담했다. 이들 중에는 선페스트를 직접 경험한 사람이 없었다.

6월 15일, 법정은 주호의 재판을 지켜보려는 사람들로 꽉 들어찼다. 호야우 영사도 40명의 기독교 선교사와 100여 명의 중국인 방청객들 틈에 앉아 있었다. 『충사이예포』지의 정력적인 편집장 응푼추는 무언가를 열심히 받아 적었다.

주호가 의학전문가인 증인 몇 명을 불렀다. 그들은 증인선서 후 페스트가 없다는 증언을 했다. 미니 월리 의사는 젊은 하녀 친문이 장 티푸스성 고열로 죽었다고 주장했다. 머로우 판사는 판사석에서 주의 깊게 들었다. 그리고 그 진단의 진위를 판결하는 것에 대한 법원의 책 임여부에 관해서 이렇게 말했다. "이 의사들의 증언을 들어 보니 샌프 란시스코에 페스트가 존재했는지 안 했는지 그리고 현재 존재하는지 어떤지에 대해 나에게 판단을 강요하고 있는 듯하군요."

과학적인 진위를 가리는 것은 법원의 책임이 아니었지만 머로우 판사는 봉쇄조치에 대해 판결을 내렸다. "모든 중국인의 집과 사업장 들은 완전히 한 덩어리로 묶여 있는 반면 백인의 건물들은 제외되어 있습니다. 이 봉쇄령은 페스트로 오염된 집과 건강한 중국인의 집을 구별하지 않고 있습니다. 대신 모두 함께 구금함으로써 모든 주민의 감염 위험률을 높이고 있습니다. 그리고 중국인들은 자신이 선택한 의 사에게 접근할 수도 없게 저지를 당하고 있습니다. 미국 연방대법원의 인종차별 사건들에 대한 선례를 참고해 볼 때, 이런 모든 이유에서 샌 프란시스코 봉쇄조치는 '비이성적인 기준과 불평등한 지배행위'로 이 루어진 것임을 인정합니다."라고 머로우 판사가 말했다. 그리고 판결 문은 이렇게 이어졌다. "비이성적이고 불공평하며 가혹한 이유로 이 봉쇄령을 계속 이어 가서는 안 되며…… 미국 헌법 제14조 수정조항에 위배되는 차별대우임을 인정합니다."

머로우 판사가 판결을 내린 지 몇 시간 후, 보건국은 방역선을 철 거하기로 했다. 기쁜 소식이 새해 폭죽의 불꽃처럼 차이나타운의 골목 사이에 처렁처렁 울렸다. 기대에 차서 거리로 나온 사람들은 감정이 북받쳐 올라 포츠머스 광장 근처 장벽을 성급하게 밀어붙였다. 그날 오후 경찰 마차가 카니 가와 클레이 가의 교차로에 다가왔다. 평상복을 입은 지서장이 뛰어내리더니 방역선 울타리를 쓰러뜨린 후 차곡차곡 포개어 철사로 꽁꽁 묶었다.

중국인들이 쓰러진 방역선들 사이로 밀물처럼 몰려나왔다. 그들의 창백한 얼굴은 기쁨과 안도감에 취해 있었다. 두 주 만에 처음으로 노동자들이 일터로 돌아갔다. 선반에 상품을 진열하고 테이블을 정돈하고 허기진 배를 채웠다.

그러나 소송이 진행되던 중에도 페스트균은 잠든 게 아니었다. 축제의 문 앞에 병에 걸린 새 희생자들이 나타났다. 봉쇄령이 법원의 저지로 무산되고 새로운 환자까지 발생하자 키년은 황급히 또 다른 계획을 세웠다. 더 이상 차이나타운을 봉쇄할 수 없으므로 5월 21일 공중위생국장이 발령했던 아시아인여행금지령을 샌프란시스코에서 다른 곳으로 이동하려는 모든 인종으로 확장하기로 했다. 키년이 서명한 건강확인서가 없는 사람에게는 표를 판매하지 말라는 명령이 배와 열차들에 떨어졌다. 6월 15일, 그는 남부태평양철도와 태평양연안증기선회사에 급하게 편지를 썼다. 두려움이 더해 감을 느끼며 키년은 공중위생국장에게 페스트 의심환자들을 수용하기 위해 주 경계선 부근에 국방부의 텐트를 이용한 수용소를 설치해 달라고 재촉했다. "빠른 답변을 주십시오." 그는 전보 끝에 이렇게 덧붙였다. 그런 다음 그는 루이지애나, 텍사스, 캔자스, 네바다, 오리건, 콜로라도, 애리조나, 뉴멕시코, 워싱턴 등의 보건국에 경고의 편지를 보냈다. 금문교의 오염된 승객들과 화물들을 잘 조사하라고 촉구하는 내용이었다.

폭발은 예상된 것이었다. 캘리포니아의 상업 및 정치 분야의 실력가들이 분노했다. 4억 달러 가치의 캘리포니아 과일 등 농산물과 운송 및 관광 수입이 위기에 처했기 때문이었다. 키년의 새로운 소탕작전

공표로 이 모든 산업이 마비되었다. 그들의 분노는 1900년 6월 17일자 『콜』지의 1면 머릿기사 표제에서 메아리쳤다.

유례없는 모욕을 당한 캘리포니아

J. J. 키년 박사가

독단적이고 무조건적으로

연방 검역 문제를 들고 나와

주에 일격을 가하다.

"캘리포니아 사람들의 분노는 표현조차 할 수 없을 정도입니다." 라고 공화당 주 중앙위원회가 밝혔다. 『콜』지 편집장은 존 D. 스프레클스를 대표로 파견하여 백악관에까지 이의를 제기했다.

매킨리 대통령은 그리 오래지 않아 키년의 여행금지령을 해제시켰다. 기쁨에 찬 샌프란시스코 사람들은 대통령의 행동을 단순히 여행을 허락하는 푸른 신호등으로 해석하지 않고 시의 건강상태가 양호함을 나타내는 보증수표라고 주장했다.

대통령령에 이어 키년은 법정모독죄로 고발당했다. 그러나 게이지 주지사는 이 싸우길 좋아하는 검역관을 영원히 잠재울 훨씬 극악하고 효과적인 계획을 세웠다. 그는 자기 주에 페스트균이 어떻게 들어오게 되었는지를 간단히 설명하는 동시에 키년을 비난받게 만들 음모를 꾸몄다.

그는 신문에 키년이 엔젤 아일랜드 섬에서 사용하기 위해 선페스트 배양균들을 사들였다고 말했다. 그리고 그것을 실수로 떨어뜨려 깨트리는 바람에 재난을 불러 일으켰을 것이라고 주장했다.

침몰선의 선장인 키년은 법정모독죄로 머로우 판사 앞에 소환되었다. 유순한 태도와 도전적인 태도를 번갈아 취하며 키년은 자신이 법정의 어떤 명령도 어길 의도가 없었다고 강조했다. 『콜』지는 키년을 '무례하고 위험하며' 주 문제에 '무분별하게 끼어드는 참견꾼'이라고 불렀다.

국선 변호사 프랭크 쿰브스는 키년을 냉정하게 위로하며 감옥에 가지 않으려면 힘든 싸움을 벌여야 할 것이라고 말했다.

머로우 판사는 키년이 왕웨이 소송사건에서 법정이 언도한 명령에 불복함으로써 법정모독행위를 저지른 것이 아님을 증명해 보이도록 그에게 일주일의 시한을 주었다.

6월 25일 월요일, 법정은 사업가들과 중국인공동체의 일원들로 만원이었다. 키년은 일어서라는 명령을 받았고 그리스도의 이름으로 선서했다. 중국 6대 회사 측 변호사 J.C. 캠벨이 키년에게 페스트퇴치운동을 벌이게 된 인종적인 동기에 대해 심문했다.

증인석에 앉은 키년은 자신이 인종차별적인 의도를 전혀 가지고 있지 않으며 이전의 행동과 새 여행금지령은 '완전히 별개'의 사항이라고 주장하면서 캠벨 변호사와 언쟁을 벌였다. 방청객들 중 그의 주장에 마음이 움직인 사람은 거의 없었다.

키년이 샌프란시스코 법정에서 페스트에 대해 이해시키려고 노력하던 바로 그 순간, 루퍼트 블루 역시 아주 유사한 시도를 하고 있었다. 즉, 그는 지중해에 페스트가 발생했다는 사실을 워싱턴에 확신시키려고 노력하는 중이었다. 6월 26일, 블루는 이탈리아 신문 『일 카파로』지의 복사본을 집어 들고 그리스 젠티Xanti와 터키 스미르나에 페스트가 새로 발생했다는 뉴스를 열성적으로 전달하려 했다. 그이전에 제출된 미국 공중위생국의 보고서에는 단 한 건의 페스트만 보고되어 있었다. 블루는 12건의 새 페스트 발생과 세 건의 죽음 등 새로운 정보를 상관에게 보고했다. 그는 남쪽부터 시작해서 유럽 전역에 대대적인 페스트 공격이 있을 것이라고 추측했다. 그의 직감은 적중했다. 다만 대륙을 잘못 짚었을 뿐이었다. 실제 페스트는 머지않아 블루의 과제가 될 샌프란시스코로 파고 들고 있었다.

키년의 지긋지긋한 법정 싸움은 7월 2일에 끝났다. 머로우 판사는 키년의 법정모독 건에 대한 판결을 다음날 내리겠다고 약속했다. 키년이 처참하게 패할 것이라는 전망이 우세했다. 샌프란시스코의 다른 사람들은 7월 4일 독립기념일을 위해 폭죽과 로켓을 샀지만 키년은 엔젤아일랜드의 사택에서 풀이 죽어 있었다. 그는 자녀들이 자신의 재판을 성경 속에 나오는 선과 악 사이의 전쟁과 같이 생각하게끔 만들려 애썼다. 아들 콘래드는 캘리포니아가 돈을 숭배하는 가짜 예언자들의 땅이라고 여겼다.

"머로우 판사는 우리 아빠가 어떤 사람인지 모르는 것 같아요." 콘래드는 이렇게 말했다. "머로우 판사는 자기가 이 세상에서 가장 위대한 사람이라고 생각하나 봐요. 하지만 그게 바로 실수죠. 그 사람은 나만큼도 아빠를 몰라요." 감싸주는 사람 하나 없는 키년에게 아들의 위로는 구조용 뗏목과도 같았다.

7월 3일, 키년은 보석보증인들과 함께 자신의 운명을 알기 위해 법정에 다시 출두했다. 그의 적들은 확신에 차 있었다. 그러나 머로우 판사는 판사석에 앉자 놀랍게도 무죄판결을 선언했다. 그리고 키년의 여행금지령이 인종에 구애됨 없이 구성원 전체를 대상으로 삼았기 때문에 비합법적인 감금을 금했던 법정의 명령에 위배되지 않는다고 설명했다. 어찌되었든 금지령은 매킨리 대통령의 명령으로 박살이 난 상태였다. 이제 키년은 모욕적인 고발에서 벗어났다. 어리벙벙해진 그는 자유인이 되어 법정에서 걸어 나왔다. 자유, 그러나 경멸스러웠다. 독립기념일에 그가 자유를 찾았다는 뉴스는 난파선 기사에 밀려 신문 뒷면에 묻혀 버렸다.

키년은 공중위생 문제에 대해 머로우 판사에게 자문을 구하고 싶었으나 좀처럼 만날 수 없었다. 그는 명함을 남겼다. 그러던 어느 날 밤, 키년은 엔젤 아일랜드 행 배에 함께 타기 위해 만반의 준비를 하고 자신을 찾아온 백발의 법학자를 보고 깜짝 놀랐다.

키년과 판사는 북쪽으로 힘차게 나아가는 배의 선실에 함께 앉았다. 만으로 출퇴근하는 사람들 틈에 낀 두 사람은 샌프란시스코 해안에서 티부론Tiburon 해안까지 몸을 잔뜩 웅크리고 있어야 했다.

머로우 판사가 키년에게 연방 정부 차원과 주 정부 차원에서의 공중위생 감독에 대해 훈계했다. 그런 다음에는 키년이 페스트의 위험에 대해 판사에게 한 수 가르쳐 주었다. 깊은 인상을 받은 판사는 키년을 돕기 위해 새로운 종류의 쥐약을 얻을 수 있겠느냐고 물어보기까지 했다. 배가 선창에 닿을 무렵 키년은 판사의 눈을 뜨게 해주었다는 사실에 몹시 기뻐했다.

하지만 키년과 판사 사이의 긴장완화는 시의 반감을 완화시키기에는 역부족이었다. 『콜』지는 키년이 시에서 떠나야 한다고 점점 더 목소리를 높여 갔다. 시청 행정위원회에서는 키년의 마지막 과학적 동맹군인 시 보건국을 파면 조치하자는 제의에 대해서 고려하고 있었다.

'사기꾼을 추방하라.'라는 주장이 『콜』지의 논설에 실렸다. "모든 면에서 생각해 볼 때 보건국과 키년은 사직해야 마땅하다."

백 / 인 / 들 / 의 / 장 / 례 / 식

백인들의 장례식

1900년 8월까지 페스트는 중국인 재물만 요구했다. 그런데 거친 짐마차꾼 윌리엄 머피가 모든 상황을 바꾸었다.

그날까지 머피는 차이나타운에 배달을 하기 위해 마차를 몰았다. 밤이 되면 고삐를 내려놓고 안개가 자욱한 꿈 같은 현실 속에서 일상의 진흙과 거름 자국들을 떼어내 버리기 위해 아편 파이프를 들곤 했다.

그러던 어느 날, 그는 갑자기 열이 높아짐을 느꼈다. 머리가 무겁고 몸이 몽둥이로 맞은 듯이 욱신거렸다. 온몸이 땀으로 흠뻑 젖고 경련을 일으키듯 몸이 덜덜 떨렸다. 34세 마차꾼의 몸이 갑자기 어린 아기처럼 허약해졌다.

현기증이 나고 머리가 띵해진 그는 몸을 질질 끌면서 듀폰 가의 자기 집에서 나와 포트레로 가 26번지의 시군병원으로 향했다. 의사들은 그의 증세에 대해 확실한 진단을 못 내리고 갈팡질팡했다. 8월 11일, 마침내 윌리엄 머피가 죽었다. 부검 결과 그가 시의 첫 번째 백인 선페스트 희생자라는 사실이 밝혀졌다.

조지프 키년은 표본을 들여다보며 말했다. "이 유행병을 만났던 경험들 중 가장 아름다운 페스트 감염 사례로군. 아름답다는 표현을 써도 된다면 말이지." 머피의 죽음은 병을 아시아혈통 밖으로 퍼뜨렸다. 그러나 정작 차이나타운의 경계를 뛰어넘은 것은 앤 로디였다.

백인 간호사 앤 로디는 위경련과 호흡곤란으로 고통스러워하는 10대 소년을 위해 퍼시픽 가로 와 달라는 요청을 받았다. 소년은 디프테리아로 추정되었다. 로디 간호사가 침대 옆으로 몸을 굽혔을 때 소년이 구역질을 했다. 그녀가 피할 틈도 없이 소년은 간호사의 얼굴에 후드득 쏟아냈다. 그녀는 환자를 닦아 주고 최선을 다해 자신의 마음을 진정시키려 애썼다.

48시간 뒤, 로디 간호사는 얼굴이 붉게 상기되었으며 목구멍이 붓고 얼얼하다고 느꼈다. 의사는 캘리포니아 가의 어린이병원 전염병병동에 그녀의 입원을 허가하면서 디프테리아로 의심된다고 진단했다. 열이 치솟았다. 3일 동안 의식이 왔다갔다하다가 28세의 간호사는 숨이 멎었다.

의사들은 그녀의 시신을 어린이병원 부검실로 보내 사후진단을 시작했다. 그녀의 폐를 본 의사들은 로디 간호사가 선페스트로 죽었음을 깨달았다.

놀라고 당황한 병원 경영자들은 병원 부검실이 오염되었다고 판단하고 그곳을 소각시켜야 한다고 결정했다. 소방펌프를 대기시켜 놓고 방에 불을 놓을 준비를 했다. 누군가 바닥에 뿌릴 석유를 달라고 했다. 석유는, 병원 전체를 삼키고 캘리포니아 가를 온통 불바다로 만들기에 충분할 만큼 넉넉한 양의 화약이 보관된 거대한 통들 사이에 저장되어 있었다. 마지막 순간에 소각은 취소되었다. "저런 것들을 뒤에 놓고 불을 붙였다면 샌프란시스코의 모든 소방펌프를 동원해도 어린 이병원을 구하지 못했을 겁니다." 키년이 이렇게 상기시켰다.

로디 간호사의 10대 소년환자는 죽었으나 부검받지 않은 채 매장되었다. 키년은 소년 역시 선페스트에 희생되었다고 확신했다. 아마 그가 로디 간호사에게 전염시켰을 것이다. 이런 식의 오진으로 인해 이 전염병의 실제 규모가 제대로 드러나지 않고 있음을 키년은 분명히 느낄 수 있었다. "샌프란시스코에는 밝혀진 것보다 더 많은 선페스트가 있었다."라고 그는 기록했다. "고의적이든 아니든 선페스트는 다른 이름으로 보건국으로 돌아왔다."

그러나 페스트는 그의 직업에서 일부에 지나지 않았다. 검역소의 여러 가지 업무로 인해 그는 매우 바빴다. 샌프란시스코의 검역관으로 지낸 1년 남짓한 기간 동안 키년은 1천 척이 넘는 배들의 감염 여부를 단속하고 1만 4천 명이 넘는 승객들을 소독시켰다. 방수포를 착용한 검역관들은 밤 여덟, 아홉시까지 선창에 들어온 배에 올라타 파도와 맞서야 했다. 그리고 훈증소독장비를 배 안에 끌고 다니면서 냄새가 지독한 방마다 연기를 피워 소독했다. 그들은 또 승객과 선원들의 건강상태를 살펴보기 위해 체온을 재고 목구멍을 들여다보았으며 항해 중에 질병을 앓은 흔적이 있는지 찾기 위해 목에 있는 선을 손으로 만져가며 진찰했다. 이렇게 검역하는 동안 승객들은 언제나 말을 안 들었고 건강 상태와 짐을 조사하는 동안에도 제멋대로 굴었다. 검역관이란 늘 땀에 젖고 기진맥진해 가며 일해도 감사도 받지 못하는 직업이었다. 그러나 동서양해운주식회사의 '콥틱' 호만큼 파장을 일으킨 배는 없었다. 콥틱 호는 샌프란시스코에서 출발하여 호놀룰루와 일본 고베, 중국까지 갔다가 돌아오는 정기노선을 운항했다. 돌아올 때는 중국산 차와 하와이 산 사탕수수, 아시아태평양의 맛있는 마름, 얌, 생강, 토란, 백합 구근, 말린 생선, 굴 등의 식료품과 개, 고양이, 원숭이 등의 동물들이 가득 실려 있곤 했다.

1900년 6월 26일, 콥틱 호가 아시아로 돌아가기 위해 샌프란시스코를 떠난 이후 이 선박의 주치의 제임스 모로니는 그렇지 않아도 소란스런 해에 가장 소란스런 사건 하나를 자세히 기록했다. 항해일지에 기록된 바에 따르면, 호놀룰루에서 승객들을 태운 후 일본으로 향하던 배가 고베 항에 도착했을 때 3등 선실의 승객 한 명이 고열로 매우 심각하게 앓고 있는 것이 발견되었다.

27세의 아소는 호놀룰루 외곽 대농장에서 쌀을 재배하는 농부였다. 그는 섭씨 40도가 넘는 고열에 시달리고 있었고 서혜부에 계란 크기의 종기가 돋아 있었다. 그는 뭍으로 옮기는 잠깐 사이에 죽었다. '외국행 배 안에서 발생한 페스트로는 이것이 태평양 역사상 처음' 이라고 모로니는 적었다.

검역관들은 죽은 사람의 선실 근처, 3등 선실 갑판 물받이에서 죽은 쥐 세 마리를 발견했다. 그리고 그 공포의 대상들은 계속 발견되었다. 배의 주치의는 아소가 이미 하와이에서 페스트균에 전염된 채 콥틱 호에 탑승했다고 죽은 그를 비난했다. 호놀룰루 보건국은 이미 샌프란시스코에서 페스트에 오염된 채 배에 탔던 쥐들이 아소를 감염시켰다고 주장했다.

해운회사와 캘리포니아와 하와이의 보건국 관리들이 언쟁하는 사이 북북 문질러 닦고 훈증소독을 끝낸 콥틱 호는 파도를 헤치고 바람을 맞으며 다시 태평양을 건넜다. 이 배가 다시 샌프란시스코 만에 들어왔을 때 키년은 북쪽의 캐나다 검역소를 시찰하고 있었다. 그는 샌프란시스코 검역소를 경험이 많은 검역관들 손에 맡겨 놓았고 그들은 승객들이 오랜 지연에 항의하느라 소리를 질러댈 때까지 화물과 승객들을 찬찬히 살펴보았다.

키년은 콥틱 호의 입항이 지체되고 승객들이 거친 대우를 받았다는 비난의 화살이 자신에게 돌려지고 있음을 알게 되었다. 그는 급히 캐나다에서 샌프란시스코로 돌아왔다. 그는 자신을 추방하려는 계획의 일환으로 특별한 이유도 없이 비난이 계속 쏟아지고 있다는 내용의 편지를 공중위생국장에게 보냈다. "나는 페스트를 은폐해 달라고 내놓는 뇌물에 매수되지 않으며 어떤 강요나 감언이설에도 넘어가지 않습니다."

이제까지 키년 자신의 건강은 뒷전이었다. 그는 "샌프란시스코로 온 이후 나는 별로 잘 지내고 있지 못하네."라고 친구들에게 알렸다. "지난해에는 네 차례나 건강에 문제가 있었지." 늘 문제가 있던 장에 그 자신이 '만성 충수염'이라고 생각하던 아픔이 몰려왔다. 현대 의사들은 그의 병에 궤양이나 경련이라는 명칭을 붙일지 모른다. 명칭이야 어떻게 부르든 그 당시엔 치료할 방법이 별로 없었다. 경련을 멈추거나 산을 억제하는 약이 나오기 이전 시대에는 알코올, 코카 혹은 모르핀을 섞은 독특한 약에 의존해야만 했다. 키년은 통증을 그냥 참으면서 짜증거리만 더 해주는 콥틱 호에 대한 정치적 압력과 과로로 생긴 고통이라고 생각했다.

12월 14일, 콥틱 호가 다시 샌프란시스코에 정박했다. 이국적인 식료품 및 살아 있는 동물들 외에 또 다시 전염병에 걸린 사람이 탔을 지도 모른다고 의심한 키년은 특별히 주의를 기울이라고 명령했다. 그는 제한적인 입항허가증을 발급했다. 즉, 상례적인 화물들만 하선할 수 있고 해산물과 농작물은 특별허가증을 받아야 한다는 것이었다. 개, 고양이, 원숭이들은 진찰을 받아야 했다.

선창에서는 화가 나다 못해 잔뜩 적의를 품은 상인들이 빈둥거리며 앉아 자신의 화물을 기다렸다. 세관 주변에서는 캘리포니아 의회가 키년을 '가능한 샌프란시스코에서 멀리' 전출시킬 방안을 논의하고 있다는 소문이 돌았다.

샌프란시스코 상공회의소장 찰스 넬슨은 키년을 '우리의 무역과 통상을 방해하는 골칫거리'라고 불렀다.

12월 21일, 중국 6대 회사는 자신들의 상품을 하역시키기 위해 키년이 검역관이라는 자신의 권위를 남용하고 있다고 고소했다.

소송에서 자유로워진 지 6개월밖에 안 된 키년은 다시 법적인 공격에 시달렸다. 엔젤 아일랜드의 크리스마스는 우울했다. 키년은 명절을 기대하는 아이들의 모습에서 위로를 받았다. 피아니스트였던 엘리스는 음악을 하고 싶어했다. 페리는 사냥과 낚시 생각에 사로잡혀 있었다. 키년은 자신의 과학기술에 대한 취향을 그대로 빼닮은 콘래드를 보고 웃음을 터뜨렸다. 아이가 크리스마스 선물로 받고 싶어하는 것들 대부분이 기계류였다. "정말로 재미있다네." 키년은 친구들에게 이런 편지를 썼다. "콘래드가 산타클로스에게 바라는 선물 목록이라고 나한테 보여 준 것을 보면 말일세." 그러나 명절은 유쾌하지 못했다.

1900년을 마감하면서 신문들은 샌프란시스코의 미래를 장밋빛으로 그렸다. 이제 이 도시는 미국에서 여덟 번째로 큰 도시이고 인구가

34만 2천 이나 되었다. "이번 세기에 샌프란시스코는 눈부신 발전을 할 것이다." 『콜』지의 편집장 존 D. 스프레클스는 이런 기사를 썼다. "모든 종류의 무역이 적정 가격에 좋은 물동량을 기록했다. 항구의 무역 수출은 이보다 좋을 수 없고…… 동서양해운회사는 선박과 선원들을 바쁘게 돌렸다…… 1901년에는…… 전반적으로 확신에 차 있다."

그러나 키년은 좀더 어둡게 전망했다. "샌프란시스코의 상업적인 관심이 이곳 시민들에게는 인간의 생명 유지보다 더 소중한 것처럼 보인다."라고 그는 기록했다. "사람들은 자신들의 부인과 자녀들에게 닥칠지도 모르는 위험의 가능성에 대해 말하면서도 아무런 감정이 일지 않는 눈치다. 이런 사람들은 물건을 많이 팔아서 재산을 많이 불릴 수만 있다면 샌프란시스코에 선페스트가 존재하든 말든 완전히 무관심하다."

『크로니클』지의 연말 논설은 키년의 추방을 요구했다. 그들은 '키년의 운명'이라는 제목의 칼럼에서 "키년은 떠나게 될 것이다. 키년의 공적인 행위들은 너무나 터무니없으며 공공의 분노를 조장한다. …… '비난을 감수하면서까지' 연방 정부 측에서 이런 사람을 사직시키지 않는 것은 타당하지 못한 대응이다."라고 주장했다.

키년은 친구에게 편지를 썼다. "나는 검역소 밖의 모든 사람들과 전쟁 중이라네."

새크라멘토에서는 헨리 T. 게이지 주지사가 키년에 대한 공격을 단계적으로 확대했다. 그해 연말 연설에서 주지사는 미사여구로 잔뜩 포장한 2만 개의 단어들을 청산유수로 뽑어냈고 그것들은 종이를 54장이나 채웠다. 이 연설 속에 그는 페스트 음모론을 새롭게 그리고 높은 수위까지 담아냈다. 이제 균을 단순히 쏟았다는 차원을 넘어 키년이 의도적으로 그것을 퍼뜨렸다는 암시까지 주었다.

게이지는 이렇게 주장했다. "죽은 중국인의 시신이 순수했는데 누군가 페스트균을 수입해서 가지고 있다가 그의 림프선에 주사할 수도 있지 않았겠습니까? 그래서 그 정직한 사람은 당했던 게 아닐까요?"

이전의 키년이 실수투성이 마법사 취급을 받았다면 이번에는 더 나아가 선페스트균을 시체에 주사하고 다니는 미친 과학자로 간주되었다.

이런 악마의 실험에 대한 언급을 정당화하기 위해 게이지는 페스트균의 수입과 그것으로 슬라이드를 만들거나 배양하는 행위, 혹은 그것을 동물에게 주입하는 행위를 중죄로 규정하자고 제안했다. 그리고 그는 신문들의 '선페스트의 상황에 대한 허위 보도' 역시 중죄로 규정해야 마땅하다고 덧붙였다.

1월 23일, 주지사를 중심으로 결탁한 의회 의원들은 매킨리 대통령에게 키년을 서부 지역의 책임자에서 해직시키라고 부탁하는 공동 결의문을 통과시켰다. 그러나 추방은 너무나 가벼운 처벌이었다. 그 결의문의 저자는 키년을 교수형에 처해야 한다고 덧붙였다.

"주지사라는 높은 자리를 차지하고 있는 사람이 가장 저속한 학대 행위에 스스로 뛰어들리라고는 생각지도 못했습니다." 키년은 고모와 삼촌들에게 이렇게 편지를 보냈다.

"그의 성명서는 정말로 일어난 일들보다는 선정적인 싸구려 소설에서나 찾을 수 있는 내용들을 더 많이 담고 있습니다."

가족들의 희생을 감수하면서까지 그토록 애쓴 엔젤 아일랜드에서의 18개월이 지날 무렵, 키년은 사기꾼으로 규탄을 받게 되었다. 그는 중상모략에 대해 복수를 해 달라고 부탁하는 전보를 공중위생국장에게 보냈다. 그러나 그것은 상관의 불신만 키워 놓고 말았다. 샌프란시스코의 너덜너덜해진 과거를 연방 정부와 교섭하여 겨우 수습한 위만 국장은 위기를 다룰 새 인물을 파견했다. 조지프 H. 화이트는 함부르크에서는 콜레라와, 하와이에서는 나병과 싸웠던 노련한 고참이었다. 새해의 첫 날이 지나자 화이트는 옥시덴틀 호텔에 서류가방을 내려놓고 업무에 착수했다.

신문들은 화이트가 키년의 진단을 바꾸기 위해 왔다는 설을 부채질했다. 그러나 그가 도착한 직후 60세의 상인 충웨이렁이 잭슨 가 720번지 지하상점에서 죽었다.

키년은 화이트를 데리고 '천하고 더러운 중국인'이라고 불렸던 불행한 사내를 보러 갔다. 화이트는 키년을 거의 신뢰할 수 없었지만 죽은 사람은 키년의 가설을 입증할 증거를 가지고 있었다.

슬라이드와 배양접시는 충웨이렁이 이 도시에서 10개월 동안 발생한 페스트의 스물세 번째 희생자임을 보여 주었다. 차이나타운 지도 위에 1901년을 표시하는 분홍색 잉크로 23이란 숫자가 써졌다. 그 자리에 있던 공중위생의들은 차이나타운의 12블록 중 두 곳이 이번 건으로 연결되면서 이제 차이나타운 전체에 연결고리가 만들어지는 것을 보았다.

충웨이렁이 죽은 지 얼마 안 있어 금방 다른 죽음들이 잇따라 발생했다. 희생자들은 중국인과 백인 양쪽 모두였다. 주지사의 비타협적인 태도에 매우 화가 난 시 보건국장 J.M. 윌리엄슨이 이 사건을 시장에게 가져갔다. "이 씁쓸한 논쟁이 이루어지는 동안 보건국은 정확한 사실만 발표했습니다." 그가 말했다. "거짓말은 거짓말일 뿐입니다. 주지사의 후광 주위를 맴도는 아첨꾼 의사들의 입에서 나온 것이든 행정 전문가들이 펜으로 쓴 것이든 말입니다."

희망 없이 막다른 골목에 직면한 조지프 화이트는 결정적인 조치를 취했다. 그는 공중위생국장 위만에게 샌프란시스코에 페스트가 존재하는지를 판단할 수 있는 독립적인 전문가 집단을 파견해 달라고 부탁했다. 그러는 동안에도 화이트는 전투태세를 갖춘 키년과는 신중하게 거리를 유지했다.

키년은 동의했고 조심스럽게 자기 분야의 전문가들을 선발했다. 그는 우선 펜실베이니아 대학에 있는 안경을 쓴 37세의 의대 교수, 시몬 플렉스너를 꼽았다. 그는 후에 뉴욕 록펠러 재단에서 명성을 얻게 된다. 또 미시간 대학에 있는 염소수염을 기른 36세의 프레더릭 노비도 선발했다. 시카고 대학에서는 전설적인 윌리엄 오슬러의 보호를 받았던 껑충한 33세의 젊은 해부학 교수, 루엘리스 바커를 선택했다. 세 사람 모두 페스트를 보기만 해도 잘 알 수 있는 전문가들이었다. 노비는 베를린에서 페스트를 연구했다. 플렉스너 또한 필리핀에서 바커와 함께 페스트를 연구했다. 그 후 바커는 페스트를 따라 인도의 봄베이까지 갔다. 화장용 장작의 자욱한 연기 밑에서 '초자연적인 고요와 우울함'만을 발견한 그는 후에 이렇게 기록했다. "오래전 유럽의 흑사병에 대한 공포가 어떠했을지 알 것 같다."

1901년 1월 말, 세 명의 페스트 전문가가 각자의 연구실과 강의실을 뒤로하고 서부행 열차를 탔다. 그들은 아무런 실험 장비도 없이 가벼운 몸으로 급하게 여행길에 올랐고 옥시덴틀 호텔에서 숙박 수속을 밟았다. 그리고는 자신들이 작업하게 될 연구실을 살펴보았다. 그곳은 아주 수수했다. 그 수수함은 샌프란시스코에서는 좀체 찾아볼 수 없는 것이었다.

엔젤 아일랜드에 있는 키넌의 실험실은 장비가 잘 갖추어져 있었지만 한편으로는 논쟁으로 얼룩져 있었다. 캘리포니아 대학의 한 과학자가 그들에게 실험공간을 제공하려 했지만 게이지 주지사가 그 대학의 기금을 삭감할지 모른다는 우려 때문에 제안은 철회되고 말았다.

결국 샌프란시스코 시청의 161호실에 임시 실험실이 만들어졌다. 이 특별감식위원단은 매일 차이나타운을 둘러보면서 환자들을 방문하고 죽은 사람들을 살펴 보았다. 중국 6대 회사의 간사 왕충은 그들을 따라다니며 안내인 겸 통역사 역할을 맡았다.

왕충은 둥근 얼굴의 신사로 전통 변발을 고수했다. 차이나타운 상업계에서 존경받는 인물이었던 그는 영어가 유창했다. 그리고 중국어를 모국어로 구사하는 사람만이 할 수 있는, 이웃들이 비밀을 말하게끔 하는 일도 잘 해냈다. 어떻게 해서 그가 감식위원단을 돕기로 했는지는 알 수 없었다. 어쩌면 중국 6대 회사가 백인 의사들에게 그들이 무엇을 할 수 있을지 알리고 싶어했는지 모른다. 아니면 왕충 자신이 페스트의 공포가 진실로 밝혀질 것 같은 예감을 느꼈는지도 모른다. 이 조용한 사내의 속마음이 어떤 것이든 두 주 동안의 조사를 돕는 그의 역할은 유행병의 물결을 돌려놓기 위한 중국인과 백인 사이의 관계에 중요한 발판이 되었다.

매일 그들은 슬픔에 젖은 가족들과 친구들이 고인을 둘러싸고 있는 가운데, 어둑어둑한 좁은 방안에서 즉석 부검을 실시했다. 그런 다음 시청의 161호실로 되돌아와 가져온 부검 샘플로 실험 준비를 했다.

그들은 유리 슬라이드 위의 샘플들을 올려놓고 현미경으로 들여다보면서 보고서를 작성하기 위해 각 사건에 대해 기록했다.

발견된 것이 페스트건 아니건, 또는 그 무엇이건 간에 워싱턴에 있는 공중위생국장에게 극비보고서로 제출하기로 되어 있었다. 1901년 2월, 두 주 동안 그들은 갖가지 원인으로 죽어 가는 13명의 사람들을 살펴보았다.

"열세 건의 죽음 중 우리가 주목해야 할 것은 2월 5일에서 2월 16일까지 일어난 사건입니다. 열여섯 번째 페스트 사망을 포함하여 모두 여섯 건이 의심의 여지없이 페스트균으로 인한 것입니다." 감식위원단은 이렇게 결론을 내렸다. "일곱 번째 사망은 페스트가 원인이었습니다만 하마터면 모르고 넘어갔을 수도 있었습니다."

희생자들 중에는 배우 두 명, 극장에 근무하는 요리사 한 명, 서혜부에 난 종기에 고약과 꿀을 발라 치료하려 했던 담배 제조공 한 명 등이 있었다. 그리고 장티푸스로 오진을 받았던 어린 소녀와 중년의 노동자도 있었다. 이들은 모두 미국 내의 걸출한 전염병 전문가들이 보는 앞에서 죽어갔다. 마치 그들은 페스트가 얼마나 강력한 병인지, 그 앞에서 의사들이 얼마나 무력한지를 보여주려는 듯했다.

일곱 번째 사건은 의문의 고열로 죽은 가정부, 충문우쉬 건이었다. 세 전문가가 부검을 위해 절개를 시작하자마자 지켜보고 있던 그녀의 가족들이 슬픔에 젖어 소리를 질러 댔다. 그들의 구슬픈 통곡에 의사들은 수술용 칼을 손에 쥔 채 더 이상 움직이지 못했다. 그들은 수술도구를 내려놓고 말았다. 그날 그들은 더 이상 부검을 하지 않았다. 그래서 그녀의 사망 원인은 미해결 상태로 남게 되었다.

위원단이 보고서를 매듭짓고 있을 때 그들 중 가장 젊은 루엘리스 바커가 갑작스런 고열을 일으켰다. 곧 통증이 따라왔다. 생각도 못한 발진까지 돋기 시작했다. 페스트에 감염된 집에 드나들며 즉석 부검을 시작한 지 두 주 만에 나타난 그 증상은 불길한 조짐으로 보였다. 그들은 미리 예방책으로 예르생의 페스트 항혈청을 다량 주사했었다. 하지만 그것으로 완벽한 예방이 되지는 않았다.

예르생의 항혈청이 하프키네 백신보다는 훨씬 안전했지만 그것 또한 부작용을 일으킬 수 있었다. 두 제품은 몸 속에서 다르게 작용했다. 죽은 페스트균으로 만든 하프키네 백신은 균에 노출되기 전에 주사해서 사람에게 면역을 시키는 방법이다. 다시 말해 사람의 몸 속에 페스트와 싸울 수 있는 항체를 생산하도록 부추기는 방법이다. 한편 예르생의 항혈청은 미리 만들어진 항체가 들어있는 용액으로 이미 페스트에 노출된 후라도 면역력을 높일 수 있는 방법이다. 그러나 이 항혈청은 페스트에 노출된 말의 혈액에서 추출하기 때문에 인간의 몸에서는 이물질로 간주되는 단백질이 함유되어 있다. 그래서 항혈청을 주사한 사람 중에는 면역체가 이 말 단백질에 대해 격렬한 부작용을 일으키는 경우도 있다. 고열, 관절의 통증, 발진 같은 증상이 나타나는 이 부작용은 '혈청병' 으로 알려져 있다. 혈청병 역시 매우 위험한 병이긴 하지만 분명 페스트는 아니다. 그런데 바커의 병은 페스트 초기 증상과 흡사한 혈청병으로 밝혀졌다. 동료들은 긴장을 풀었다. 그 사건은 가짜 경보였지만 누구도 페스트에서 자유로울 수 없다는 점을 다시 상기시켜 주었다.

그들은 무서운 임무를 완수했고 발견한 것에 대해 입을 봉해버렸다. 세 전문가는 각자의 집으로 떠날 준비를 했다. 그러나 페스트 보고서의 내용이 『새크라멘토 비』지에 아주 약간 새어 들어갔고 그들은 게이지 주지사에게 경계경보를 울렸다. 그는 사람들을 팰리스 호텔로 모이게 했다.

주지사는 이번 회동이 호의적인 방문인 것처럼 떠들었지만, 다른 한편으로는 과학자들이 캘리포니아 주에 어떤 위협도 가하지 못하도록 설득하기 위한 대표단을 준비시켰다. 위협적인 성격이 못되는 페스트 감식위원단은 그에게 곧이곧대로 말해 주었다. 캘리포니아 주에는 이미 페스트가 존재하며 공중위생국장에게 그렇게 보고할 예정이라고. 주지사는 자신의 다음 행동을 구상하기 위해 새크라멘토로 후퇴했다.

2월 28일, 그는 신문사와 철도회사의 경영자들을 소집했다. 그들은 워싱턴 행 특별열차를 전세 냈고 오전 4시까지 열차에 앉아 몸을 웅크리고는 워싱턴을 속여 자신들에게 유리한 상황을 만들기 위해 급소를 찌를 계획을 궁리했다.

한 발짝 뒤에 물러난 키년은 이 상황들을 무력하게 바라보았다. 키년은 공중위생국장 위만에게, 감식위원단이 찾아낸 내용을 매장시켜 버리기 위해 주지사의 대표단이 소문을 퍼뜨리고 다닌다는 경고를 해주려고 노력했다. 이제 주임인 조지프 화이트가 시장 및 의사들과 만찬을 하면서 페스트 퇴치운동에 힘을 모아 보려 하고 있었다. 그러나 개인적으로 실망감을 느낀 화이트는 "이 도시와 이곳 사람들은 제멋대로입니다."라고 공중위생국장에게 보고했다.

그는 "이곳의 상황은 국장님이 생각하고 있는 것보다 훨씬 심각합니다."라고 덧붙였다. "나는 결과를 예언할 수는 없습니다만 재앙이 닥칠까봐 두렵습니다. 이 질병은 이미 1년 전에 감지되었지만 도대체 그 동안 약간이라도 성과가 있었는지 의문스럽습니다. …… 워털루 전투를 치러야 하지 않을까 염려스럽습니다."

침 / 묵 / 의 / 봉 / 인

침묵의 봉인

워싱턴 행 열차를 타고 가던 주지사의 일행들은 황금의 주를 지키겠노라고 맹세했다. 캘리포니아 주가 페스트의 본거지라는 사실을 부정하는 데 실패한 그들은 페스트의 존재에 대한 증거를 완전히 덮어 버리기 위해 연방 정부 직원들과 흥정하려 했다. 『크로니클』지, 『이그제미너』지, 철강노동자조합, 남부태평양철도 등의 대표들로 구성된 대표단은 전국적인 통상금지령으로 일어날 몰락에서 캘리포니아를 구할 수 있는 유일한 방법은 비밀엄수라는 헨리 게이지 주지사의 생각에 동감했다.

이 계획의 산파 역할을 한 사람은 캘리포니아 상원의원인 조지 C. 퍼킨스와 토머스 R. 바드였다. 그들은 게이지 주지사와 각 신문, 그리고 재무부 소속인 공중위생국장의 상관까지 모든 가담자에게 정말 동참할 의사가 있는지 확인했다.

대표단은 워싱턴에 도착하자마자 곧바로 공중위생국장 위만 및 그의 상관과 회담을 하기 위해 재무부로 향했다. 그들은 보도 금지를 조건으로 샌프란시스코를 정화시키겠다고 약속했다. 그리고 굳이 그런 사실을 떠벌일 필요는 없다고 그들을 설득했다. 이 모임에서 게이지 주지사의 대표단이 연방 정부의 공중위생 계획과 함께 얻어낸 것은 바로 자유재량권이었다.

백악관에서 대표단은 매킨리 대통령과 좀 더 유쾌한 일들에 대해 논의했다. 특히 그들은 앞으로 있을 대통령의 황금의 주 방문 일정에 대한 계획들을 이야기했다. 우선 샌프란시스코는 사치스런 환영회를 준비할 생각이었다. 매킨리 대통령과 영부인은, 대표단 중 한 명이며 철강노동자조합 대표인 헨리 스콧의 퍼시픽 하이츠 저택을 방문할 것이다. 또 주의 공화당원들에게 기념 선물을 받고 스콧의 배들 중 하나를 진수하게 될 것이다. 대통령의 방문은 캘리포니아 주를 상업, 문화, 위생의 성지로 홍보해주는 효과가 있을 것이다. 결국 모두가 만족할 것이다.

키년은 공중위생국장에게 게이지의 대표단을 신뢰하지 말라고 경고했다. 그러나 대표단의 임무는 대성공을 거두었다. 위만 국장은 동의만 한 것이 아니라 자신의 페스트특별감식위원단에게도 대표단들의 계획에 서명해주라고 부탁까지 했다. 페스트특별감식위원단 또한 샌프란시스코의 위생상태를 향상시키기 위해선 공공연하게 폭로하는 것보다 침묵의 외교가 더 나을 것이라는 위만의 희망에 동의하기로 묵인했다.

위만은 한발 더 나아가 미시건 의대학장 빅터 본에게 연합통신사가 페스트와 관련된 어떤 기사도 내보내지 않도록 영향력을 행사해 달라고 부탁했다. 공중위생국장은 뉴스 통신사가 전국에 이런 사태에 관해 누설할까 염려했다. 오직 완벽한 '침묵의 봉인'만이 캘리포니아 주지사를 달랠 수 있다고 국장은 설명했다.[9]

그러나 낡은 글로브 호텔에서 열린 왕춧킹의 기념제 때 『새크라멘토 비』지가 침묵의 봉인을 깼다. 3월 6일, 주지사의 대표단이 워싱턴으로 출발한 같은 날 『새크라멘토 비』지는 1면 머릿기사로 감식위원단의 발견에 관한 뉴스를 올렸다. '샌프란시스코에 페스트 존재……'

그러나 『새크라멘토 비』지는 페스트 뉴스를 폭로하는 데만 그치지 않았다. 다른 면의 제목에서는 캘리포니아와 공중위생국장 사이의 충격적인 거래를 폭로했던 것이다.

수치스런 계약에 서명한 위만 국장
연방법에 위배
사실들을 알리지 않기로
게이지와 협약

기사는 이 비밀 협약의 내용이, 공중위생국장이 미국 항구들의 위생상태에 대해 정기적으로 발표하게 되어 있는 1893년 검역법에 위배된다고 고발했다. 샌프란시스코 항에 페스트가 있음을 숨기는 것은 명백한 불법행위였다.

그러나 워싱턴의 직원들은 샌프란시스코의 위생이 매우 염려스런 상황이라는 것을 확인하기에는 너무 바빴다. "나는 샌프란시스코에서의 삶이 워싱턴에서만큼 안전하다고 느낀다."라고 재무부 고위 관리는 말했다. "오늘날 샌프란시스코의 여행과 사업은 일 년 전과 다름없이 안전하게 이어지고 있다.”

키년은 위만에게 타협을 비난하는 내용의 전보를 보냈다. 그는, 캘리포니아 대표단이 페스트를 정화시키기 위해 ‘앞에서는 모든 것을 약속하고 뒤에서는 아무것도 하지 않을 것입니다.’라고 예언했다. 그러나 키년의 경고전보를 받은 위만은 그에게 자신의 입장이 되어보라고 퉁명스레 대꾸할 뿐이었다. 그리고는 거래는 이미 성사되었다고 말했다. 그러면서 공개적인 입장표명을 하고 싶더라도 ‘비밀엄수 명령에 복종하라.’라고 말하면서 다음과 같이 덧붙였다. “부部와 소속 공무원들은 차후 다른 명령이 있을 때까지 이 태도를 유지해야 하네.”

쓸모없는 존재가 된 키년은 이제 입에 재갈이 물린 상태나 마찬가지였다.

하지만 이 어처구니없는 명령에 항의하는 사람은 키년뿐이 아니었다. 그를 대신하기 위해 왔던 화이트 역시 침묵은 잘못된 판단이라는 생각에 동의했다.

“만일 지금 사실을 숨긴다면 그들은 앞으로 우리를 파멸시키기 위해 일어날 것입니다.”

“국장님이 내게 무슨 일을 바라는지 알고 당황했습니다.”라고 그는 공중위생국장에게 말했다. “이것은 너무나 기묘한 상황입니다. 나는 페스트에 대해 아무것도 말하지 않으면서 살균소독을 감독해야 합니다.” 그는 또 “중국인들에게 집을 옮기라고 권할 때마다 그들은 ‘왜요?’라고 묻습니다. 이제 그들에게 뭐라고 대답해야 합니까?”라고 물었다.

샌프란시스코에 페스트가 있음을 입증하다가 자신의 건강이 위태로워졌던 루엘리스 바커는 시카고 대학으로 돌아온 후에도 황당한 협정에 마음이 편치 않았다. 게다가 그는 감식위원단의 페스트 보고서가 공표되는 것을 빨리 보고 싶었다. "샌프란시스코의 『크로니클』지는 최근 낯 뜨거운 거짓말을 하고 있습니다." 바커는 4월 6일 위만 국장에게 이렇게 편지를 보냈다. "우리의 완전한 보고서가 발표되지 않고 있는 것에 대해 많은 사람들이 불평하고 있습니다. 그리고 그렇게 발표가 지연되고 있는 이유에 대해 잘못 해석하고 있습니다." 그의 편지는 계속 이어졌다. "샌프란시스코 신문들이 계속해서 사실을 정확하게 보도하지 않는다면 그들은 더 이상 동정을 받을 가치도 없다고 생각됩니다. 그것은 그들이 스스로 자초한 무덤이니까요."

사망자 수는 아직 낮은 편이었지만 바커는 샌프란시스코의 안전에 대해 안심이 되지 않았다. 유행병이 돌았던 다른 지역들에서 이것과 너무나 흡사한 경우들을 보았기 때문이었다. 홍콩, 캘커타, 봄베이에서 연기만 피워 대던 페스트의 '은밀한 진전'이 갑자기 많은 사상자를 내면서 거센 불길로 확 피어오르는 것을 그는 목격했었다. 최악의 날이 바로 코앞에 와 있을지도 모른다는 두려움이 일었다.

미시간 대학으로 돌아온 또 한 사람의 감식위원단 프레더릭 노비는 죽음의 실험실 사건으로 위기상황을 맞고 있었다. 노비는 샌프란시스코에서 선페스트 샘플이 담긴 유리병을 앤아버로 가지고 왔었다. 균을 배양해서 백신을 개발하려는 계획이었다. 그는 균 배양을 도울 사람으로 우수학생인 찰스 B. 헤어를 선발했다. 조심스럽기로 유명한 헤어는 선페스트를 다루어도 된다는 허락을 받은 유일한 학생이었다. 헤어는 실험실 사고는 전혀 없었다고 부정했다. 그런데 어찌된 일인지 배양균 한 방울이 이 의대생을 오염시켰다. 어쩌면 직접 담배를 말아서 피는 그의 흡연 습관이 원인이었는지도 모른다.

4월 3일 밤, 헤어는 등에 통증을 느끼기 시작했고 저릿저릿한 증세가 퍼지는 것을 느꼈다. 그의 체온은 밤새도록 39.4도까지 올랐다. 아침이 될 무렵에는 심한 구역질로 몸이 뒤틀릴 지경이었다. 얼마 뒤 그는 피가 섞여 얼룩덜룩한 점액을 토해 내기 시작했다. 노비 교수가 그것을 검사했다. 선페스트였다.

헤어는 구급마차에 실려 격리병원으로 옮겨졌다. 그의 방은 봉해지고 포름알데히드가 뿌려졌다. 노비는 공중위생국장에게 예르생의 항혈청 50병을 급하게 보내 달라고 요청했다. 그가 알고 있는 한 선페스트는 가장 빠르고 가장 다루기 힘든 살인마였다. 헤어에게 대량의 항혈청을 주사한 후 노비는 그저 희망을 가지고 기다리는 수밖에 없었다.

열이 40.8도를 기록했고 헤어는 정신을 잃었다. 헤어의 같은 방 친구도 함께 격리되었지만 모든 가능성이 여전히 남아 있었다. 예르생의 항혈청이 효과를 내기 시작하면서 헤어의 체온이 한 번에 1도씩 내려가기 시작했다. 회복은 느렸다. 하지만 한 달 간의 격리 후 헤어는 들것에 실려 퇴원할 수 있었다. 그는 의대를 졸업한 후 55세로 죽을 때까지 캘리포니아에서 개업의로 지냈다. 그러나 살아가는 동안 매일 12시간 정도는 침대에 누워 있어야 했다. 페스트균이 심장에 큰 상처를 냈기 때문이었다.

페스트는 C. B. 헤어의 의학경력을 위태롭게 만들지는 않았지만 조지프 키년의 경력에는 치명적인 상처를 입혔다. 키년은 자신을 해고하려는 목소리가 한창 시끄러운 가운데, 건강을 회복하고 친지들을 방문할 수 있게 두 주 간의 휴가를 달라고 요청했다.

그러나 키년은 휴가 대신 뜻하지 않은 공격만 당했다. "자네와 교대하도록 명령받은 L. L. 럼스던 보조의사에게 자네의 책임 하에 있는 모든 공공자산을 양도하도록 명령하네. …… 자네는 미시건 주 디트로이트로 발령이 날 것이며 그 주의 업무를……."

3주 안에 가족의 짐을 꾸려 디트로이트로 옮기라는 명령이었다. 열악한 조건에서 봉사한 데 대한 감사나 충격을 위로해 주려는 아무런 조치도 없었다. 그것이 바로 위만 박사와 미국 해병대병원이 좋아하는 무뚝뚝한 군대식 전출명령이었다.

키년은 머리가 빙빙 도는 것 같았다. "그 명령은 너무나 간단했고…… 아무 설명도 없었습니다." 그는 동부의 친척들에게 이런 편지를 보냈다. "나는 희생양이 되고 말았습니다."

위만 국장은 키년이 빨리 그리고 조용히 떠나주기를 바랐다. 그러나 키년의 사전에 후퇴란 없었다. 위만의 바람과 달리 키년은 시군 의학계에서 페스트에 대해 강연함으로써 공세를 취했다. 이런 상황에서는 떠나기 직전에 공격하는 것이 유리했다.

키년은 거짓 사인死因 증명서를 발급했던 샌프란시스코의 의사들을 향해 페스트를 닭콜레라로 오진했다고 비웃었다. 그는 자신이 '칭크 콜레라'라고 부르는 새로운 질병을 그들이 실제로 발견해 냈다고 조롱했다. 그의 강연은 일단 고상한 세균학적 공격부터 시작해서 저속한 말장난과 잔인한 인종비방으로 흘러갔다.

샌프란시스코는 키년에게 참으로 예기치 못한 작별을 명령했다. 샌프란시스코에서 출발하기 전날, 엔젤 아일랜드에 온 경찰이 그를 살인미수 혐의로 체포했다. 그 사건은 5개월 전 엔젤 아일랜드에서 조금 떨어진 추운 바다에서 일어났다. 그러니까 1900년 11월, 어느 청각장애인 어부가 육군수용소에서 탈출하려는 것으로 오해한 군인들이 그에게 사격을 가했다. 키년은 그 공격을 말리면서 자신이 노를 저어

다가가 그를 구해 오겠다고 했다. 그런데 지금 키년이 오히려 방아쇠를 당겼었다고 고소를 당한 것이다.

"나는 총을 쏘지 않았습니다." 그가 항의했다. "나를 체포하는 것은 명백한 폭력 행위요." 키년이 정부에 고용된 이후로 미군 사령관 외에는 어느 누구도 그를 체포할 수 없었다. 결국 법정은 고소를 기각했다.

디트로이트로 가기 위해 가족들의 짐을 꾸리던 키년은 재발된 위의 통증을 참아야했다. 장이 꼬이는 듯한 아픔에 그는 자신이 '충수염'이라고 생각하는 병을 치료하기 위해 긴급병가를 냈다. 그의 아픔은 일단 진정되었으나 파멸을 가져온 질병에 대한 강박관념은 벗어 던지지 못했다. 그는 페스트를 연구하기 위해 아시아로 조사여행을 떠날 계획을 세웠다.

그러나 연방 정부 공중위생국 직원으로서의 재직기간이 거의 끝나가고 있었다. 그는 지쳤다. 세균학에 대한 자신의 기여가 위만에 의해서 평가절하되는 이유는 자신의 진단을 방어하는데 실패했기 때문이라는 생각만 들었다. 아시아로 조사여행을 다녀온 그는 해병대병원에서 잠깐 동안 머물며 남은 임기를 마저 수행했다. 그러나 그의 마음은 이미 사표를 던진 상태였다.

자신의 전문분야에서 추방당하는 바람에 원한이 사무친 키년은, 신문과 정치인 그리고 자신을 샌프란시스코로 전임시킴으로써 파멸의 시작을 만들었고 지금은 그저 '망각 속으로 좌천시키려 하는' 공중위생국장을 비판하기 위해 길고 두서없는 편지를 썼다.

한 친구가 자서전을 써 보라고 권하자 키년은 우울하게 농담조로 이런 제목을 제안했다. '검역소의 레미제라블(불쌍한 사람들).'

새/로/운/피

샌프란시스코에서의 4개월은 화이트의 영혼을 망가뜨리기에 충분했다. 정부의 어이없는 명령에 좌절감을 느낀 조지프 화이트는 차이나타운에서의 페스트 치료는 별 소용이 없다고 생각했다. 그곳은 산 사람과 죽은 사람이 함께 숨어있는 복잡한 미로처럼 보였다. "국장님은 어떤 환경인지 상상도 못할 겁니다. 도저히 글로 표현할 방법이 없습니다." 그는 공중위생국장에게 이렇게 보고했다. "내가 찰스 디킨스라도 된다면 모를까요." 화이트는 인원 증원을 간청했다.

"이곳의 어려움은 정말 엄청납니다. 재치 있고 원기 왕성한 직원들이 이렇게 많이 필요했던 적은 한 번도 없었다고 생각됩니다." 그리고는 "그리고 이곳을 청소할 사람들도 부탁합니다."라고 덧붙였다.

화이트가 그 일에 적당한 후보 한 사람을 추천했지만 위만 국장은 다른 사람을 생각하고 있었다. 바로 33세의 루퍼트 블루였다. 그는 현재 밀워키에 배치되어 미시간 호의 병든 어부들을 보살피고 있었다. 화이트는 블루를 만난 적이 없었다. 하지만 위생국의 정보망을 통해 블루가 나태하며 중국인들과 협상하기에는 치밀함이 모자란다는 소문을 들었다.

이 임무에는 재치가 필요하다고 화이트는 지적했다. "제가 듣기에 블루는 재치가 부족할 뿐 아니라 둔하다고 합니다." 그리고 "저는 블루를 모르며 그를 싫어할 이유가 전혀 없습니다. 그러니까 개인적인 감정은 전혀 섞이지 않았다는 점을 알아주십시오. 그렇지만 저는 그가 현재와 미래의 이 어려운 문제들을 제대로 헤쳐 나가지 못하리라고 확신합니다."라고 덧붙였다.

위만은 화이트의 염려를 무시한 채 블루에게 밀워키를 떠나 즉시 샌프란시스코로 이동하라고 명령했다.

블루가 목적지로 향하고 있는 동안 캘리포니아 주 밖으로부터 페스트 사태에 대한 정확한 해명을 요구하는 압력이 거세지기 시작했다. 텍사스 주 보건국장 W.F.블런트는 페스트감식위원단의 보고서 사본을 요구했으며 콜로라도 주 보건국장 G.E.타일러는 '공중위생국이 전염병에 대해 은폐하는 것은 용서할 수 없는 죄악'이라고 선언했다. 뉴욕 시와 워싱턴 주의 신문들도 캘리포니아가 사실을 은폐하려는 것에 대해 깊은 우려를 나타내기 시작했다.

그 동안의 명령이 갑자기 무너지기 시작했다. 『새크라멘토 비』지와 서부 의학신문인 『옥시덴틀 메디컬 타임즈』지가 신원이 확인되지 않은 사람에게서 구한 페스트특별감식위원단의 보고서 사본을 가지고 서둘러 인쇄에 들어갔다. 위만 국장은 민첩하게 미국 공중위생국 보고서들 중에서 찾아낸 페스트특별감식위원단의 공식 보고서를 공표해 버림으로써 밀매된 사본을 무용지물로 만들어 버렸다. 결국 전국에 소식이 퍼졌다.

비밀이 사라지게 되어 한시름 놓은 조 화이트는 정보제공자는 자신이 아니라고 부정하면서 키넌도 아닌 것 같다고 덧붙였다. 아주 극소수의 전문가와 공중위생국장만이 그 보고서에 관여했었다. 누가 정보를 빼돌렸는지 전혀 알 수 없었다.

루퍼트 블루가 샌프란시스코에 도착했을 때 시는 윌리엄 매킨리 대통령의 방문에 앞서 열광적인 미화 사업에 막 돌입하고 있었다. 정원사들은 금문교 공원에 조성된 빅토리아풍의 온실 앞 제방 위에 '우리 대통령의 캘리포니아 방문을 환영합니다.'라는 글자에 맞추어 양귀비와 팬지꽃을 심었다. 그 옆에는 미국 국조國鳥인 독수리와 캘리포니아 주를 상징하는 회색 곰이 세워졌다. 긴 현수막과 빨강, 흰색, 파란색 등으로 그려진 수 만 개의 깃발이 행렬이 펼쳐질 길 위에서 펄럭거렸다. 마켓 가는 애국적인 광채를 풍기기 위해 전기등과 중국식 등을 매달아 아시아태평양 스타일로 꾸며졌다.

열차에서 내리는 순간 블루는 검역소의 젊은 보조 의사로 처음 방문했던 이래 맥주, 하수도 물과 함께 계속 기억에 남아 있던 바다냄새 밴 안개를 들이마셨다. 전기등과 자동차가 좀 더 늘어나긴 했지만 이 도시의 저속한 정신만은 여전한 듯했다.

정말로 샌프란시스코 사람들은 새로운 세기에 성급하게 도취해 있었다. 금문교 공원을 지나가는 전통적인 일요일 일주 행렬도 여전했다. 다만 이제는 말을 매단 마차 대신 시속 15마일의 속력으로 마을을 질주하는 스무 대 남짓의 자동차들이 거기에 끼어 있었다. 하지만 시간도 과학기술도 바바리 연안을 길들이지는 못했다. 블루는 기차에서 내리는 순간 자신이 시체를 둘러싼 줄다리기에 끼어들었음을 깨달았다.

시체는 마크 콴윙이라는 남자였다. 그는 차이나타운 주민으로 결핵을 앓았었다. 아니 모두가 그랬다고 진술했다. 그러나 겨드랑이 밑의 부어 있는 선들에 생긴 종기는 선페스트처럼 보였다. 두 가지 전염병이 동시에 존재할 수 있을까? 조지프 화이트는 실험을 해야겠다고 말했다. 게이지 주지사의 주 보건국은 그를 조롱했다. "중국인이 체력이 다 해서 죽었다면 어떤 병이든 차이가 없다고 본다." 같은 주에서 일하는 어느 의사는 이렇게 말하며 씩씩거렸다. "그는 서혜선종, 매독, 담석, 맹장염 그리고 어떤 사람도 만족시킬 수 있는 다른 모든 증상들을 함께 가지고 있었단 말이오."

"이곳은 일하기 정말 힘든 주로군." 조지프 화이트는 생각했다. 주는 페스트기금 10만 달러 중 2만 5,000달러를 차이나타운 정화비용에 쓰겠다고 따로 빼놓았다. 그러나 지금까지 이 주에 사는 의사들의 주된 임무란 페스트 진단에 이의를 제기하는 것이었다.

그런 중에도 반짝거리는 존재가 하나 있다고 화이트는 보고했다. "생각했던 것보다 훨씬…… 블루가 성공적으로 일을 처리해 나가고 있습니다." 그는 워싱턴에 이렇게 써서 보냈다. "그는 자제력과 침착한 성격 등 몇 가지 매우 뛰어난 장점을 가지고 있습니다."

언쟁의 한가운데서도 블루는 위축되지 않았다. 주 위원회 및 중국인들과 정면충돌을 일으키지도 않았다. 코밑수염 아래 다정한 웃음을 머금고 있는 블루는 모두에게 그들 개개인의 마음속을 꿰뚫어 보고 있다는 인상을 주었다. 조지프 화이트는 블루를 깎아 내리는 소문들이 틀렸다고 인정했다.

그런데 블루가 화이트의 차이나타운 정화를 돕기 위해 와 있는 동안 갑자기 페스트 발생이 뚝 그쳐 버렸다. 조지프 화이트는 미심쩍다는 생각이 들었다. "우리에게 보여 주는 환자들과 검사해 보라고 데려오는 시신들은 분명히 선별된 것들이라고 느껴집니다." 그는 공중위생국장에게 이렇게 보고했다. 진찰이 허락된 환자들은 암이나 다른 고질병을 앓고 있는 경우였다. 심각한 고열에 시달리는 환자는 전혀 볼 수 없었다. 차이나타운의 규모와 인구를 따져 볼 때 그것은 이상한 일이 분명했다. "그들은 우리에게 페스트를 보이고 싶어하지 않고 있습니다."라고 그는 말했다.

차이나타운의 사망 기록에 대해 곰곰이 생각해 보던 화이트는 사망자 수가 정상적인 상황일 때보다도 엄청난 비율로 감소했음을 깨닫고 몹시 놀랐다. "중국인들이 분명히 시체를 감추고 있다는 생각이 듭니다." 그는 위만에게 이렇게 보고했다. 그리고 경찰서장과 함께 새로운 전략에 대해 논의한 후 도박장을 급습하기로 결정했다. 일단 안에서 경찰이 환자가 있나 살펴보고 나서 화이트에게 그 결과를 알려 줄 것이다. 이것은 주에서 임명한 의사위원회가 그에게 선별적으로 보여 주고 있는 극소수의 예 외에 조금이라도 환자를 더 찾아내기 위한 절망적인 계획이었다.

시체들이 인도 밑에 묻혀 있진 않을까? 시 밖에 위치한 어둠의 장막 밑으로 유괴당한 건 아닐까? 화이트는 워싱턴으로 전보를 보내 샌프란시스코 주변 반경 100마일 근방에 불을 붙이게 해달라고 요청하면서 잃어버린 시신들을 찾게 되기를 희망했다.

화이트가 이 문제로 씨름하고 있는 사이, 블루는 듀폰 가 주변의 위생 문제를 점검하는 중이었다. 몇 년 동안 땅주인들이 돌보지 않은 탓에 지하실에 오물과 쥐가 잔뜩 쌓여 있다는 사실을 그는 알게 되었다. 듀폰 가의 '싱파'라는 상점 뒤쪽에서 쓰레기 더미를 쿡쿡 쑤셔 대던 블루는 섬뜩한 기분이 들었다. 싱파 상점은 차이나타운에서 최고의 상점으로 아시아에서 수입한 우아한 상품들이 그득했다. 그에 비해 그 뒤는 너무나 지저분했다. 그는 쓰레기 더미와 그 밑에 숨겨 놓은 70킬로그램 가량의 썩은 고기를 발견하고 움찔했다.

진찰이 허락된 몇 안 되는 중국인 환자들 중에서는 여전히 페스트가 발견되지 않았다. 게다가 주에서 임명한 의사들은 집을 소독할지 혹은 하수구를 훈증소독할지에 대해 매번 연방 정부의 의료진과 의논하겠다고 주장했다. 결국 화이트는 아무 소득도 얻지 못했다. 그는 주지사에게 그가 임명한 의사위원회를 은폐혐의로 고소하겠다는 내용의 편지를 보냈다.

차이나타운의 주민 규모를 고려해 보면 현재의 환자와 사망자 수는 '엉터리이고…… 비상식적인 비율'이라고 그는 표현했다. 화이트는 환자와 시체들이 만 저쪽 너머의 오클랜드나 동쪽으로 100마일 정도 떨어진 새크라멘토로 사라져 버렸다고 추측했다. 게다가 그가 시체를 살펴보고 있을 때면 번번이 게이지 주지사의 조종을 받는 의사들이 부검실로 들어와 조직샘플을 부탁하거나 증상의 의미에 대해 논쟁을 일으키며 노골적일 만큼 사기성이 농후한 진찰방법으로 실력을 겨루어 보자고 졸라 댔다.

화이트는 충분히 겪었다고 생각했다. 그는 주지사가 차이나타운을 정화시키겠다고 워싱턴에 약속한 이후 "내용이 빈약한 동의서를 통해 승낙의 뜻을 전해 오긴 했지만 페스트를 근절시키겠다는 마음이 별로 들어 있지 않아 보입니다."라고 워만에게 전했다.

게다가 화이트는, 페스트가 새로 발견되지 않은 채 6주 만 지나면 게이지 주지사가 페스트는 박멸되었고 정화 운동도 끝이라고 선언할 계획이라는 말을 들었다. 바로 그 목표일인 6월 9일이 거의 다가오고 있었다. 화이트는 위만 국장에게 주와 불명예스런 평화관계를 맺지 말라고 간청했다. 공중위생국은 샌프란시스코의 보건상황에 대해 거짓 건강진단서를 발급해 주지 말아야 했다. 차라리 이 문제를 시 차원 밖으로 끌어내 '캘리포니아 주 스스로가 운명을 풀어가도록' 해 주는 편이 나았을 것이다.

이 긴장된 전쟁 내내 블루는 주의 훼방이나 중국인들의 수동적인 저항에도 별로 화를 내지 않았다. 그는 적들과 정면으로 싸우기보다는 그들의 공격이 비껴가게 만들었다. 매력적인 외모 밑에서 군인의 아들이자 전술가로서의 참모습이 느껴졌다.

화이트는 이제 이 젊은 검역관을 잠재적인 후임자감, 동부에 자유를 돌려줄 수 있을 인물로 평가했다. 화이트는 워싱턴에 보고했다. "블루는 지금까지 맡아 본 임무 중 지금 맡고 있는 일이 가장 흥미진진하다고 말하더군요. …… 그는 매우 선량한 신사이지만 그렇다고 뚜렷한 개성과 행정능력이 부족한 사람이라고 본다면 정말 오해입니다. 오히려 복잡한 갈등을 아주 잘 풀어 나가고 있습니다. 대단한 침착성과 좋은 기질이 행정가로서의 능력과 잘 조화 된……."

화이트의 이런 보증은 블루가 페스트퇴치운동을 승리로 이끄는데 큰 힘이 되었다. 몇 년 뒤 어쩌면 화이트는 서운함을 느낄지도 모른다. 언젠가는 블루가 높은 자리를 두고 그와 경쟁하게 될 테니까.

페스트음모에 가장 관심을 기울이지 않던 샌프란시스코 사람들의 눈이 다른 의학 드라마에 쏠렸다. 5월 13일, 매킨리 대통령이 꽃과 깃발로 장식된 샌프란시스코에 도착했다. 그런데 호화로운 대통령 마차에서 내린 인물은 사람들이 기대했던 최고 지도자의 모습이라기보다 중병에 걸린 영부인 때문에 시름에 젖은 한 남편의 모습이었다. 일간지의 기사에는 영부인이 티푸스에 걸렸다는 한 줄의 암시와 함께 삶이 얼마 남지 않았다고 적고 있었다.

영부인이 라구나 가와 클레이 가의 교차로에 있는 스콧의 저택에 누워 있는 동안 연회는 취소되고 꽃다발들은 시들었다. 대통령은 대부분의 일정을 취소했다. 환호하려고 거리에 나와 있던 시민들은 모자와 손수건을 들어서 조용히 인사했다. 강심제를 먹고 잠시 기력을 회복한 영부인은 남편과 함께 동부로 돌아갔다.

6월 초, 워싱턴으로 돌아가고 싶다는 바람을 승인받은 조지프 화이트 역시 샌프란시스코를 떠났다. 이제 간신히 앞으로 나아가기 시작한 페스트퇴치운동을 감독하면서 계속 머물러 있을 사람은 루퍼트 블루와 그의 두 조수뿐이었다.

예상했듯이 캘리포니아 주지사는 페스트가 더 이상 존재하지 않는다고 선언했고 6월이 되자 페스트 기금의 일부를 샌프란시스코 밖으로 빼돌렸다. 연방 정부 의사들은 떠났고 고삐는 시가 쥐게 되었다. 블루는 6월 22일이면 차이나타운에 대한 철저한 위생학적 조사가 끝날 것이라고 낙천적으로 예상했다. 그러나 그는 은밀하게 본부를 설치했다. 앞으로 있을 더 오랜 공격을 위해 중추신경의 역할을 할 곳이었다. 그는 차이나타운 포츠머스 광장 근처의 작은 골목, 머천트 가에 월세 75달러짜리 건물을 임대해 부검실과 실험실을 꾸몄다. 그리고는 업무를 시작했다.

시체 실종이라는 미묘한 문제가 여전히 남아 있었다. 블루는 장의

차 서비스를 실시하자고 연방 정부에 제안했다. 그는 또 말, 마차 혹은 '시체의 은밀한 제거나 교환'을 예방하기 위해, 한 길로만 운전할 마부 등을 고용하는 데 들어갈 비용을 매달 35달러씩 보내 달라고 공중위생 국장에게 부탁했다. 위만 국장은 이에 동의했다. 하지만 국장은 게이지 주지사에게, 블루 박사와 조수 둘은 그저 아주 조금만 더 머무를 것이라고 약속했다. 위만이 암시한, 인기 없는 페스트퇴치운동의 단계적 철수를 지키기 위해 블루에게는 최소한의 인원만이 주어졌다. 마크 J. 화이트 박사가 환자를 점검하고 도널드 H.큐리에 박사가 부검실과 실험실을 맡았다.

공중위생을 위협하는 것들을 거의 진압한 샌프란시스코 사람들은 이제 그물 침대에 눕듯이 여름 속에 편안히 몸을 기댔다. 상류층 사람들은 샌 라파엘이나 산타크루즈와 같은 휴양지로 떠났다. 시내에서는 티볼리 오페라 하우스에서 여름 시즌을 맞아 〈아이다〉가 공연되었다.

1901년 독립기념일 바로 뒤, 페스트가 차이나타운 홍등가 모퉁이에 다시 돌아왔다. 7월 8일 월요일 밤, 블루 일행은 아스파라거스를 재배하는 농부의 시신을 가지고 페스트 검사를 막 끝낸 참이었다. 실험실의 냄새를 닦아내면서 술이라도 한 잔 하려는 기대에 차 있을 때 호출명령이 떨어졌다. 차이나타운의 작은 집에 고열 환자가 발생했다는 것이었다.

워싱턴 가 845번지 주택에 맨 처음 도착한 사람은 일본인 의사 쿠로자와 박사였다. '요시와라 하우스'는 중국인 구역 한복판에 있는 일본인 매춘굴이었다. 일곱 명의 여자가 아시아인과 전 도시의 단골들에게 기쁨을 선사하는 곳이었다. 그날 밤, 그들 중 세 여자 미요, 시나, 움에가 열과 통증에 시달리면서 지쳐가고 있었다.

시나와 미요의 기모노 밑에는 달걀 크기의 림프선이 골반에서 비어져나와 있었다. 세 번째 환자 움에는 오른쪽 팔 밑이 부어 있었다. 놀란 쿠로자와 박사가 시 의료진 조직망에 연락했고 곧바로 세균학자 H.A. L 리프코겔에게 연락이 취해졌다. 그리고 리프코겔이 다시 루퍼트 블루에게 이 사실을 알렸다.

모두 20대 중반 정도의 일본 태생인 이 여자들은 요시와라 하우스에서 일한 지 일 년 정도 되었다. 빅토리아 시대 말기의 용어로 이런 여자들을 '인메이트inmate'라고 불렀는데, 그들의 직업은 종신형이었다. 어떤 여자들은 가난한 가족들에 의해 팔려 왔고 또 다른 여자들은 일자리를 준다는 말에 미국행을 받아들였는데 결국 알고 보니 매춘업이었다. 이 일에 종사하는 여자들은 대개 젊어서 죽거나 질병으로 쇠약해지고 온몸이 망가졌다.

리프코겔과 시 보건국이 블루 일행을 따라 현장으로 달려왔다. 시 의사들은 리프코겔이 진단을 내릴 수 있을 때까지 다른 인메이트들을 격리시켜 두기 위해 그 집에 봉쇄선을 쳤다. 격리조치에 겁먹은 푸쿠이나키라는 여자가 아래층으로 빠져나가 네 블록 떨어진 파인 가의 한 집으로 도망쳤다.

의사들이 세 명의 매춘부를 검사하기 시작했다. 전형적인 페스트 증상으로 보였지만 확신할 수는 없었다. 시나, 미요, 움에의 혈액 샘플을 재취한 리프코겔은 마차를 잡아타고 수터 가에 있는 자기 실험실로 돌아갔다. 배양과 동물접종실험을 통해 확실한 진단을 하기까지는 며칠이 걸린다. 그때까지 적혈구 응집반응이라고 부르는 빠른 항체 실험을 해 볼 수는 있었다. 그는 여자들의 혈액을 페스트균과 섞어서 스프에 배양했다. 국물 속 입자들이 한데 엉기면 페스트가 존재한다는 의미이다. 혼합액이 응집되었다. '즉시 특징적인 반응'이라고 리프코겔은 기록했다. 이 실험으로 '세 여자가 똑같은 질병을 앓고 있으며 그 질병이 바로 선페스트라는 사실이 거의 확실해졌다.'

범인을 검거했다고 해서 세 여자의 운명이 바뀌지는 않았다. 그들의 병은 너무 진전되어 있어서 치료가 불가능했다. 진찰받은 지 겨우 몇 시간 만에 시나와 미요가 뇌사에 빠졌다. 림프선 출혈로 페스트 독이 혈류를 통해 온몸으로 퍼졌다. 혈압이 급속도로 떨어진 그들은 정신을 잃었다. 흑단 같던 눈동자의 움직임이 그대로 멈추더니 동공이 확장됐다. 7월 9일 새벽 3시경, 두 여자는 죽었다. 열이 40.5도까지 치솟는 그들의 동료 움에 역시 살아나리라고 기대되지 않았다.

정오가 되자 수의로 덮인 미요의 시신이 커머셜 가 부검실로 옮겨졌다. 참관인은 연방 정부 의사와 시 의사들, 그리고 실험실 기술에 대해 독설을 가하려고 서성이는 주 의사들로 이루어져 있었다. 고무 에이프런을 착용한 연방 정부 의사들이 가혹한 병으로 뻣뻣하게 굳은 26세의 미요를 부검하기 시작했다. 흉골에서 치골까지 정중앙을 길게 절개하고 복막을 열었다. 내장 다발을 옆으로 밀고 오른쪽 골반에서 발갛게 부은 림프선을 찾아냈다. 그녀의 비장은 정상 크기보다 두 배나 부풀어 있었다. 배양하기 위해 의사들은 조심스럽게 조직을 추출했다.

오후 3시, 이번에는 시나의 부검을 시작했다. 그녀 역시 26세. '잘 발육되고 잘 성숙한 젊은 여자'였다. 피부가 깨끗하고 성병 증상도 없었다. 좌우 골반의 선혜선종 둘레를 조심스럽게 절개한 후 부어 오른 림프선 다발을 끌어냈다. 그곳에서는 혈액이 스며 나오고 있었다.

얼마 뒤, 접시에서 배양된 샘플들이 세균체로 자라나는 모습을 육안으로 볼 수 있었다. 현미경 밑에 가져다 보니 짧고 끝이 둥그스름한 막대형의 페스트균이었다. 배양균을 주사한 기니피그 역시 선이 부어올랐고 여자들과 같은 운명을 맞았다.

이제 블루는 보건국 암호책을 이용해서 위만 국장에게 실험 결과를 알리는 전보문을 작성해야 했다. "호박 두드리기……." 페스트 진단이 확인되었다.

친구들이 부검실 침대 위에 싸늘하게 누워 있을 무렵 움에는 증상이 호전되어 의사들을 놀라게 했다. 블루는 그녀가 최초로 샌프란시스코에서 페스트를 이겨낸 환자라고 선언했다.

그러나 도망자 푸쿠 이나키는 절망적이었다. 보건국 직원들이 파인 가에서 그녀를 찾아냈다. 그리고는 상태를 관찰하기 위해 차이나타운 매음굴로 다시 데려왔다. 그녀를 차이나타운으로 되돌려 보낸 것에 대해 중국인 신문들은, 연방 정부 의사들은 중국인들이 병들기를 바라고 있으며 모든 페스트를 중국인 동네에 집중시키려 한다고 항의했다. 7월 11일, 이나키는 죽었다. 요시와라 하우스의 기모노와 침구들은 거리로 던져진 다음 소각되었다.

이제 블루는 이 매음굴에 드나들었던 남자들이 걱정되기 시작했다. 쉽지 않은 일이었다. 이 여자들은 병들기 전에 최소한 15명의 남자에게 봉사했으리라고 블루는 추정했다. 그런데 지금까지 한 건도 의심스런 질병이 보고되지 않았다. "정말 수수께끼로군." 그가 중얼거렸다.

블루는 자기 직원들이 한 환자에서 다른 환자로 넘어갈 때마다 할 수 있는 한 최선을 다해 살균을 하려고 매음굴에서 부검실로, 부검실에서 실험실로 허둥지둥 뛰어다니는 모습을 지켜보았다. 포름알데히드와 석탄산 냄새로 여전히 콧속이 매큼한 블루는 위만이 상상했던 것보다 자신이 해야 할 일이 훨씬 많다고 생각했다. 스스로를 보호하기 위해 그들은 정기적으로 서로에게 예르생의 항혈청을 주사했다. 이 방법은 비싸기도 했지만 루엘리스 바커가 겪었던 것 같은 혈청병의 위험도 감수해야 했다. 그러나 라텍스 장갑이나 얼굴보호대 등 현대적인 보호장비도 없이 지속적으로 페스트균에 노출되어 있었기 때문에 다른 방법이 없었다.

블루의 외교술을 시험할 때가 왔다. "한쪽으로는 금고(캘리포니아 주 보건국을 지칭하는 암호), 다른 쪽에는 희극(샌프란시스코 시청 보건국)과 리프코겔 사이에서 매우 힘듭니다." 그는 이런 편지를 썼다. "(주 정부의 의사) 매튜 박사가 우리 실험실의 기술에 대해 불공평한 평가를 가합니다. 같은 식으로 반박하고 싶은 마음을 억누르기가 무척 어렵습니다. 매우 위험한 상황이 발생했고 우리는 오직 진실을 찾으려고 노력하고 있습니다. 저는 그들과 늘 다정한 관계를 유지하려고 노력하겠습니다. …… 우리 임무의 행복과 목표를 위해 잘 참아 왔고 앞으로도 더욱 잘 참아 낼 수 있습니다."

블루는 조지프 키년과 조지프 화이트를 괴롭혔던 부정과 기만의 벽에 충돌했다. 이제 이런 힘들이 그의 임무를 방해하고 켈로그 박사와 리프코겔 박사가 실험에 협조하는 것에 대해 그는 불평했다. 그러나 블루식 대응방법은 정면충돌이 아니라 우회하기였다.

"저는 실험실에서 표본을 다루거나 조작할 때 허용된 선 안에서 공중위생국 직원들에게 유머를 발휘하려고 노력합니다. 그들이 가할지도 모르는 불공평한 평가에 선수를 치기 위한 의도로 그렇게 한 것입니다. 물론 리프코겔과 켈로그 박사가 이 분야의 어느 누구보다도 경험이 많은 안전한 인물들이라고 알고 있지만, 저는 우리의 업무가 지역적인 편견 때문에 불신받는 것을 원치 않습니다." 블루는 워싱턴에 이렇게 보고했다. "그들이 부정하는 것들 중 일부를 양보함으로써 몇 가지 즐거움을 얻을 수 있습니다. 그렇기 때문에 우리는 'qui vive(거기 누구냐)'를 기억하게 되니까요." 군인의 아들인 블루는 프랑스 군인들이 보초근무 중일 때 '거기 누구냐?'는 의미로 사용하는 'qui vive'를 기억하고 있었다.

다섯 명의 새로운 환자와 네 건의 죽음에도 불구하고 신문들은 병의 발생 자체를 아예 무시하고 있는 분위기였다. 그리고 대부분의 샌 프란시스코 사람들은 그들의 여름을 망쳐 놓을지도 모를 위험에 아무런 관심을 기울이지 않았다. 중국 영사 호야우조차 8월에는 외교 업무를 잠시 놓고 새크라멘토에서 이륜마차 경주를 관람하며 휴가를 즐겼다. 저기, 그의 말 솔로가 경쟁자들을 재치고 맨 앞으로 번개같이 달려 나가고 있다. 쓸쓸한 패자들은 솔로를 탄 기수의 비단 승마복에 그려진 용무늬가 경쟁자들에게 최면을 걸었기 때문이라고 변명했다.

오랫동안 쉬지 못하고 괴로움에 시달려 온 시의 노동자들이 늦여름에 폭발하고 말았다. 시의 노동조합에서 진행된 무기명 투표에 의해 7월 29일 총파업이 일어난 것이다. 시의 수송마차 마부들이 하역인부, 화물 운반인 및 선원 1만 5,000명과 함께 해안에서 빈둥거렸다. 항구는 마비되었다. 파업 노동자들은 4열 종대로 행진하며 마켓 가로 내려왔다. 8월이 가는 동안 파업자금과 인내는 바닥났다.

8월 28일, 파업 중인 5백 명의 수송마차 마부들이 비조합원들이 모는 짐마차와 충돌했다. 파업 노동자들은 돌을 던지며 6번 가에서 마켓 가까지 파업파괴자들을 괴롭혔다. 5천 명의 구경꾼들이 이 소동에 환호했다. 폭도들을 해산시키기 위해 특별경찰들이 총을 발사했다. 피투성이의 난투극이 벌어졌지만 사망자는 없었다.

그러나 페스트는 여전히 치명적인 힘이었다. 다음 공격은 8월 말, 차이나타운의 사망자 추도행사가 있던 바로 그때 발생했다. 사람들은 고운 비단 옷으로 갈아입었다. 거리는 등잔과 꽃의 물결이었다. 추도시가 적힌 족자를 불에 태운 후 그 재를 정교한 식탁에 뿌리며 떠나가는 영혼들을 위로했다. 바로 그 다음날 그들이 위로해야 할 새로운 영혼이 또 생겼다.

8월 31일, 28세의 중국인 남자 리몬추의 시신이 페스트 부검실에 도착했다. 전염병이 골반의 선을 파괴하고 폐까지 침입해 있었다. 그는 듀폰 가의 오소 담배공장에서 죽었다. 그곳에서 그는 12명의 남자들과 함께 일했었다. 기침이나 재채기를 통해 리는 그들 모두를 감염시켰을지도 몰랐다. 담배공장은 즉시 문을 닫았고 유황으로 훈증소독한 후 포름알데히드로 씻어냈다. 그러나 의사들이 찾아가기도 전에 사망자의 동료들은 선향에서 피어나는 한 줄기 연기처럼 사라졌다.

노동절 바로 전날, 블루는 몇 가지 개인용무를 처리하기 위해 샌프란시스코를 떠나는 기차에 올랐다. 머천트 가의 부검실과 실험실은 마크 화이트와 도널드 큐리에에게 맡겼다. 그가 없는 동안 페스트 박사들에 대한 모욕이 더욱 거세졌다. 처음으로 샌프란시스코 사람들이 게이지 주지사가 페스트 기금을 엉뚱하게 사용하고 있다는 기사를 읽기 위해 신문을 펼쳤다. 모스라는 탐정이 차이나타운을 순회하는 세균학자 H. A. L. 리프코겔과 연방 정부 의사들을 염탐하고 그 대가로 326.25달러를 받았는데, 그의 탐정사무실에서 주 보건국에서 발급한 영수증이 발견되었다는 기사가 대서특필되어 있었다. 그 기사에 덧붙여 신문들은 과거에 키넌에게 그랬듯이, 리프코겔이 중국인들의 시체에 페스트균을 주사하고 있다는 말을 넌지시 빗대어 떠들었다. "게이지 주지사는 신사 자격이 전혀 없는 인물입니다." 리프코겔이 지역 신문에 말했다. "그가 탐정을 고용해서 차이나타운을 순회하는 내 뒤를 밟았다는 소리를 듣고도 나는 별로 놀라지 않았습니다."

그러나 주 기금으로 염탐을 했다는 이 모욕적인 기사는 3천 마일 밖에서 들려온 충격 사건 소식에 밀려 빛을 잃었다. 뉴욕 버팔로의 팬아메리칸 박람회장 내 음악 사원 안에서 윌리엄 매킨리 대통령이 환영회에 참석하고 있을 때 레옹 촐고츠라는 무정부주의자가 뛰어들어 대통령의 가슴과 복부에 두 발의 총탄을 발사했다. 매킨리는 의식이 남아 있는 상태에서 큰 소리로 기도하고 부인을 위로한 후 미국 국민들에게 용기를 내라는 말을 남겼다. 8일 동안 사투 끝에 결국 그는 상처에 굴복하고 말았다.

9월 14일 오전 2시 15분, 샌프란시스코 소방서는 매킨리가 살아온 햇수를 기념하며 종을 58번 울렸다. 충격을 받은 시민들이 신문사 밖에 모여들었고 소식을 들으려고 열을 올렸다.

루퍼트 블루는 한 달 동안 애도의 뜻으로 팔에 검은 완장을 두르라는 공중위생국장 위만의 명령에 복종하며 적당한 때에 맞춰 샌프란시스코로 되돌아왔다.

벼 / 룩 / 에 / 물 / 린 / 상 / 처

2주 간이나 기차여행에 시달린 블루는 머천트 가의 페스트 실험실과 부검실로 빨리 돌아가고 싶을 뿐이었다. 개인적인 일로 잠깐 자리를 비웠던 그는 어서 싸움터로 돌아가 자신의 문제를 잊어버리고 싶은 모양이었다. "그런 일을 겪은 지금, 전념할 수 있는 일이 있다는 건 오히려 축복이네." 그는 이렇게 동료의사들에게 토로했다.

그와 줄리에트의 결혼생활이 종말에 이르고 있었다. 공중위생국 근무로 인해 이들 부부는 1895년 결혼한 뒤 지금까지 아홉 번이나 이사를 해야 했다. 군인처럼 한 곳에 정착하지 못하는 공중위생의의 생활은 안정된 집도 없고 그에 알맞은 지위조차 없어서 가족들은 고단하기 이를 데 없었다. 계속되는 전근과 적은 보수에 결국 그들의 방랑생활은 7년 만에 이혼이라는 대가를 치렀다. 루퍼트의 어머니는 1895년 그가 줄리에트와 결혼할 때도 낙심하지 않았지만 이번만은 사정이 달랐다. 그가 속한 교회와 신분을 놓고 볼 때 이혼은 부끄러운 일이었기 때문이다. 그러나 그러한 치욕에도 불구하고 1902년 그들은 마침내 부부 생활에 마침표를 찍었다. 그는 아내와 헤어진 뒤 한때 줄리란 애칭으로 부르던 그녀의 모든 흔적들을 자신의 삶에서 없앴다. 편지나 초상화, 사랑했던 젊은 여배우의 기념이 될만한 모든 것들은 이제 가족의 기록이나 편지 그 어디에도 남아 있지 않았다. 마치 그녀의 이름을 깨끗이 제거하면 이혼의 부끄러움이 씻기기라도 하는 것처럼…….

블루는 페스트 발생지역에 뛰어들었다. 밀린 일이 너무나 많았다. 자신이 없는 동안 다른 동료들은 엄청나게 바빴을 것이다. 그러나 적어도 이제 팀에는 중국인 통역사가 충원된 상태였다.

조 화이트는 샌프란시스코를 떠나기 전, 중국 6대 회사에서 오랫동안 간사로 일한 적이 있는 왕충을 해병대병원의 통역가로 잠시 고용했었다. 당시로서는 상당한 액수인 일당 5달러의 보수를 주었다. 이 독립적인 페스트특별감식위원단이 성공적인 활동을 하는 데 왕충은 결정적 역할을 했다. 감식위원들을 차이나타운 깊숙이 안내하여 오직 원어민만이 가능한 접근 경로를 열어 주었던 것이다. 그러나 그는 백인 의사들을 위한 통역 업무를 계속할 생각이 없었다. 조 화이트가 샌프란시스코를 떠나자 왕충은 그 일을 그만두고 마을을 떠나 이후 수주일간 연락을 끊어버렸다.

하지만 연방 정부 소속 의사들은 집요했고 결국 왕충은 그들의 청을 받아들여 그들을 위해 통역사로 일하게 되었다. 1901년 초 차이나타운을 방문한 페스트 전문가들을 위해 잠시 일했던 것과는 달리 이제 그는 워싱턴에서 파견된 의사들을 위한 정규 통역사였다. 그 당시 통역사는 단순한 의사소통에서 문화사절, 백인들과의 협상까지 두루두루 소임이 많았다. (사실, 통역사를 가리키는 용어인 '채눗판'은 글자 그대로 '야만인들 속으로 간다'는 뜻이다.) 이렇게 왕충이 연방 소속의 의료관리들과 함께 일하는 덕분에 차이나타운의 지도자들은 페스트에 대해 연방 정부가 어떤 조치를 취할지 매번 알아 낼 수 있었던 것 같다. 동시에 왕충 역시 페스트가 백인 인종주의자들의 창조물이나 차이나타운의 붕괴를 노린 구실이 아니라 동족을 위태롭게 하는 위험한 병이란 사실을 이해하게 된 듯했다. 통역 일을 수락한 개인적인 동기가 무엇이었든지 그가 맡은 역할은 큰 위험을 수반했다. 주 정부로부터는 견책을 당하고 동포들로부터는 기피의 대상이 될 수 있었기 때문이다.

이 통역사는 의학 및 정치적 지식을 갖추고 있음을 증명했다. 그는 연방 의료진에게 워싱턴 가의 잡화점인 푹룽사의 지하실에 병자가 있음을 귀띔해 주었다. 보도 밑 지하실 침대에 누워 있던 28살의 청년 응챈의 상태는 계속 악화되어 갔고 39.5도가 넘는 고열에 몸을 떨었다. 서혜부에 솟은 호두만 한 혹은 페스트의 증상과 일치했다. 분명히 페스트였다.

그러나 주 정부에서 파견한 의사들에게는 그렇게 보이지 않았다. 성병이라고 진단을 내린 그들은 연방 정부의 의사들에게 협조하지 말라고 했다. 응챈은 피검사도 서혜부 림프선 사진 촬영도 거부했다. 그가 동양인진료소에 입원한 뒤에도 한 번에 대여섯 명씩 문병객들이 찾아왔고 그가 마치 감기환자에 지나지 않는다는 듯 침대 맡에 앉아 함께 담소를 나누곤 했다.

어느 날 저녁 면회시간에 찾아온 환자의 친구들은 주 보건국의 도움을 받아 그를 새크라멘토 강 유역으로 몰래 데려갈 계획을 꾸몄다.

병원의 수위가 왕충에게 이 계획에 대해 알려 주었고 왕충은 이를 마크 화이트에게 경고해 주었다. 화이트는 병실에 감시자를 세워 환자의 탈출을 막았다.

원기회복을 해 준답시고 환자를 야외로 데려가는 일은 반드시 막아야만 했다. 그렇지 못하면 페스트 확산을 막기 위한 모든 조치가 수포로 돌아갈 터였다. 그러나 마크 화이트는 상황이 미묘함을 잘 알고 있었다. 만일 예전에 키년이 했던 것처럼 그가 환자에게 벌을 주거나 꾸짖는다면 중국인들의 신뢰와 호의를 모두 잃게 될 것이었다. 워싱턴에 보내는 편지에 그는 이렇게 썼다. "이곳의 중국인들은 다른 모든 인종과 크게 다르지 않습니다." 덧붙여 말하기를, 존중하는 마음으로 대하면 공중위생이란 대의는 "훨씬 쉽게 성취할 수 있을 것입니다."라고 했다. 소박한 주장이었지만 당시로서는 급진적으로 여겨졌다.

도시의 쥐들은 백인과 동양인을 가로막는 보이지 않는 벽을 계속 뚫어 댔다. 놈들의 다음 희생자는 중년의 백인 선원이었다. 50세의 알렉산더 윈터스는 샌프란시스코 만에서 새크라멘토 하류까지 떠돌며 범선과 거룻배에서 막일을 했다. 그는 젊은 시절 성병 말고는 병을 앓아 본 적이 없는 건장한 사람이었다.

"그때 아그네스 존스 호에서 일하고 있었지. 건초를 실으러 리오 비스타에 갔었어. 건초는 샌프란시스코의 3번 가 아래쪽에 내렸고." 윈터스는 루퍼트 블루에게 말했다. "9월 9일경, 배에서 내리기 전부터 몸이 마구 떨리고 머리가 깨질 것 같이 아팠어. 열도 나고 먹은 걸 다 토해 냈지. 사타구니에 혹도 나 있었어. 끔찍하게 아픈 데다 걷기도 힘들더라고⋯⋯. 다음날 배에서 내렸는데 그 후 이틀 간 앓았지. 어찌나 심했는지 진짜 죽는 줄 알았다니까." 윈터스가 블루에게 한 말이다.

그는 다행히 살아 남아 이 말을 할 수 있었다. 그러나 의사들은 오히려 혼란스러울 뿐이었다. 윈터스가 발병했을 때쯤 그가 탔던 배는 이미 출항한 뒤였다. 연방 의료팀은 3번 가 149번지에 있는 선원들의 숙소인 프랑스 하우스로 갔다. 그가 병을 앓는 동안 묵은 곳이었다. 그런데 다른 투숙객들은 모두 건강했다.

블루는 난처했다. 윈터스는 차이나타운에 전혀 간 적이 없었다. 그러므로 이번 사례는 페스트가 생각보다 훨씬 널리 퍼져 있다는 암시일 수 있었다. "선창가까지 병이 퍼져 있진 않을 겁니다. 그보다 이번 경우는 차이나타운에서 원인을 찾는 게 나을 것 같습니다." 블루는 공중위생국장 위만에게 말했다. 항구 역시 차이나타운에 버금갈 정도로 많은 쥐들이 살았기 때문에 그곳이 감염되었다면 그야말로 엄청난 재앙일 것이었다. "만일 도시의 가장 열악한 두 지역이 모두 감염된다면 페스트를 없애는 일은 전혀 불가능합니다. 또 병이 끝없이 계속될 위험도 커지게 됩니다."

블루가 알렉스 윈터스의 수수께끼를 풀기도 전에 또 다른 환자가 발생했다.

마르그레테 사거는 53세의 기혼 주부로 브로드웨이 가 유로파 호텔에 살았다. 그녀는 세탁부였다. 트럭 운자사인 남편과 아들은 차이나타운으로 들고나는 물건들을 운반했다. 9월 23일, 사거 부인은 전신에 힘이 빠지고 구토를 했으며 오한으로 온몸을 떨었다. 다음날은 두통과 함께 체온이 급상승해 정신마저 혼미해졌다.

독일계 병원에 입원했을 때 그녀의 체온은 39.5도였다. 촉진을 통해 골반의 종기를 발견한 의사들은 그녀를 격리시켰다. 9월 27일, 환자는 사망했고 필사적인 원인 색출작업이 새로 시작되었다. "이 환자가 감염된 경로를 찾기는 어려울 것 같습니다." 블루는 그 주에만 벌써 두 번째 이렇게 워싱턴에 보고했다. 트럭 운전사인 그녀의 남편과 아들은 전혀 이상이 없었다. 그녀에게 세탁을 맡긴 유로파 호텔의 투숙객들 역시 마찬가지였다. 그래서 블루는 차이나타운의 물건과 더러운 세탁물은 감염의 원인에서 배제했다.

그는 상사에게 이렇게 썼다. "그런데 환자와 가족들이 살던 유로파 호텔은 차이나타운에서 북쪽으로 겨우 한 블록 떨어져 있습니다. 쥐들이 이주하기에 별로 멀지 않은 거리죠."

마침내 실마리가 나타났다. 사거 부인의 감염원인은 차이나타운에서 가져온 짐이나 더러운 세탁물 때문이 아니었다. 음식이나 흙먼지 때문도 아니었다. 감염의 매개체들은 막을 수도 격리시킬 수도 없는 존재였다. 왜냐하면 놈들은 움직였기 때문이다. 담벼락에 숨어 있다가 이 집 저 집 몰래 옮겨 다녔던 것이다.

지난 수세기 동안 병든 쥐는 페스트의 전조로 여겨져 왔다. 그러나 병든 쥐가 어떻게 인간에게 재난을 일으키는지는 여전히 수수께끼였다. 그러던 중 인도에서 활동하던 파스퇴르 연구소의 폴 루이 시몽이 이런 이론을 내놓았다. 인간과 쥐에게 나타나는 페스트의 원인이 같다는 것이었다. 우리가 찾고 있는 연결 고리는 바로 벼룩이라고 했다. 1897년, 그가 행한 실험은 간단하지만 명쾌했다. 그는 두 마리의 쥐를 우리 속에 분리시켜 가두었다. 한 놈은 페스트에 걸린 쥐였고 나머지는 건강한 쥐였다. 두 마리 쥐는 신체 접촉이 불가능했지만 격자를 만들어 놓아 벼룩의 이동은 가능했다. 병든 쥐가 죽자 벼룩들은 죽은 놈을 떠나 격자를 통해 옆 우리에 사는 건강한 쥐에게 옮겨 갔다. 벼룩이 새로운 숙주의 피를 빠는 순간 페스트균이 그 속으로 침투했다. 6

일 내로 두 번째 쥐 역시 죽었다. 놈의 피는 페스트균으로 그득했다.

그러나 의료계 회의론자들은 그의 이 귀중한 발견에 대해 조롱만 보낼 뿐이었다. 앞으로 병에 걸리게 될 환자들에게는 불행한 일이었다. 여전히 페스트는 피부가 검은 외국인들에게 내려진 벌로 여겨졌다. 1906년, 인도 주재 영국 페스트조사위원회가 시몽의 발견을 승인할 때까지 이런 선입관은 계속되었으며 조사위원회의 승인이 있은 후에야 의료계는 치명적인 페스트의 전염을 촉발하는 매개로 벼룩의 역할을 인정하게 되었다.

1900년, 샌프란시스코에서 페스트가 일어난 건 시몽의 발견이 있은 지 3년이나 지난 뒤였다. 그 해 시드니의 과학자들은 벼룩의 위에서 페스트균을 발견해 시몽의 이론에 신빙성을 더했다. 그러나 두 발견이 하나로 합쳐졌을 때 폭발적인 충격은 그보다 훨씬 시시한 이론들의 바다에 휩쓸려 침몰했다.

공중위생국장 월터 위만은 1900년 1월 페스트에 관한 연구논문을 발표했다. 여기서 그는 여러 가설들을 검토했는데, 먼지를 들이마시거나 오염된 음식, 물을 섭취할 경우 또는 오염된 집안의 물건들을 만져도 병에 걸릴 수 있다고 했다. 쥐 한 마리당 5페니히(독일 화폐단위—역자 주)의 상금을 걸어 성공을 거두었던 독일의 쥐포획사업을 인용한 대목은 사태의 본질에 상당히 가까이 다가간 부분이었다.

"잘 알다시피 벼룩은 자신이 기생하던 쥐가 죽어 몸이 식으면 바로 떠나 버립니다. 그리고 이 놈들이 다른 쥐의 피를 빨면서 병을 옮긴다는 가설은 상당히 신빙성이 있습니다."라고 그는 논문에서 밝혔다. 그러나 이렇게 문제의 핵심에 접근했던 그는 곧 뒤로 물러섰다. "해충이 피를 빠는 과정은 아주 작은 역할만을 합니다."라고 결론지었던 것이다. 결국 위만 국장은 페스트의 원인을 인종적 특성에서 찾았는데 가난한 생활과 채식 위주의 식단 때문에 페스트가 주로 동양인들에게 발생한다는 이론이었다.

그런 와중에도 샌프란시스코의 쥐들은 번식과 확산을 계속했다. 피부색이나 과학적 풍조와는 별 상관없이.

탐 / 정 / 왕 / 충

차이나타운의 지도 위로 새로운 환자 발생과 사망을 표시하는 붉은 원과 검정색 십자가 표시가 늘어 갔다. 시 보건국은 도움을 주려 애썼지만 주 보건국은 매번 블루의 앞을 막았다.

주 보건국 서기인 매튜스 박사는 머천트 가의 실험실로 쳐들어와 연방 의료진에게는 캘리포니아 주에서 의료행위를 할 권한이 없다고 소리쳤다. 만일 계속 페스트를 진단하고 다닌다면 환자들에게 접근하지 못하도록 막겠다고 위협했다.

블루는 화를 참지 못했다. "무례하고, 무관심하기 이를 데 없더니 이젠 간섭까지 합니다. 사람들의 목숨이 위태로운 지경인데 말입니다." 그는 위만 국장에게 보내는 편지에 이렇게 썼다.

주의 적대적인 반응 때문에 통역사인 왕충에게 갈수록 더 의존하고 있는 형편이라고도 말했다. 단순한 통역사에서 병을 뒤쫓는 탐정으로 발전한 왕충은 블루의 조사에 활기를 주었다. 주 보건국은 이 점이 별로 달갑지 않았다.

마크 화이트는 근심스런 표정으로 블루에게 말했다. 왕충이 연방 의료진에게 환자 발생 사례를 보고하는 것을 두고 주 정부를 돕는 두 명의 내과의사 윌리엄 로러와 엘머 스톤이 비방을 하고 있다는 것이었다. 그들은 연방 소속 페스트 의료진이 파견된 것은 차이나타운을 억압하기 위해서라는 말을 거리 곳곳에 퍼뜨렸고 연방 의료진을 돕는 왕충은 배신자라고도 했다. 또한 왕충에게 "누군가에게 살해당할 것이다."라는 위협까지 했다고 화이트는 말했다.

의심의 여지가 없었다. 바바리 연안은 자기 머리 위로 공중위생의 대포를 겨누고 있었다. 그러나 캘리포니아 주와의 심한 불화 중에도 루퍼트 블루와 마크 화이트는 엄격한 격리 규약 중 일부를 완화해도 된다는 것을 알았다. 페스트균에 대해서는 추호의 관대함을 보이지 않는 그들이었지만, 병의 희생자들에게는 관용을 베풀기 시작했다. 조지프 키년과 조지프 화이트가 중국인들을 거짓말쟁이로 본 반면, 루퍼트 블루와 마크 화이트는 이들이 달아나는 것은 두려움 때문이며 그러한 회피로 인해 더 큰 위험에 처해 있다고 보았다.

"격리에 대한 두려움을 없앤다면 중국인들의 적대감은 반으로 줄어들 겁니다." 블루는 워싱턴에 이렇게 보고했다. 이후 그는 병이 발발하면 환자가 살던 가옥에 대해 재빠른 방역작업을 실시, 환자의 직계 가족만을 격리시켰고 주민들이 정상 생활에 돌아갈 수 있도록 수일 내로 주변 지역을 개방했다. 그러나 의심은 쉽게 사라지지 않았다.

"중국인 보균자를 잡기는 거의 불가능합니다. 어떻게 아는지 중국인들은 주변에 의심스런 환자가 발생하면 어디론가 가 버립니다. 숙주의 몸이 식기도 전에 떠나 버리는 벼룩처럼 말이죠. 의료진의 지시 사항을 완전히 무시하는데도 우리는 그들에게 어떤 법적 제재도 가할 수가 없습니다. 아직도 우리는 주나 중국인들과의 사이에서 생길지도 모르는 마찰을 피하기 위해 죽은 듯이 일하고 있습니다."

같은 편지에서 블루는 페스트의 예측 불가능성에 대해 경고했다. "현 상황으로는 페스트에 대해 어떠한 개괄적 설명도 불가능합니다."

매일 아침, 블루와 화이트는 옥시덴틀 호텔을 나와 걷거나 전차를 이용하여 북쪽으로 6블록 거리에 있는 차이나타운으로 갔다. 만에서 불어온 소금기 머금은 바람이 커피 향, 빵 만드는 효모 냄새, 짐마차의 말들이 남겨놓은 퇴적물 냄새 등 아침 냄새를 퍼뜨렸다.

클레이 가와 카니 가의 모퉁이를 지나 텔레그래프 언덕 앞에 이르면 블루와 화이트는 북쪽으로 반 블록을 더 지나 머천트 가의 좁은 골목길로 들어갔다. 그리고 실험실 문을 통과한 뒤 소독 증기를 쐬었다. 그 증기 속엔 사향 냄새가 나는 동물실험실의 온기가 섞여 있었다. 1901년 가을, 부검실은 꾸준히 고객을 맞고 있었고 그날도 예외가 아니었다.

영구차 마부는 들것 위에 놓인, 수의를 입힌 시체를 향해 고갯짓을 했다. 블루가 담요를 걷어 보니 중년의 남자 노동자가 누워 있었다. 안색이 흙빛이었고 턱 아래에는 유행성이하선염인 듯 여러 개의 혹이 솟아 있었다. 40세의 이민 노동자인 추반유엔은 지난 시즌 알래스카의 생선 통조림 공장에서 일한 뒤 막 돌아온 참이었다. 몸은 극도로 쇠약했고 염증을 동반한 목의 극심한 통증과 함께 쓰러졌다. 친구들이 전통 치료사로부터 향유를 가져왔으나 전혀 효과가 없었다. 9월 29일, 그는 웨이벌리 가의 햇빛도 들지 않고 악취만 나는 공동주택에서 죽었다.

신문은 다가오는 시장선거에 대한 기사들로 가득했다. 모두들 페스트에 대해선 화제로 삼길 피했다. 선거운동의 이슈는 노동과 경영에 관한 것들뿐이었다. 여름철 파업 이후 샌프란시스코 시민들, 특히 노동자들은 감정이 상한 상태였다. 그들은 신당이 나타나 노동문제에 대한 진보적 입장을 약속할 경우 쉽게 넘어갈 게 뻔했다. 정계의 실력자인 에이브러햄 루프와 사교계의 상냥한 바이올린 연주자로서, 루프가 발탁한 시장 후보자 유진 슈미츠가 이런 기회를 놓칠 리 없었다.

슈미츠는 대중 연설을 해 본 경험이 없었다. 그러나 그는 빅토리아 시대의 아도니스(비너스 여신이 사랑한 미소년—역자 주)였다. 검고 숱이 많은 머리를 뒤로 모두 넘기고 턱수염을 기른 매력적인 외모의 소유자였던 것이다. 루프가 선거운동에 필요한 참모진과 자금을 댔다. 페스트란 말은 한 번도 언급하지 않은 채 이 새로운 노동연합당의 후보자는 단숨에 선두로 도약했다.

머천트 가의 실험실에서 선거전을 지켜보는 공중위생 팀의 심기는 편치 않았다. 11월 5일 선거 당일, 날이 저물자 카니 가와 마켓 가에 군중들이 모여들었다. 폭죽의 색깔이 승자를 알려 주게 되어 있었다. 붉은색은 민주당, 흰색은 공화당, 그리고 초록색은 노동당을 의미했다. 취주악단이 연주를 시작했고 중간중간 불꽃이 터졌다. 불꽃이 쏟아지자 군중들은 지폐색으로 빛났다. 그 가운데 슈미츠가 시장으로 발표되었다. 마켓 가 남쪽 노동계층의 주거지역은 몰아치는 기쁨으로 출렁였다.

그러나 그 기쁨은 오래 가지 못했다. 일단 정권을 잡은 노동연합당은 공약보다는 권력에 더 신경을 썼다. 이제 시장의 대리인이 된 에

이브 루프는 완벽한 부정축재기술을 구사하기 시작했다. 그는 술집에서 몇 시간씩 보낸 뒤에 압생트 술 한 잔을 기울이며 추종자들이 올린 보고서들을 받아 보았다. 공익사업체, 도박장, 복싱 클럽, 매음굴 등에 법정 사업허가를 내주는 대가로 백만 불을 요구하라는 내용이었다. 말하자면 뇌물을 받으라는 것이었다.

시에서 보기에 공중위생 부문은 다른 풍요로운 광맥들에 비해 수익을 거의 거둘 수 없는 광맥이었다. 선거를 전후로 수주일 간 쥐벼룩의 공격이 이어졌고 차이나타운에서는 일곱 명의 새로운 환자가 나타났다. 이중 이발사, 신기료 장수, 여송연 제조자, 철물상 등은 크리스마스가 되기 전 부검실로 오게 될 운명이었다.

몇몇은 운이 좋았다. 병의 증세가 경미했던 것이다. 후이진의 경우도 그랬다. 마크 화이트는 그의 생체조직을 현미경으로 조사해 보았는데 페스트가 분명했다. 그러나 주 의료진은 성병으로 진단했고 후이진이 격리를 풀어 달라는 소송을 냈을 때 그의 요구를 지지하며 도왔다.

후이진은 페스트를 가볍게 털고 다시 일어났다. 그러나 인신보호영장과 관련된 사례들로 인해 주와 연방 정부의 갈등은 심화되었다. 이에 대해 새 시장은 입을 다물었다.

날씨가 추워지자 페스트는 주춤했다. 우기에 앞서 한바탕 싸늘한 바람이 분 뒤 쥐들은 땅 밑 따뜻한 지하실과 하수구 속으로 숨어 들었다. 봄이 되어 놈들이 다시 사람들의 거주지로 돌아올 때까지 페스트는 그곳에서 눈에 띄지 않게 곪아갈 것이었다.

전염병이 동양인 지역에서 겨울을 나는 동안 샌프란시스코의 백인들은 근심에서 해방되었다. 파업이 해결되고 선거가 끝남에 따라 무대의 중앙은 가을철에 열리는 예술공연과 운동경기가 차지했다. 오페라 시즌을 맞아 프리마돈나들이 도시로 모여들었다. 시빌 샌더슨은 〈마농〉의 주인공을 연기했고 어네스틴 슈만 하인케는 〈발퀴레〉에서 깊은 콘트랄토 음을 토해냈다.

에마 임스는 〈로엔그린〉의 주인공 역을 완벽히 소화해 내 3,300명의 관중들로부터 환호를 받았다. 공연 후 그녀는 하루 시간을 내 차이나타운으로 모험을 나섰다. 진주 상인, 생선 장수 옆으로 차를 타고 지나는 동안 그녀는 광채와 불결함이 혼재하는 거리의 기운을 흠뻑 마셨다. 그녀는 듀폰 가의 한 식당에서 차를 마신 뒤 팰리스 호텔 스위트 홈으로 달려와 동료 가수들에게 차이나타운에 가 보라고 열심히 권했다. 보건국 관리들은 페스트의 확산 정도를 완전히 파악하지 못한 상태에서 이 지역에 관광객이 방문하는 것에 대해 마음이 불편했을 게 분명하다. 그런데도 이 프리마돈나가 차이나타운을 방문할 당시 그들은 어떤 말도 하지 않았다.

루퍼트 블루는 웅장한 오페라를 매우 좋아했지만 한가한 저녁이면 아름다운 노래보다는 복싱시합을 더 즐겼다. 프로모터들이 '주먹의 예술'이라고 선전하는 복싱은 도시적인 운동이었다. 대중은 '링 위의 신사 짐 코벳' 같은 선수들을 우상으로 여겼다. 코벳의 건장한 체격은 그의 근육 측정치와 함께 각 스포츠 잡지마다 실렸다. 그가 보여 주는 링 위의 시합과 격정적인 애정행각은 늘 뉴스 거리였다. 돌팔이의사들은 약골들에게 근육질로 바꾸어 준다며 전기벨트를 팔았다.

한쪽에서는 실크 모자와 흰 담비 망토로 한결같이 꾸민 사람들이 오페라의 호화로운 관람석에 자리하는 동안, 다른 한쪽에서는 7,000명에 달하는 복싱 팬들이 라킨과 그로브 가의 동굴 같은 미캐닉스 파빌리온 경기장 안으로 꿈틀거리며 들어갔다. 최저 2달러, 최고 20달러짜리 입장권 한 장이면 관중들은 인기 최고의 짐 제프리스가 도전자 거스 룰린을 혼내 주는 모습을 볼 수 있었다. 감미로운 가스등은 너무 흐렸다. 80개의 새로운 아크등에 불이 번쩍 들어오자 링 위는 '대낮보다 훨씬 밝은' 조명빛으로 넘쳤다.

제프리스는 '씩' 웃으며 껌을 씹었다. 로프를 뛰어넘어 링 위로 올라선 그는 5회 만에 상대를 해치웠다. 관중들이 경기장을 빠져 나가는 동안 그들의 발 밑에서는 땅콩 껍질이 버석거렸고 맥주 냄새가 진동했다. 모두들 승부는 이미 정해져 있었다며 투덜댔다. 『크로니클』지의 기사 내용은 이랬다. "관중들은 모두 분개했다⋯⋯."

선조들이 모두 180센티미터 이상의 장신이었던 블루는 헤비급 체격을 타고 난, 열성적인 아마추어 복서였다. 링 위의 신사 짐 코벳이 샌프란시스코를 방문했을 때 블루는 그를 만나기 위해 손을 썼다. 코벳은 손잡이 모양의 검은 콧수염을 기른 남부 출신 의사에게 이렇게 말했다. "링 밖에선 할 말이 없소. 날 찾아오면 한 번 붙어 주겠소." 링 바닥에서 올라오는 냄새를 맡으며 관중들 속에 있으면 블루는 기운이 솟았다.

시합을 구경하거나 연습 상대로 뛸 때면 일에서 오는 좌절감이 말끔히 사라졌다. 제프리스와 룰린의 시합처럼 그의 일 역시 불공평한 싸움이었다. 블루의 편에는 오직 의학만이 있을 뿐인데 도시의 정책, 자금 그리고 극단적인 인종주의는 모두 연맹해서 그의 반대편에 서 있었다. 승산이 없는 싸움은 용기를 잃게 했다.

1901년, 추수감사절의 평화가 차이나타운에서 깨졌다. 중국인 비밀결사대 한 명이 어떤 소녀의 팔찌를 훔쳐 저당을 잡혔다. 이 단순 절도사건은 경쟁관계의 갱들 간에 유혈이 낭자하는 싸움을 일으켰다. 분명 도시에는 차이나타운 외에도 우범지대가 많았다. 그러나 백인 언론계의 주장에 따르면 십여 명 이상이 살해당한 이번 사건은 중국인이민금지법을 되살릴 충분한 명분이 된다고 했다.

1901년, 갱들 간의 전쟁으로 사망한 수는 모두 14명이었다. 그러나 페스트로 죽은 사람은 그 해에만 20명이 넘었다. 페스트는 갱들의 폭력보다 더 치명적이었으며 소리 없이 일을 해치우며 다니는 연쇄살인범이었다. 그런데도 이 점잖은 도시는 그 이름을 결코 입 밖에 내지 않았다.

차이나타운은 이민금지법안 추진운동에 가속이 붙는 것을 주의 깊게 지켜보았다. 중국 6대 회사는 반反중국인법안을 무찌르기 위해 전 주민 1달러 기부운동을 펼쳤다. 차이나타운의 일간지 『충사이예포』지의 사무실에 모여 이민금지법안 추진운동을 지켜보는 기자와 편집자들의 불안감은 점점 커졌다. 페스트의 여러 차별적 사례들을 다루었던 응푸추는 미국인의 정신을 바꾸려 애쓰는 동부 연안의 개혁운동에 대해 전국적 규모의 위협이 시작되고 있음을 감지했다.

추 신부는 지방을 돌며 중국시민의 입장을 대변했다. 그의 연설은 항상 엄선한 찬송가들로 시작되었다. 그의 주장은 대담했다. 그는 동양 무역의 발전은 미국에게도 필요하기 때문에 중국인이민금지법은 폐지해야만 한다고 했다. 35세의 나이에 서양식으로 자른 머리 스타일과 짧게 다듬은 콧수염, 풀 먹인 흰 셔츠 차림의 추 신부는 청중들에게 차이나타운에 대해 새로운 인상을 심어 주었다. 그는 깡패나 아편중독자, 또는 연재만화에 등장하는 쿨리가 아니라 고등교육을 받고 전문직에 종사하는 중국계 미국인이었던 것이다.

그러나 그의 메시지에 귀 기울이는 이는 거의 없었다. 중국계 노동력을 쫓아내라며 끈질기게 요구하는 단합된 목소리에 그의 주장은 묻히고 말았다. 일간지의 엉성한 주장과는 달리 루스벨트의 이민금지법 관련 연설은 명쾌했다. 갈색 가죽표지에 황금색 글자가 새겨진 연설문의 내용은 이러했다. "미국의 노동계층은 현재 이 나라에 존재하는 타민족 노동자들로부터 보호받아야만 합니다. 그들은 궁핍한 생활로 인해 미국인 노동자에 훨씬 못 미치는 임금으로도 노동력을 제공합니다. 그렇게 해서 미국인 노동자들의 임금마저 그들 수준으로 끌어내립니다." 루스벨트의 연설은 이런 결론을 내렸다. "이와 같은 견지에서 나는 중국인 노동자들을 추방하는 법안을 즉시 되살리고 강화해야 할 필요가 있다고 봅니다."

부커 워싱턴과 함께 식사를 나누며 흑백 간의 장벽을 낮추었던 대통령이 이제는 그 멋진 연단을 이용하여 중국인 추방을 설교한 것이다. 패배한 추 신부는 전염병과 추방이란 열병에 이중으로 감염된 차이나타운으로 돌아왔다.

루퍼트 블루가 한적한 밀워키의 근무지를 떠나 페스트를 없애기 위해 샌프란시스코로 파견된 지 9개월이 지났다. 수십 건의 생체조직을 분석한 결과, 12건의 페스트를 확인하고 차이나타운을 정화한 지금 그는 페스트와의 싸움에서 기껏해야 정치적인 교착 상태에 도달했을 뿐이었다. 그는 냉정하고 단정한 문체로 주간 보고서를 작성, 위만 국장에게 보내곤 했다. 그 보고서는 페스트 환자 발생과 사망자 현황, 생체 조직검사 및 각종 실험결과 등을 알리는 것이었다. 매번 주 정부의 방해가 있었지만 그는 학자다운 냉정함을 유지하고 혼돈상태 와중에도 중심을 잃지 않으려 애썼다.

그러나 1901년이 끝나갈 무렵, 블루는 위만 국장에게 중서부로 귀환하고 싶다는 희망을 편지에 써 보냈다. 그곳에는 간섭이나 방해하는 사람이 아무도 없었다. 미시간 호 주변 근무지에서는 주 보건국 인사들로부터 아무런 방해도 받지 않고 맡은 일을 완수할 수 있었다. 그해 말, 위만은 밀워키로 돌아가게 해 달라는 블루의 요청을 허가했다. 그러나 그가 샌프란시스코의 재앙으로부터 떠나 있는 시간은 그저 잠시뿐일 것이 분명했다. 샌프란시스코의 페스트는 휴가를 몰랐던 것이다.

1902년 설날 바로 직전, 스톡 가의 쓰레기통에서 죽은 쥐가 발견되었다. 마크 화이트는 고대의 예언자처럼 쥐의 시체를 갈라 간을 들여다보았다. 페스트균이 새해를 맞이하고 있었다. 해가 바뀌자 화이트는 페스트를 총괄 책임지게 되었다. 놈은 숨바꼭질이라도 하듯 드문드문 나타났다가 다시 사라지곤 했는데 숨어 있는 동안이 더 섬뜩했다.

다른 분야에서 1902년은 진보의 해를 약속했다. 마르코니는 무선 전신기를 통해 대륙간 메시지 전송이 가능한 세상을 예측했다. 의사들은 눈에 보이지 않는 'X-선'을 사용하여 암을 치료할 수 있을 것이라고 했다. 1902년 새해 첫날, 샌프란시스코 시민들은 『이그제미너』지에 실린 소설가 쥘 베른의 과학적 예언들을 읽었다. 그는 뉴스의 전달에 공중파가 사용될 것을 예언했다. 전기가 밤을 쫓아내고 24시간을 환하게 밝힐 것이라고도 말한 그는, 인간은 절대 날지 못할 것이라며 오직 비행기에 대해서만 회의적일 뿐이었다.

샌프란시스코의 종단면도는 아찔한 높이까지 올라갔다. 건축가들은 노브 힐에 세울 석조 건물의 설계도를 그렸다. 페어몬트 호텔이 될 건물이었다. 개발업자들 역시 캘리포니아 가에 세울 강철 구조로 된 새로운 고층 건물의 청사진을 발표했다. '무역상거래소' 건물이었다. 그들은 새로운 타워들 모두 지진과 화재에 견딜 수 있다며 자신했다.

이 주장은 곧 시험대에 오르게 된다.

차이나타운은 음력 새해의 도화선을 밝혔다. 그러나 폭죽이 악마들을 쫓아낼 순 없었다. 호야우 영사는 선거전에만 몰두하여 이민금지법에 맞서는 데 소홀했다는 비난을 받고 해임되었다. 12살 난 여학생 케이티 왕힘은 시의 백인 학교 여러 곳에 입학 희망서를 냈으나 황인종이라는 이유로 거부당했다. 쥐들은 여전히 자유롭게 주변을 돌아다니고 있었다. 마크 화이트는 '전염병이 확산될 것'이라고 예견했다.

머천트 가의 실험실에서 포름알데히드와 석탄산 증기에 싸인 채 화이트는 곰곰이 생각해 보았다. 페스트가 리듬을 타듯 발생과 잠적을 반복하는 현상을 어떻게 해석해야 할까? 페스트가 뿌리 뽑혔다가 다시 유입된 것인가? 숨어서 눈에 띄지 않게 병을 퍼뜨리고 있는 것일까? 아니면 페스트로 죽은 사람들의 시체가 건조 물품 상자에 실려 배를 타고 차이나타운 밖으로 나와 새크라멘토 강 유역에 몰래 매장되고 있는 것일까? 화이트는 세 가지 현상이 동시에 발생하고 있을 가능성이 가장 크다는 생각에 두려웠다.

화이트는 새 시장인 유진 슈미츠에게 현 상황을 간략히 보고하여 페스트와의 전쟁에서 시의 도움을 받고자 했다. 그러나 그에겐 기회가 오지 않았다. 3월 25일 오후 5시, 시청 지붕 너머로 해가 질 무렵 슈미츠 시장과 에이브 루프가 시의 보건국으로 갑자기 들이닥쳤다. 예방접종을 하고 있던 의사는 깜짝 놀랐다.

"시 보건국은 이제 이 신사 분들이 맡을 것이오." 슈미츠는 그를 뒤따라 온 4명의 의사들을 가리키며 요란스럽게 말했다. "샌프란시스코에 페스트는 없소." 시장의 말이었다. 그는 보건국이 페스트란 진단으로 "샌프란시스코 시와 시민들에게 손해를 끼쳤고 권리를 침해했다."라고 소리쳤다. 다음날 아침, 신문은 시장의 조치에 박수를 보냈다. 청문회도 열지 않고 위원들을 해고한 것에 대해 판사 한 명이 이의를 제기했으나 슈미츠 시장과 루프는 자신들의 조치를 관철시키기 위해 오히려 법원을 고발했다.

그러는 동안에도 페스트의 잠행은 계속되었다.

5월 19일 오후, 중국 6대 회사의 벨이 울렸다. 통역사인 왕충이 전화를 받았다. 워싱턴 가 『혼 홍』지 사무실에 시체 한 구가 있다는 전화였다. 죽은 사람은 46세의 리 몽이라는 편집자였고 그가 죽은 시각은 오후 1시였다. 전화기 너머의 겁에 질린 듯한 목소리가 왕충에게 누구를 위해 일하냐고 물었다.

"워싱턴에서 온 의사들을 위해 일합니다." 왕충은 대답했다. 이 말에 상대방은 사망 사건에 대해 주 보건국과 중국 6대 회사의 담당의인 엘머 스톤에게 알려야 한다며 전화를 끊어 버렸다.

주 의료진은 시체 인도 거부, 허위 사망진단서 발급, 환자들에 대한 침묵 종용 등 방해 공작을 날마다 펼쳤으며 거기엔 언제나 주지사인 게이지의 지문이 묻어 있었다.

마크 화이트는 서둘러 위만 박사에게 편지를 썼다. 주 보건국이 중국인들의 시체를 숨기는 데 협조하고 있는지 밝힐 수 있도록 정보국의 도움을 구하라는 내용이었다. "스톤 박사가 그렇게 비열한 짓을 했을지 의심하게 되어 유감스럽지만, 솔직히 충분히 그럴만한 사람입니다."

스톤 박사의 상관인 게이지 주지사는 자신의 정치 생명이 걸린 싸움을 벌이고 있었다. 지난해 파업으로 인기가 많이 떨어진 상태에서 또 다른 스캔들이 터졌다. 게이지는 죄수들이 만든 가구로 집안을 꾸몄다는 혐의를 받았다. 5월 24일과 26일자 『콜』지는 그가 세인트 쿠엔틴 감옥의 사기 사건과 모종의 관련이 있다는 폭로기사를 실었다. 다마스크 천과 숙녀의 나이트가운들이 감옥 안에 조달된 것으로 기록되어 있는데 감옥의 비품으로 어울리지 않는 것들이라는 내용이었다. 게이지는 『콜』지를 고소했다. 이에 신문사는 맞고소를 하여 판사로부터 주지사 체포영장을 얻어냈다. 공화당 측은 우스꽝스런 사태에 진력이 났다. 마침내 공화당의 거대 세력인 남부태평양철도회사는 새로운 주지사 후보에서 게이지를 탈락시키고 오클랜드 출신의 안과의사인 조지 파르디를 선택했다.

정치 생명이 기울어 가는 와중에도 게이지의 오만은 여전했고 페스트에 대한 그의 태도 역시 변함이 없었다. 위생국 국장과의 협상 중 일부인 차이나타운 정화작업에도 그는 돈을 거의 쓰지 않았다. 3천만 평방 피트에 해당하는 차이나타운의 건물들을 훈증소독하는 데 겨우 3백 파운드의 유황만을 사용했을 뿐이었다. 그곳들을 제대로 소독하는 데 필요한 양은 30톤이었다. 그것은 엉터리 방역이었고 쇼에 불과했으며 쥐와 벼룩은 전혀 사라지지 않았다. 그런데도 게이지와 스톤 박사는 연방 의료진의 임무는 끝났으며 이미 오래 전에 멈추었어야 한다고 말했다.

그러나 연방 의료진은 손을 떼지 않았다. 사실, 공중위생국의 사명은 그 영역을 넓히는 데 있었다. 월터 위만 밑에서 미국 해병대병원의 이름은 미국 공공위생해병대병원으로 바뀌었다. 페스트와의 전투가 선상 조사에서 도시 전역 조사로 확대되었듯이 이제 이 단체는 병든 선원들을 치료하는 의료 집단에서 전 지역을 휩쓴 전염병에 맞서는 공공보건기구로 발전했던 것이다.

연방 의료진이 현장에 계속 머문 것은 정말 다행이었다. 왜냐하면 1902년 여름, 페스트가 다시 되돌아온 것이다. 수개월 간의 잠복기 이후 드디어 밖으로 나온 쥐들은 굶주린 벼룩들을 잔뜩 달고 있었다. 갑자기 마크 화이트와 그의 팀에게 주체할 수 없을 정도로 많은 일이 닥쳤다.

7월 12일, 중국 영사관 소속 직원인 친귀에가 동양인진료소로 비틀거리며 들어왔다. 진료소 측은 병실을 제공했으나 연방 의료진에게 연락을 미루었다. 최후의 순간, 연락을 받은 마크 화이트가 도착했을 때 친귀에는 거의 죽기 직전이었다. 화이트가 도착한 지 5분 만에 그는 죽었다. 화이트는 주 보건위원 중 한 명인 필츠 박사가 친귀에를 매독 환자로 취급했다는 것을 알아냈다. 서혜부에 커다란 혹이 있었는데도 불구하고.

그 후 수주에 걸쳐 더 많은 희생자가 나타났다. 젊은 식당 직원, 나이든 담배 제조공, 주부, 요리사, 신문기자 그리고 한 번도 자기 아파트를 떠난 적이 없는 눈 먼 여자. 이 눈 먼 여자는 71번째 페스트 환자였다.

작은 부검실 겸 실험실은 긴장했다. 방역 증기의 일부인 석탄산으로 인해 타구 주변 바닥은 담배즙 색깔로 물들었다. 실험실이 있는 건물에는 양탄자가 깔려 있지 않았으며 만에서 흘러 들어오는 안개를 물리칠 만한 것은 한 대의 난방 기구뿐이었다. 업무는 점점 증가했다. 그들은 진단을 확인하기 위해 시체를 회수, 생체 조직을 검사하고 혈액 및 조직 샘플을 채취, 균을 배양하여 실험동물들에게 투입했다. 환자가 사망할 때마다 이 과정이 되풀이되었다. 소규모 실험실 인원만으로는 도저히 감당할 수가 없었다. 화이트는 배양 작업을 도울 인원을 충원하기 위해 한 달에 25달러의 추가비용을 요청했다. 그러나 위만 국장은 너무 돈이 많이 든다며 거부했다.

샌프란시스코 만 주변에서 사람들의 야바위 노름은 계속되었다. 화이트는 자기 봉급의 두 배나 되는 100달러를 들여 누군가 병든 10대 소년을 빼돌려 오클랜드의 차이나타운으로 데려간 것을 알았다. 소년은 그곳에서 3일 후에 죽었고 요리사 한 명이 페스트에 감염되었다. 1902년 9월까지 페스트 발병 건수는 총 80건에 달했다.

중국 정부는 샌프란시스코에 새로운 총영사를 임명했다. 그는 차이나타운에서 벌어지는 생체조직검사가 인종차별적이라며 금지하려 했다. 연방 보건의료진은 저항했다. 인종에 상관없이 페스트로 추정되는 사망자의 시신은 페스트의 전염 가능성을 배제하기 위해 현대적인 검사과정을 거쳐야 한다고 주장했다. 지도자가 바뀐 가운데 암살단 high-binder 이라고 알려진 차이나타운의 갱들은 더 대담해졌다. 모자 위로 변발을 높이 말아 올리는 습관 때문에 하이 바인더라고 불리는 이 갱들은 차이나타운의 부정한 돈벌이 수단을 장악하기 위해 오래 전부터 싸움을 벌여왔다.

이들에게 새로운 목표대상이 생겼다. 통역사 왕충이었다. 주 보건국이 왕충의 활약을 골칫거리라 여긴 한편 몇몇 중국인들은 배신행위라고 보았다. 칼이 등장했다.

"해병대병원의 페스트 박멸작업을 돕는다는 이유로 중국인들이 왕충을 위협하고 있습니다." 화이트는 위생국 국장에게 전신을 보냈다. "그의 친구들이 하이바인더들을 경계하라는 충고를 했다고 합니다. 상황이 심각합니다."

어느 날 저녁 왕충은 중국 6대 회사의 옛 동료들과 특별한 모임에 참석했다. 원로들이 사업에 관해 이야기를 나누는 중 일단의 하이바인 더들이 군중 속에서 뛰어나와 왕충을 향해 달려들었다. 겉으로는 연약한 중년 남자로 보였으나 왕충은 민첩했다. 변발을 휘날리며 재빨리 몸을 피했다. 중국 6대 회사의 회장이 왕충을 쫓는 무리 앞을 가로막았다. 격투가 벌어졌고 암살자들은 차이나타운의 밤거리 속으로 달아나 버렸다.

공격 실패 후, 미 국무장관인 존 헤이가 왕충을 폭력으로부터 보호하기 위해 샌프란시스코를 방문했다. 이에 앞서 헤이는 워싱턴의 중국 공사에게 '임무 수행 중인 중국인 연방 관리직원들'에 대한 공격을 멈추어 달라고 요청했다. 국무부의 보호란 외투 하에 왕충은 어떤 괴롭힘도 당하지 않고 순찰활동을 계속했다.

가/능/한/빨/리/
블/루/박/사/를/
보/내/시/오

1902년 가을, 캘리포니아의 페스트 사태는 막다른 골목에 봉착했으며 주에서 더 이상 숨기거나 부인할 수 없는 국가적 스캔들이 되었다.

샌프란시스코에서는 또 다른 백인 환자가 발생, 방심하고 있던 의료진은 한 방 먹은 격이었다. 33세의 아서 캐스웰은 3번 가의 아돌프 슈바르츠 양복점에서 일하는 영업사원이었다. 술을 좋아해서 낮이면 옷을 팔러 다니고 저녁이면 술집에서 시간을 보내곤 했다. 10월 24일 금요일, 그는 마닐라에서 스페인 전쟁의 의무 복무를 마치고 막 귀환한 군인들에게 양복을 맞추어 주느라 꼬박 하루를 보냈다. 밤이 되어서야 그는 완전히 기진한 채 집으로 기다시피 돌아갔다. 다음날인 토요일, 그는 숙취라고 하기에는 증상이 심할 정도로 속이 메슥거렸다. 일요일 아침, 잠에서 깨었을 때 그는 서혜부에 붉고 딱딱한 종기가 난 것을 보았다. 살을 깎는 듯한 고통이 느껴졌다.

그는 기어리 대로에 있는 클라라 바튼 병원으로 황급히 달려갔다. 골반에서 부드러운 종기를 발견한 의사들은 캐스웰을 괄약 탈장이라 진단했다. 창자의 일부가 근육 벽을 파고들어 창자 내 혈액 공급이 중단되는 위험한 상태라고 본 것이다. 수술을 위해 소독을 한 뒤 외과의가 캐스웰의 오른쪽 서혜부를 절개했다. 놀랍게도 탈장이 아니었다. 대신 감염된 림프선 다발이 드러났을 뿐이었다.

외과의는 캐스웰을 구급차에 싣고 시군병원으로 옮겼다. 바로 거기에서 마크 화이트는 환자와 만났다. 감염된 림프선을 검사해 보니 출혈이 시작되고 있었다. 원인이 무엇인지는 분명했다. 화이트는 그에게 예르생의 항혈청을 투여했고 캐스웰은 간신히 목숨을 부지했다.

캐스웰이 목숨을 건 싸움을 벌이는 동안, 북미지역 보건위원회의 지도자들은 샌프란시스코 페스트에 대한 실태를 파악하려 노력하는 중이었다. 이들이 연례 회의를 위해 코네티컷 주 뉴 헤이븐에 모였을 때는, 뉴욕 시 신문에 실린 샌프란시스코 발 최신 뉴스를 접한 상태였다. 캘리포니아 주의 부인과는 정반대로 페스트 통제 불능이란 소식을 접한 참가자들은 분개했다. 그들은 페스트를 최우선 과제로 상정, 캘리포니아 주를 성토하는 결의안을 즉시 통과시켰다. 그들은 페스트를 '국가적 중대사'로 선언했다. 또한 캘리포니아 주가 아무런 조치를 취하지 않는 데 대해 '돌이킬 수 없는 불명예'라고 낙인찍었다.

이 모임을 불안한 마음으로 지켜보던 샌프란시스코 행정위원회는 집권 말기의 주지사가 남은 임기를 보내고 있던 다우니 지역 주지사의 목장으로 급히 도움을 요청했다. 그들은 주지사에게 샌프란시스코로 돌아와 페스트 발생 사실을 인정하라고 했다. 게이지는 거절했다.

한편, 아서 캐스웰은 항혈청 투입에 별 반응을 보이지 않았다. 그는 할로윈 기간 중 죽었으며 선페스트의 89번째 희생자가 되었다.

마크 화이트는 캐스웰이 페스트에 걸린 경로를 알아낼 수가 없었다. 집과 일터 모두 차이나타운과 먼 거리였고 1년 넘게 그곳을 방문한 적이 없다고 했다. 의사들은 페스트 사망자 명단에 적힌 캐스웰이라는 이름 옆에 '돌아다니는 사람'이라는 주석을 달았다. 마치 술집을 계속 돌아다니며 마시던 그의 주벽이 이런 운명을 맞게 했다는 의미 같았다.

마크 화이트가 번지는 페스트와 완고한 정책에 맞서 싸우는 동안 위만 국장은 조용히 내기수를 던졌다. 그는 서부지역으로 또 다른 의사인 아서 글레넌을 파견했다. 글레넌의 임무는 캘리포니아 외곽지역의 페스트 확산 현황을 조사하는 것과 떠나는 주지사로부터 협조를 구하기 위해 최종시도를 하는 것이었다.

글레넌은 기차를 타고 남부 캘리포니아로 들어갔다. 오렌지와 호두나무 농장의 향기로운 열기 속에 게이지 주지사는 글레넌을 환영했다. 그러나 글레넌의 임무를 파악한 그는 화를 터뜨리고 말았다.

"또 그 빌어먹을 페스트군!" 그는 소리 질렀다.

"국장님은 그저 보고서의 의심스러운 부분을 분명히 하길 원하십니다. …… 대외적으로는 비밀로 하실 겁니다."라고 글레넌은 그를 달랬다. 페스트 자체가 아니라 진실을 알아내 조용한 해결책을 찾고 싶을 뿐이라고 덧붙였다.

"위만 국장과 당신에게는 협조할 것이오. 그렇지만 다른 사람들과는 타협하지 않겠소." 게이지가 말했다. "내가 막지 않았으면 키넌은 샌프란시스코에서 교수형당했을 거요. 그렇게 못한 것이 이제 후회가 되오."라며 말을 이었다.

그는 자신의 정치적 몰락에 대해 여전히 키년과 페스트 탓을 했지만 글레넌이 캘리포니아 주에 대한 통상금지를 막을 수만 있다면 협조하겠다고 약속했다. 건방진 신출내기 글레넌은 주지사와 일을 잘 해나갈 수 있겠다는 생각이 들었다. 어찌되었건 자신은 국장의 인정을 받을 뿐 아니라 마크 화이트의 후임으로 선택되지 않았는가?

캘리포니아 주지사선거가 며칠 앞으로 닥쳐왔다. 공화당의 새 후보인 조지 파르디 박사가 승리할 가능성이 높았다. 의사인 이상 페스트를 심각하게 여길 것이므로 그는 연방 정부 의료진의 가장 큰 희망인 셈이었다. 그러나 기대와는 달리 파르디는 선거운동기간 내내 페스트에 대해 침묵으로 일관했다.

11월 4일 선거 날, 샌프란시스코 시민들이 투표권을 행사하기 위해 줄을 서는 동안 시청에서는 긴급회의가 열렸다. 페스트에 대한 침묵 계약에 일조했던 퍼킨스 상원의원이 이제 페스트를 공개적으로 인정했다.

"저는 위만 국장을 잘 압니다. 만일 주지사와 주 보건당국이 페스트의 존재를 인정하고 박멸조치를 취하지 않는다면 캘리포니아 전체가 격리될 것입니다." 상원의원은 말했다.

이에 주지사의 사절인 매튜스 박사가 반발했다. "그 병은 선페스트가 아닙니다. 서해안지역 중국인들은 모두 서혜부 부근이 불룩 솟아 있습니다." 그러나 그것은 게이지의 마지막 외침이었다. 바로 그 순간, 유권자들은 조지 파르디에게 표를 던지고 있었다. 선거전 내내 침묵을 지키긴 했어도 파르디는 연방 정부 의료진에게 페스트를 물리치기 위해 그들을 지원하겠다는 뜻을 은밀히 전했다. 파르디는 공중위생국의 최고 희망이 되었다.

선거가 끝나고 추수감사절이 다가올 무렵, 샌프란시스코는 마침내 쥐들을 공격하기 시작했다. 루퍼트 블루가 세탁부 마르그레테 사거의 죽음을 조사하고 그녀의 집과 차이나타운 사이의 거리는 쥐들이 이동하기에 적당하다는 결론을 내린 지 꼭 1년이 지난 뒤였다. 이제 시는 열심히 쥐덫을 놓기 시작했다. 연방 정부 의료진은 매일 시내를 순찰했고 그때마다 엄청나게 많은 쥐들이 덫에 걸린 채 발견되었다. 이놈들은 모두 분석을 위해 머천트 가의 연방 실험실로 옮겨졌다. 차이나타운의 극빈자 거리 중 하나인 피시앨리에서는 심장에 페스트균이 득실거리는 회색 쥐 시체가 발견되었다. 머천트 가 연방 실험실에서 겨우 몇 집 떨어져 있는 시궁창에서도 죽은 쥐들이 발견되었는데 모두 감염된 상태였다.

2주에 걸쳐 팀원들이 거리며 하수구 곳곳에서 덫으로 잡은 쥐들을 조사해 본 결과 이 중 16마리가 감염된 상태였다. 마크 화이트는 새로운 국면에 돌입한 박멸작전에 나설 준비를 갖추었다. 그러나 그는 놀라고 말았다. 자신이 이제 아무 역할도 할 수 없게 된 것이었다. 12월 12일, 위만 국장은 화이트를 포틀랜드로 전근시켰다. 샌프란시스코는 신임 글레넌의 책임 아래 놓였다. 글레넌이, 동료인 자신을 염탐하도록 게이지 주지사가 탐정을 보내는 데 동의함으로써 자신의 권위를 실추시켰다고 화이트는 주장했다. 그것은 모욕이었다. 그러나 위만은 그의 불평을 무시했다. 화이트는 회전문 밖으로 나가야 했다.

글레넌은 얼마 안 가 자신이 배반당한 것을 알았다. 『콜』지는 글레넌이 페스트의 존재에 반증을 제기했으며 한때 닭콜레라로 진단했었다는 기사를 실었다. 글레넌은 깜짝 놀라 그 이야기는 사실무근이라고 신문사를 고발했지만 이미 피해를 볼 만큼 본 상태였다.

가능한 빨리 블루 박사를 보내시오

결국 위만 국장은 몸소 페스트의 발병 상황을 살펴보고, 떠나는 게이지 주지사를 예방도 할 겸해서 샌프란시스코 행을 결심했다. 그는 머천트 가의 부검실 겸 실험실을 방문했다. 차이나타운도 둘러보았다. 처음에는 주지사와 함께였고 나중에는 그의 부하 직원들과 함께였다. 발병 환자들의 집들을 들여다보고 그의 의료진이 매일 숨쉬는 죽음의 냄새를 들이마셨다. 6일 간의 여정을 마치자 마침내 위만은 이곳 의료진의 좌절감을 맛볼 수 있었고 잘못된 정책이 그 동안 얼마나 큰 장애가 되었는지 알게 되었다.

그러나 각 주의 보건책임자들에게는 여전히 페스트의 위협을 가볍게 보는 듯한 입장을 취했다. 위만이 루이지애나의 보건책임자에게 보낸 편지는 페스트는 별 것 아니니 안심하라는 투었다.

"페스트는 샌프란시스코의 차이나타운에만 국한된 것으로 보입니다. 그리고 그 지역 내에서도 극히 작은 구역에만 해당되는 것 같습니다. 시 보건국 책임자인 윌리암슨 박사로부터 페스트의 존재는 극소수일 뿐이라는 견해를 보고 받았습니다." 게이지가 보건책임자들에게 보낸 편지는 이랬다.

위만의 편지는 그의 의료진이 발견한 사실에 완전히 반대되는 내용이었다. 왜냐하면 이제는 차이나타운의 각 블록마다 페스트가 발병하지 않은 곳이 없었기 때문이다. 백인들 중에서도 적어도 6명 가량이 페스트에 희생되었다. 샌프란시스코에서 멀리 떨어진 모퉁이에서 이해하기 힘든 사례들이 발생하고 있었다. 오클랜드에서 확산되고 있는 사례들은 더 설명하기가 어려웠다.

글레넌은 새로 선출된 주지사 조지 파르디를 만나기 위해 새크라멘토로 떠났다. 흰 지붕의 주청사에 도착한 그는 적대적인 주 정부의 행정으로 인해 지난 3년 간 공중보건 서비스에 얼마나 큰 차질이 있었는지 설명하며 주지사의 도움을 요청했다. 파르디는 그의 의견에 동감했으나 자기만의 걱정거리가 따로 있었다. 그는 선거에서 승리를 거두긴 했으나 운신의 폭이 그다지 넓지 못했다. 공개적으로 페스트를 인정할 경우 그의 지지자들이 화를 낼 것이며 또 자신의 지도력에도 영향이 미칠 것이라 두려웠던 것이다. 그는 막후 지원을 선호했다.

글레넌의 자신감은 흔들리기 시작했다. 캘리포니아 주 정책이라는 짙은 안개에 휩싸인 것 같았다. 그는 마침내 페스트에 대한 정면 공격이 불가능함을 알았다. 새로 뽑힌 관리들이 공개적인 발표를 거부하는 한 의료진이 공개적인 도움을 받기는 어려웠다. 그는 위만 국장에게 '제가 아는 한 가장 복잡한 상황'이라고 전했다.

1903년 1월, 각 주의 보건책임자들이 워싱턴의 윌라드 호텔에 모였다. 그들은 뉴 헤이븐에서의 모임 때보다 훨씬 더 격노한 상태였다. 캘리포니아 주의 방임과 주지사의 사실 인정 거부로 인해 국가가 큰 위기에 처했다며 다시 한 번 비난했다.

이 중 과격파는 비난 이상의 행동을 원했다. 그들은 캘리포니아를 격리시키고 싶어했다. 또한 국방장관이 조치를 취해 군의 태평양해안 운송기지를 샌프란시스코로부터 빼내야 한다고 했다. 오래 전부터 샌프란시스코는 군수산업을 라이벌 도시인 시애틀에 빼앗길까봐 두려워해 온 터였다. 격리와 군의 철수는 샌프란시스코에 수백만 불의 손해를 끼칠 것이었다. 온건파가 나서서 간신히 막을 수 있었지만 그것은 당분간일 뿐이었다.

회의에 참석한 캘리포니아 주의 대표는 유예기간이 오래 가지 못할 것이라며 경고했다. 남부태평양철도회사에서 오랜 기간 일한 매튜

가드너 박사는 동료들에게 이제 주에서는 진실을 말할 수밖에 없다고 알렸다. 사실을 인정하고 조치를 취하는 것만이 전국적인 통상금지를 막을 수 있는 방법이었다.

격렬한 회의에 계속 참석해 온 위만 국장은 아서 글레넌에게 모든 주가 단호한 입장이라는 전보를 보냈다. 캘리포니아 주가 계속 어물거린다면 금융계에 대혼란이 일어날 것이 분명했다. 더욱 중요한 일은 사태가 위험한 지경에까지 이르렀기 때문에 캘리포니아 주가 즉시 사실을 인정해야 한다는 점이었다. 지난 3년 간, 공중위생국은 선페스트를 일소하는 데 성공하지 못했다. 게다가 캘리포니아 주는 그 존재를 아직도 숨기고 있었다. 이러한 것들 때문에 위생국의 대외적 위상은 많이 떨어져 무력하고 비효율적이란 인상만 주고 있었다.

경험 많은 고참을 불러와야 했다. 연방 의료팀원 중 샌프란시스코 사정을 훤히 아는 사람이 한 명 있었다. 루퍼트 블루였다. 그러나 그는 2,200마일 떨어진 밀워키 호숫가에서 순찰활동 중이었다.

위만은 글레넌에게 지시사항을 보내며 덧붙였다. "자네가 불필요하다고 여기지 않는다면 블루 박사를 보내겠네."

이 반갑지 않은 임무를 맡은 지 불과 2개월도 안 된 글레넌은 주저하지 않았다. 그는 국장에게 연락했다. "가능한 빨리 블루 박사를 보내주십시오."

감/염/지/역/의/확/산

"내일 샌프란시스코로 떠난다."

1903년 1월 31일 루퍼트 블루는 짐을 꾸리면서 밀워키의 여동생 케이트에게 간단한 메모를 남겼다. 옷가지, 책, 여러 종류의 자질구레한 물건 등 결혼시절부터 갖고 다니던 소지품 중 독신생활을 다시 시작하게 된 순회 의사에게 불필요한 것들을 가방에서 모두 꺼내 고향인 사우스캐롤라이나로 보냈다. 35세의 그는 처음부터 다시 시작하고 있었다.

그가 탄 기차는 2월에 샌프란시스코에 도착했다. 도시는 우기에 접어들어 있었다. 빅토리아 시대의 유쾌한 외관은 엄숙한 잿빛 코트를 두른 듯 보였고 자갈길에는 진흙이 시내처럼 흘렀다. 그는 수터 가에 있는, 대리석 옷을 입은 옥시덴틀 호텔에 투숙했다. 블루가 이 도시에서 떠난 이후로 상황은 악화일로를 걸었다. 페스트 발생 사례는 그때에 비해 거의 두 배인 93건에 달했다. 주 정부의 방임으로 인해 캘리포니아 주는 전국 최하의 수준이 되고 말았다. 이제 병은 남쪽 국경지대까지 스며들어 캘리포니아 주에 대한 반감이 확산되고 있었다. 멕시코는 마사틀란 지역에 발생한 페스트의 원인이 샌프란시스코에서 수입한 야채 상자 속에 숨어 있던 쥐 때문이라고 비난했다. 에콰도르는 캘리포니아 주에서 출발한 모든 배에 입항금지령을 내렸다.

글레넌은 다른 주와 국가에서 일어날 수 있는 폭동을 방지하기 위해 캘리포니아 주가 페스트의 존재를 인정하고 퇴치계획을 세워야 한다고 말했다. 재계에서는 주에서 내건 "페스트는 증거 없는 주장"이라는 입장에 대해 애매모호한 성명을 발표하여 장벽을 쳤다. 글레넌은 분개했다. 그는 솔직해지지 않으면 파멸을 맞을 것이라고 경고했다. 그는 성명서를 작성했고 재계 인사들은 마지못해 서명했다. 그리고 함께 시청으로 가서 시장을 만났다.

수적으로 밀린 슈미츠 시장은 빠져나갈 길이 없었다. 글레넌과 기업인들이 지켜보는 가운데 시장은 뚱한 표정으로 서명을 휘갈겼다.

글레넌은 주지사의 서명을 받기 위해 다시 새크라멘토 행 기차에 올랐다. 파르디 주지사는 페스트를 부인하진 않았지만 공개적으로 떠벌리고 싶지도 않았다. 그러나 선택의 여지가 없었다. 글레넌은 슈미츠와 파르디가 협정에 서명을 한데다 차이나타운의 정화를 위해 블루가 돌아왔으니 이제 상황의 통제가 가능하리라는 내용을 위만 국장에게 전했다.

블루의 첫 번째 임무는 페스트 환자가 살던 집에 대한 방역과 쥐소굴 소탕이라는 연합 작전이었다. 주, 시, 공중위생국이 함께 하는 이번 작업의 핵심은 다음과 같았다. 먼저 주는 세 명의 조사원과 두 명의 위생 기술자 그리고 두 명의 중국인 통역사를 추가로 고용한다. 그리고 시 차원에서는 쥐덫과 쥐약을 놓고 차이나타운 거리 곳곳에 정기적인 물청소를 실시한다. 또한 듀폰 가에 아스팔트를 깐다. 마지막으로 공중위생국은 병자와 사망자를 검사하고 페스트 실험실을 운영, 정화 작업 및 발병 현황에 대해 워싱턴에 보고한다.

블루는 자신에 찼다. "일이 순조롭게 되어간다." 그는 페스트 실험실의 일지에 이렇게 썼다. 그러나 이번엔 위생국 팀원들이 병원에 입원하고 말았다. 글레넌, 큐리에, 로이드 등 세 명의 의사가 독감으로 쓰러졌다. 속기사는 천연두에 걸려 페스트환자 격리병원에 수용되었고, 새로 충원된 중국인 통역사 퐁동은 홍역에 걸렸다. 오직 블루만이 제 발로 설 수 있었다.

그는 그래야만 했다. 날씨가 포근해지면 곧 벼룩들이 떼를 지어 나타날 터였다. 차이나타운의 방역작업은 강력 세척, 박멸 그리고 주택 개보수 등으로 수위를 높여갔다. 연기와 세제로 병균을 없애는 작업이 계속되었다. 작업인원들이 수동펌프기를 건물 안으로 끌고 들어가 석탄산 증기를 뿌렸는데 거기선 알 모양의 좀약이 풍기는 곰팡내가 났다. 유황을 담은 병을 흔들어 안개를 피우자 썩은 달걀 냄새가 진동했다. 주택마다 염소로 처리한 산화칼슘을 뿌릴 때에는 염소가스가 발생해서 거주민들은 신선한 공기를 마시러 밖으로 나와야 했다. 중국인들은 이런 처치에 대해 기껏해야 자신들을 괴롭히려는 행동으로 여겼다. 심할 경우엔 자신들을 중독시키려는 수작이라고 생각했다.

그 다음, 블루는 쥐를 공격하기 시작했다. 성공하기 위해서는 놈들의 미각을 공략해야 했다. 블루는 쥐들이 미식가라는 것을 알고 있었다. 한 가지 미끼를 계속 놓으면 걸려들지 않기 때문에 그는 다양한 메뉴를 개발했다. 토스트 위에 녹은 치즈를 바른 것이나 베이컨이 들어간 호밀빵 샌드위치 따위였다. 그는 여기에 비소나 황린독을 발랐다.

세 번째 전선은 차이나타운의 건물 구조 자체에 대항해 형성되었다. 지난 수년 간, 인종차별적인 주택건설정책은 늘어나는 인구를 좁은 구역에 가두어 놓았다. 공동주택들은 북적거리는 거주공간을 늘리기 위해 넘어질 듯 말 듯한 부속 건물들을 설치했다. 건물마다 덧붙인 나무 현관과 발코니들이 거리 쪽으로 튀어나와 그 아래 땅은 늘 어두웠고 쓰레기를 버려 둔 곳엔 물기가 고였다. 블루는 시 보건국에 그런 건축물들이 비위생적임을 선포하고 일정을 잡아 철거하도록 요구했다.

중국인들은 철거가 부당하다며 반발했고 법원의 명령으로 철거계획은 중단되었다. 글레넌과 블루는 보건국에서 열린 공개청문회에 참석하여 그런 현관과 발코니가 위생상 좋지 못하다는 주장을 제기했다. 이 제안은 인기가 없었지만 다른 해결책은 훨씬 가혹한 것이었다. 백인 상인들은 중국인들을 시에서 쫓아내 헌터스 포인트로 옮겨야 한다고 주장했다. 블루의 운동은 거친 면도 있었지만 적어도 차이나타운을 더욱 살기 좋은 곳으로 만들려는 좋은 의도에서 나온 것이었다.

마침내 위생기술자들이 허가를 얻어 차이나타운에 있는 공동주택의 썩은 발코니들을 들어올리기 시작했다. 조각난 목재더미들이 거리에 쌓여 갔다.

목재더미들은 가난한 사람들의 주의를 끌었다.

통행자들 중에는 눈치 빠른 사람들도 꽤 있었고 피에트로 스파다포라라는 이름의 시실리 태생 철도원도 그 중에 속했다. 그는 아내와 두 아이 그리고 나이 든 어머니와 함께 차이나타운에서 북쪽으로 겨우 몇 블록 떨어진 라틴계 거주지역에 살고 있었다. 그는 마켓 가 남쪽 남부태평양철도회사의 일터로 출퇴근할 때마다 차이나타운을 지나다녔다. 일을 마친 저녁 시간이면 차이나타운에 들러 양배추, 쓴 녹색 채소, 오렌지, 양파를 담은 커다란 통 사이 등을 기웃거리며 싸게 내놓은 물건들을 찾아냈다. 어느 날 저녁, 그는 훨씬 더 쓸만한 것을 보았다. 공짜로 가져갈 수 있는 장작거리였다. 가난한 그가 난로에 불을 지피고 안개 낀 여름밤의 한기를 쫓기 위해 좀 집어 간다고 해도 누가 죄를 묻겠는가.

피에트로는 재스퍼 플레이스 가 19번지에 있는 빅토리아 식 연립주택 계단을 올라가 가족들에게 저녁거리와 장작을 내놓았다. 그날 저녁 식사를 한 뒤 이틀 만에 피에트로는 쓰러졌다. 이마는 불덩이였고 근육통에 위장은 뒤틀렸으며 사지에 힘이 빠졌다. 저항할 기력도 없이 그는 미션 가에 있는 회사 병원인 남부태평양병원으로 실려 갔다.

피에트로의 어머니는 아들이 병원에 실려 간 직후 아랫배 쪽에서 부드러운 혹을 발견했다. 열이 났다. 오한과 발열이 번갈아 가며 그녀를 괴롭혔다. 그런데도 병원에 가지 않고 집에서 아들이 돌아오길 기다렸다.

피에트로는 돌아오지 않았다. 그는 아내와 어린 두 아이를 남겨두고 7월 19일 남부태평양병원에서 죽었다. 의사들이 검사를 목적으로 재스퍼 플레이스의 집을 찾아갔을 때 그의 어머니인 피에트라 브란카토는 의식을 잃어 가고 있었다. 브란카토 부인은 아들보다 하루도 더 버티지 못했다. 모자는 모두 선페스트의 희생자였다.

블루는 콧수염을 비틀며 이번 사례의 원인에 대해 생각했다. 남쪽으로 몇 블록 떨어져 있는 차이나타운의 주택에 비해, 라틴계 거주지역의 집들은 지은 지 얼마 안 된데다 넓고 깨끗했다. 그래서 그는 피에트로가 차이나타운을 돌아다닌 점에 초점을 맞추었다. 노스 비치에서 직장이 있는 마켓 가 남쪽 구역으로 가는 길에 피해자는 늘 차이나타운에서 물건을 샀다. 그러나 페스트가 그의 야채 바구니 속에 들어간다는 것은 불가능해 보였다. 이제 남는 것은 나무 부스러기였다. 저주받은 건물에서 뜯어 버린 썩은 목재들이 사라지고 있었다. 이번 발병 사례의 몇몇 특이한 점에 대해 씨름한 결과, 블루가 도달한 결론은 하나였다. 피에트로 스파다포라는 벼룩이 득실거리던 페스트 환자의 집에서 뜯어 낸 불쏘시개를 가져왔던 것이다. 훔친 나무로 난로에 불을 지피기 위해 그와 어머니는 목숨을 바친 셈이었다.

갑자기 사람들이 페스트균이 묻은 나무를 자기 집으로 가져갈지 모른다는 생각이 떠올랐다. 그래서 그는 차이나타운의 공동주택에서 떼어 낸 파편들을 장작으로 사용하지 못하도록 그 위에 산화칼슘 가루를 뿌리라고 명령했다. 그리고 그것들을 안전하게 불태울 수 있을 때까지 가난한 좀도둑들의 손이 미치지 못하게 경찰이 감시하도록 했다. 마지막으로 그는 조사관들에게 시끌벅적한 라틴계 거주지역의 싸구려 아파트와 연립주택들을 검사하라고 명령했다.

1903년 여름, 아서 글레넌이 새로운 임무를 받고 워싱턴으로 돌아가자 블루는 마침내 샌프란시스코 페스트 작전의 공식적인 책임을 맡았다. 그것은 한때 그가 수행했던 기능이자 그에게 운명적으로 정해진 역할이었다. 글레넌의 정치적 미숙함과 전략상의 오류에도 불구하고 전임자에 대한 블루의 태도는 공손했다. 그는 전임자가 파벌을 갈라 싸우고 있는 시를 하나로 묶으려 노력한 점을 크게 인정했고 자신이 그 일을 끝내겠다고 맹세했다.

블루의 감독 하에 쥐잡기와 차이나타운 정화작업은 체계적으로 발전했다. 검사 및 방역 판정을 받은 가구 수, 잡아서 생체 조직을 검사한 쥐의 수 그리고 현재 병을 앓거나 죽은 환자의 수를 모두 집계한 보고서를 매주 정리, 작성했다. 위만 국장은 이 무시무시한 보고서에서 각 희생자의 인종을 확인하고 싶어했다. 이는 실마리를 찾기 위한 필사적인 추적의 일환이었으나 애초부터 방향이 틀린 것이었다. 왜냐하면 이미 페스트는 인종에 따른 감염의 용이성이라는 이론에 공공연히 도전하고 있었기 때문이다.

피에트로 스파다포라와 그 모친의 죽음으로 블루의 팀은 세계 각 지역 출신의 사람들이 모여 사는 라틴계 거주지역 내 백인들의 공동주택 수천 가구를 조사하기 시작했다. 최초로 백인 가정에 대한 검사 집계치가 중국인 검사치를 넘어섰다.

페스트를 지리적으로 한 곳에 가두려한 모든 희망이 날아가 버렸다. 블루는 국장에게 또 다른 구역이 감염되었다고 보고했다. 그와 함께 국적으로 위험을 판단하던 논리도 사라졌다. 노스 비치란 이름의 라틴계 거주지역에는 포르투갈, 멕시코, 이탈리아 그리고 프랑스인들이 모여 살았다. 인종의 용광로인 그곳은 이제 위험의 도가니로 변했다. 감염지역이 확산되고 있었다.

상공회의소는 차이나타운을 보다 살기 좋은 곳으로 만들려는 이러한 활동에 전혀 감동받지 않았다. 오히려 그 지역을 완전히 없애야 한다는 주장을 재개했다. "차이나타운은 이 도시의 모든 사람, 가정, 이익에 위협을 가하고 있습니다. 조만간 그곳을 모조리 쓸어내야 합니다. 아무리 소독하고 청소해도 영구적인 안전을 보장할 수는 없습니다."라고 위원회는 밝혔다.

그러나 보건위생은 구실에 지나지 않았다. 유니언 광장, 노브 힐,

금융 거리에 둘러싸인 차이나타운은 시의 노른자위에 위치하고 있었다. 기업가들은 시의 경제활동에 영향을 주지 못할 지역으로 중국인들을 옮기고 싶었다. 그러나 블루는 차이나타운을 깨끗한 곳으로 만들고 싶었다.

어느 날, 일에 몰두하다가 문득 고개를 든 블루는 깜짝 놀랐다. 버지니아 대학 시절 친구이자 한때 경쟁자였던 조 거스리가 서 있었다. 대학 시절로 돌아간 듯 두 사람은 재회를 반가워했다. 이들은 샌프란시스코의 밤거리를 흥청거리며 돌아다녔다. "우리는 여왕의 가치관에 맞게 행동했단다. 경찰한테 걸리지 않으려고 애를 쓰긴 했지만……" 블루는 여동생 케이트에게 이렇게 썼다.

그날 밤의 외출을 계기로 블루는 줄리에트와 헤어진 후 자신의 사생활이 업무로 인해 얼마나 크게 잠식되었는지 깨달았다. 결혼 생활 동안 그가 쓴 편지들은 수다스러우면서도 매력적이었다. 자신이 만난 사람, 가 본 곳에 대한 묘사와 말장난이 넘쳤었다. 그러나 이혼 후의 편지들에는 간단한 용건만 신중하게 적혀 있었다. 케이트는 오빠의 실패한 결혼에 대해 가급적 언급을 피했다. 그러나 이제 블루는 마음의 도개교(다리가 위로 들리면서 열리는 가동교—역자 주)를 내리고 좀더 가족다운 관계를 위해 손을 내밀었다. 그리고 편지에 "사랑하는 동생에게, 내가 보내는 편지 개수를 세지 말도록. 그리고 자주 연락해라."라며 동생을 놀리는 말과 함께 "모두에게 사랑을, 루퍼트 오빠가."라는 말로 끝을 맺었다.

곧 그는 다시 업무로 돌아왔다. 현재의 차이나타운을 없애고 새로운 곳으로 옮기라는 상공회의소의 요구를 무시한 블루는 차이나타운의 밑바닥을 파고들었다. 그는 쥐들의 공동묘지 역할을 하는, 구멍 많은 나무 천장을 쥐가 들어갈 수 없게 콘크리트로 대체하고자 했다. 또한 천장과 마당을 가득 채운 쓰레기들을 치우고 그 밑의 흙을 몽땅 쓸어 낸 뒤 바닥에 시멘트를 바르기로 했다. 그는 이 작업에 '페스트로부터의 건설'이라는 이름을 붙였다.

차이나타운의 발병 건수와 속도가 줄어드는 것을 보고 블루는 성취감을 느꼈다. 그러나 맥박처럼 발생하는 페스트의 꾸준한 추세로 마음 한편은 늘 불안했다.

친라이라는 이름의 54세 가량 된 배우의 경우, 마지막 숨을 내쉬는 그의 연기를 지켜본 관객은 의사들이었다. 그는 역사극에 출연하던 중에 현기증과 열, 오한의 공격으로 쓰러졌다. 동료들이 급히 극장에서 피시앨리의 격리수용소로 그를 옮겼다. 그곳에 온 연방 정부 의료진은, 죽기 한 시간 전까지 건장하고 활기찬 모습으로 침대에 앉아 의사들과 이야기를 나누는 이 배우의 모습에 놀라고 말았다. 그는 마치 자신의 대담한 연기로 림프선과 혈관을 감염시킨 병균에 도전하고 있는 듯했다. 결국 패혈증에 완전히 장악된 그는 급속도로 증세가 악화되었고, 그의 눈에서 빛이 영원히 떠나고 말았다.

가끔씩 장의사에는 아주 작은 관을 주문하는 경우도 있었다. 주수와 슬릭챗은 일곱 살박이 소녀들이었다. 워싱턴 가에 있던 이 두 소녀들의 집은 불과 한 블록 거리로 무척 가까웠다. 아이들이 열 때문에 거리에서 놀기를 포기하고 침대 신세를 지게 된 것은 거의 동시에 일어난 일이었다. 가족들 모두 회복되리라 믿었기 때문에 아무도 연방 정부 의료진에게 연락을 취하거나 진료를 받게 하지 않았다. 두 소녀 중 한 명이 11월 4일 사망했으며 다른 한 명은 3일 만인 7일에 사망했다.

1903년 11월, 시장선거에서는 점점 더 대담해진 부정축재자, 유진 슈미츠와 에이브 루프가 쉽게 재선되었다. 재선된 시장을 모두가 반긴 것은 아니었다. 『블루틴』지의 편집자인 프레몬트 올더는 그에 관한 추문 등을 들추어내기 시작했다. 그는 '우리 시장'이라는 표제의 시사만화를 신문에 실었다. 슈미츠 대신 그의 고문인 에이브 루프가 왕좌에 앉아 있는 모습이었다. 두터운 여송연을 피우는 그의 주변에는 황금 가방들이 즐비했다. 그러나 추문을 들추어내도 이들의 인기에는 별 손상이 없었다. 많은 샌프란시스코 시민들은 이 만화가 공정하지 못하다고 생각했다. 루프가 담배를 피우지 않는다는 것을 누구나 알고 있었기 때문이다.

블루는 페스트퇴치운동의 부족한 부분이 무엇인가 곰곰이 생각했다. 그리고 현재 진행 중인 쥐 박멸작업에 좀더 박차를 가해야 한다는 결론을 내렸다. 그는 샌프란시스코 전역에 걸쳐 모든 설치류를 없애는 대범한 제안을 내놓았다. 그 외에도 그는 사람들이 쥐를 잡도록 동기를 제공하고자 했다. 옛 서부의 주 장관들이 썼던 전략을 빌려 쥐를 잡아오는 사람에게 보조금을 주기로 했다. 거기엔 죽은 쥐, 산 쥐가 모두 해당되었다.

우선 쥐 포획 임무를 공식적으로 수행하는 직원들의 경우, 정해진 일당 외에 쥐를 한 마리 가져올 때마다 10센트의 보너스를 더 받을 수 있었다. 이 프로그램에는 위험이 따랐다. 가난한 악당들이 돈 때문에 설치류를 외부에서 들여와 그렇지 않아도 쥐로 들끓는 도시에 해충을 더 많이 유입할 수도 있었다. 그러나 상황이 절박했으므로 보조금 제도는 마침내 전 시민 차원으로 확대되었고 보상금은 25센트로, 나중에는 50센트까지 올랐다.

블루는 신문사들로부터 지원을 얻어내는 데 실질적인 태도를 취하기로 했다. 페스트는 전혀 언급하지 않고 도시 위생 차원에서 쥐를 박멸하는 데 도움을 달라고 했다. 설치류를 잡는 것이 목적임을 잘 모르고 있던 『크로니클』지는 오히려 이런 제안을 내놓았다. 쥐 사냥꾼으로 족제비를 풀어놓으면 어떻겠냐고.

11월이 되자 비구름은 태평양 밖으로 물러났고, 기나긴 건기가 시작되었다. 상황에 많이 익숙해진 페스트 대항군은, 추위가 오면 해충들이 땅 밑으로 쫓겨 페스트 발생이 일시적으로 멈출 것임을 알고 있었다. 그러나 블루는 동료들에게 병균들은 동면을 취할 뿐이며 지금은 휴지기일 뿐이라고 경고했다.

그러나 1904년 새해가 밝을 무렵, 신중한 블루에게 미래에 대한 낙관적 기대감이 밀려왔다. 차이나타운의 위생상태가 좋아지고 있었다. 페스트가 더 이상 발생하지 않을 수도 있다는 희망을 감히 품게 되었다. 아직 성공이 손아귀에 들어오진 않았지만 손을 뻗으면 닿을 수 있을 것 같았다.

도시는 눈에 띄게 깨끗해진 동시에 더 커지고 대담해졌다. 이제 총 인구는 40만을 넘어섰다. 상인들은 기어리 가에 전기를 끌어들여 미로 같은 밤거리를 밝혔다. 살롱반대연맹에서는 이 모든 것을 비판적인 눈으로 보았다. 어두워진 후의 샌프란시스코는 '살롱이 넘치고 술에 찌든 악마의 소굴'이라고 경고했다.

물론 많은 관광객들은 태양 빛만큼이나 죄악에도 쉽게 끌려들었다. 밤거리를 맛본 경험이 있는 블루는 이 점을 잘 이해했다.

바로 그때 캘리포니아 북부에 갑작스런 소규모 지진이 발생했다. 피해는 거의 없었지만 뭔가 불길한 전조가 아닐까 하고 사람들은 생각했다. 『새크라멘토 비』지는 대지진의 필연성을 비꼬면서 다음과 같은 기사를 1면 머리에 실었다.

"샌프란시스코, 나는 널 원한다."라고 지진이 말하자,

"아직은 아냐."라고 샌프란시스코가 대답!

슈미츠 시장은 마침내 시 보건국을 자신의 인맥으로 채워 넣을 권리를 얻어냈다. '선페스트 보건국'은 축출되었다. 새로운 시 보건국은 즉시 차이나타운 정화작업에 투입된 인원을 감축하기 시작했다. 슈미츠는 연방 의료진이 활동을 중단하고 떠나기를 원했다.

변덕스런 시의 지원을 얻기 위해 블루는 다시 공세를 취했다. 그는 돈줄을 쥐고 있는 행정위원회로 곧장 쳐들어갔다. 그리고 차이나타운의 현저한 변화를 지적했다. 흔들거리던 발코니와 현관은 모두 사라졌고 건물마다 콘크리트 바닥으로 단장했으며 물이 새는 낡은 하수관도 모두 수리한 덕분에 공기마저 더 상쾌해졌다고 강조했다.

"쥐잡기를 계속하게 해 주십시오. 병든 쥐, 죽은 쥐들에 대한 조사를 계속하게 해 주십시오. 시에 건강한 삶이 되돌아 올 때까지 일하게 해 주십시오." 그는 간청했다. 그의 논리 때문이었는지 아니면 예의바른 태도 때문이었는지 블루는 얼마 간의 유예기간을 얻었다.

1월에 발병한 3명의 증인들은 아직 싸움이 끝나지 않았음을 알렸다. 오이를 키우는 농부, 피시앨리에 사는 노인 그리고 잭슨 가의 주부 한 명이 죽었다. 26세 여성인 호몬친쉬의 경우에는 열이 거의 41도까지 올랐는데 그것은 지금까지의 기록 중 최고였다.

"이번에 출현한 세 건의 의심스러운 사례는 놀랍고 또 유감스럽습니다. 아마도 원인은 지난 12월 21일부터 계속된 건조한 날씨 때문인 것 같습니다."라고 블루는 말했지만 날씨는 그저 핑계였을 뿐 도시는 여전히 감염된 상태였다.

해답은 땅 밑에 있었다. 세 명의 피해자들은 모두 한 지역에 살고 있었다. 그곳은 잭슨 가와 피시앨리 가가 교차하는, 잭슨 가의 극장 근처였다. 블루는 조사관들을 보내 그 지역을 조사하게 했다. 그들은 지하의 파이프들을 조사하다가 감염의 원인이 될 만한 것을 발견했다. 그리고 극장 밑 부서진 하수관에도 병균이 서식하고 있음을 알아냈다. 급파된 일꾼들이 하수관을 땜질한 뒤 염화 제2수은 용액을 주변 건물마다 끼얹고 산화칼슘을 뿌렸다. 그들은 또한 쥐가 들어오지 못하도록 나무로 된 지하실을 모두 철거한 뒤 콘크리트 바닥을 깔았다.

콘크리트 바닥 깔기 작업은 집집마다 이어졌다. 그 주가 끝나는 날인 1월 9일, 보건부 직원들은 1,916가구를 조사했고 1,998명의 시민을 체크했으며 차이나타운 주변 967군데에 산화칼슘을 뿌리고 방역작업을 했다. 몇 주에 걸쳐 주민들의 체온을 측정하고 그들의 림프선을 검사했으며 각 가정을 소독하고 지하실에 시멘트를 발랐다. 약만큼이나 필요한 것이 바로 거리의 공중위생설비였다.

이제 행정위원회의 재정위에서는 워싱턴이 파견한 의료진에게 월 단위로 자금을 지원했다. 블루는 좀 더 많은 지원을 해 주었으면 하는 기대와 기꺼이 절약하겠다는 마음을 가지고 위원회 회의에 참석했다. 그가 정말 두려워한 것은, 시가 페스트를 부인하던 예전의 태도로 돌아가는 것이었다. 대중의 자각과 지원을 끌어내기 위해서는 시의 사실 인정이 필요했으며 적어도 거짓말만은 절대 하지 말아야 했다.

그러나 정책결정자들이 블루의 희망에 대한 결정을 1월 안에 내리지 않는다면, 2월에는 새로운 페스트 환자들이 무더기로 발생할 지도 모르며 그렇게 되면 모든 희망은 산산이 부서질 것이었다.

재 / 봉 / 사 / 들

18세의 오하이오 출생 케이트 쿠커는 샌프란시스코에서 재봉사로 일하고 있었다. 그녀는 기어리 대로에 있는 S.N. 우드 컴퍼니 의복공장에서 트위드 모직 원단으로 10달러짜리 남성 양복을 만드는 보조였다. 어느 날 오후 작업을 하던 그녀는 오한을 호소했다. 그리곤 얼마 안 가 머리가 띵 해졌고 눈앞이 핑 돌더니 아무것도 보이지 않게 되었다.

기절한 케이티는 시의 프랑스계 병원으로 실려 갔다. 고열에 선이 부풀어 있었다. 림프액을 추출해 검사한 의사들은 움찔했다. 의심스러운 병균이 득실거리고 있었다. 그 의미를 알아챈 의사들은 공포에 질려 케이티를 마켓 가 남쪽, 나토마 가에 있는 그녀의 하숙집으로 돌려보냈다. 시 보건국은 페스트일 가능성을 눈치 채고 구급마차를 보내 그녀를 시군병원의 격리시설로 데려왔다.

연방 의료진은 양복공장을 급습하여 질문을 했다. "아픈 재봉사가 더 없는가?"

직공장은 두 명의 소녀가 더 있다고 했다. 케이티의 집 근처에 사는 메리 프레몬트는 단순히 목만 쑤시고 아픈 경우였다. 그러나 이탈리아 출신 행상인의 딸인 이레네 로시는 자신이 사는 라틴계 거주지역에서 열에 들떠 앓고 있었다. 의사들이 그녀를 검사하기 위해 찾아갔다.

로시 가족이 사는 바레느 가의 연립 주택에 그들이 도착했을 때는 너무 늦은 후였다.[10] 슬픔에 사로잡힌 가족들이 검은 상복 차림으로 이레네의 장례식을 준비하는 중이었다. 18살 소녀의 상태는 매우 급격히 악화된 경우였다. 열과 오한, 두통에 가슴 통증을 호소하던 그녀는 결국 심한 기침을 해 대더니 피까지 비쳤다고 했다. 나중에는 나무딸기 시럽 같이 거품이 부글거리는 액체를 토해 냈다고 했다. 가족들은 폐렴으로 알았다. 부모가 의지할 데 없이 서성이는 동안 그녀는 기침만 하다 죽어간 것이다. 그녀의 부모는 환자와 같은 공기를 들이마시면서 밤새 침대 곁에서 간호를 한 듯했다. 딸이 죽을 때까지 기도를 멈추지 않고.

루이자와 주세페 로시는 슬픔에 고개를 숙인 채 딸의 창백한 얼굴을 바라보고 있었다. 그들은 흐릿한 눈을 들어 의사들을 보았다. 이 비참한 광경을 본 의사들은 잠시 문가에 멈추어 서 있었다. 슬픔에 압도당한 것이 분명했다. 애도의 말을 건넨 뒤 이들은 생체 조직 검사를 허락해 달라고 요청했다.

슬픔에 가슴이 찢어질 듯 아팠던 로시는 검은 두 눈을 빛내며 거부했다. 의심스러운 병의 경우 꼭 필요한 절차라 말하며 의사들은 부드럽게 압력을 가했다. 로시는 그날 밤 안에 조직 검사를 끝내 다음날 계획대로 딸을 매장할 수만 있다면 허락하겠다고 했다. 그가 부검실까지 함께 간다는 조건도 걸었다. 의사들은 선택의 여지가 없었다.

그날 밤 늦게 주세페 로시는 램프 불빛이 간신히 와 닿는 곳에 서서 아버지로서 보아서는 안 될 장면을 보고 말았다. 의사들은 시신을 길게 절개하여 조직을 가위로 뚝 잘라 낸 뒤 마치 성인의 유해처럼 유리그릇 속에 넣었다.

주세페의 광적인 울부짖음이나 불타는 듯한 응시에는 뭔가가 더 있었다. 의사들이 알아채지 못한 무언가가. 후에 블루는 이렇게 회고했다. 딸을 잃은 아버지가 "슬픔으로 너무나 흥분한 상태여서 본인은 물론 아무도 그가 병에 걸린 사실을 알지 못했었습니다."라고. 장례식 다음날 54세의 행상인은 슬픔이 아니라 고열로 인해 쓰러졌다. 딸과 마찬가지로 그는 곧 피를 토하며 기침을 했다. 딸이 죽은 지 4일 만인 2월 12일, 주세페 로시 역시 사망했다.

17명의 의사들이 부검 테이블 주위로 모였다. 루퍼트 블루도 함께였다. 시신의 피부, 근육 그리고 뼈를 가르자 폐와 복부가 드러났다. 정상적인 경우에는 산소를 머금어 적포도주빛을 띠지만 이들 부녀의 경우는 병균으로 피가 끈끈하게 엉겨 있었다.

두 사람의 조직을 검사한 결과 사망 원인은 폐페스트로 밝혀졌다. 전염성이 강하기 때문에 소녀가 기침을 하며 누워 있던 방에서 병균으로 오염된 공기를 마신 사람은 누구나 위험하다고 할 수 있었다. 소녀의 어머니인 루이자 로시가 가장 위험한 경우였다. 그러나 격리시설로 보내기도 전에 그녀는 사라져 버렸다. 보건국 직원들이 그녀를 찾기 위해 라틴계 거주지역을 뒤졌지만 아무 소용이 없었다. 마지막으로 한 의사에게서 정보를 얻은 그들은 시의 서쪽 가장자리 밖에 있는 리치몬드 지역으로 갔다. 거기서 그들은 로시 부인을 찾아냈다. 그녀는 레이크 가 13번대로의 오빠 집에 머물며 슬픔을 달래고 있었다. 그녀의 몸은 이미 불덩이였다.

2월 17일, 45세의 로시 부인은 딸과 남편 뒤를 따라 세상을 떠났다. 부검 과정에서 블루와 큐리에는 그녀의 폐가 감염된 피로 엉겨 붙은 것을 보았다. 진단 결과 폐페스트였다. 같은 날, 로시 부인의 오빠인 조셉도 앓아 누웠다. 서혜부와 겨드랑이선에 부풀어 오른 혹이 있었다. 증상이 좀 미심쩍어 보였다. 그러나 조셉은 의사들이 혈액 샘플을 채취하기 위해 주사바늘을 찌르도록 허락하지 않았다.

의사들은 논리적으로 설명하고 이유를 댔으나 그를 설득할 수 없었다. 화가 났지만 낭패감을 삼킬 수밖에 없었다. 조셉 로시는 경미한 선페스트에 걸린 듯했다. 그러나 그의 사례는 확인의 과정을 거치지 못한 채 빠진 퍼즐 조각으로 남았다.

"신선한 예르생 항혈청을 200병 보내 주십시오." 블루는 워싱턴에 급박하게 전보를 쳤다. 현재로서는 그 정도면 충분하겠지만 만일 확산의 구름이 커진다면 더 많이 필요할 것이었다. 위만이 150병을 더 보내왔고 블루는 뉴욕 시의 샤프 앤 돔 화학회사에 50병을 더 주문했다. 의사들은 병균에 노출되었을지도 모르는 사람들을 찾아내기 위해 라틴계 거주지역을 철저히 검사했다. 조셉 로시는 여전히 생체 검사를 허락하지 않고 버텼다. 그러나 만일의 경우를 대비해 항혈청은 투여받기로 했다.

공중위생을 맡은 작업 인원들은 바레느 가 6번지에 있는 연립주택을 훈증소독했다. 그들은 유황, 염화 제2수은 용액과 소량의 산화칼슘을 사용했다. 거리에 장작더미를 쌓아 두고 병자들이 쓰던 침대의 시트를 불태웠다. 로시 가족이 살던 집에는 고약한 냄새가 나는 유황 안개와 화학 약품의 장막만이 떠다녔다.

그러는 동안 재봉사 케이티 쿠커는 군병원에서 목숨을 부지하고 있었다. 젊은 재봉사는 시련을 딛고 살아날 것이다. 조셉 로시 역시 그럴 것이다. 그러나 공장의 소녀들이 최초로 감염된 곳이 집인지 일터인지는 추측만 가능했다. 어느 곳도 차이나타운과는 가깝지 않았다. 다시 한번 페스트를 옮기는 쥐들이 설명이 불가능한 방식으로 의사들을 측면에서 포위했다.

그 뒤 2주 간은 정말 힘든 시간이었다. 마침내 블루는 다시 숨을 돌릴 수 있었다. 그는 페스트의 기운을 억눌렀다고 말할 만큼 자신에 차 있었다. 2월 23일 위만 국장에게 보낸 편지는 이러했다. "우리는 6번가에 사는 로시 가족의 경우가 폐페스트의 마지막 사례였다고 생각합니다."

페스트로 백인 일가가 몰살당했다는 소식이 의료계에 급속히 퍼졌다. 사람들은 그때서야 위협을 피부로 느꼈다. 의사들은 블루에게 전화를 걸어 항혈청 공급상황에 대해 걱정스럽게 물었다. 병에 걸릴 수 있다는 불안감을 느끼게 되자 그들은 전에 없이 솔직해졌다. 처음으로 지역 의사들이 그와 같은 사례를 전에도 본 적이 있다고 마지못해 인정했다.

"최근 백인들 사이에서 발병 사례들이 증가하고 있는데, 이것이 일부 의사들이 공개적으로 페스트를 진단하려 한 결과 때문인지 어떤지 결론을 내릴 수가 없습니다. 지역 의사들 중 몇몇과 대화를 나눈 바에 의하면 전에도 그와 같은 경우를 본 적이 있었으나 선뜻 페스트라고 진단을 내리지 못했다고 합니다." 블루는 위만에게 전했다.

샌프란시스코에 페스트가 자라나기 시작한 지 벌써 5년째였다. 블루는 이제야 의사들이 발병을 인정한다는 데 분노했으리라. 그러나 좌절감은 얼른 극복해야만 했다. 계속 화만 내고 있을 여유가 없었다. 그는 의사들을 자기 편에 계속 묶어 둘 필요가 있었다. 게다가 죽은 사람들의 뒤를 쫓아 페스트 환자의 수를 확인하기에는 이미 너무 늦은 때였다. 전진하는 수밖에 없었다.

블루는 시의 파벌들을 하나로 묶는 데 초점을 두었다. 그는 머천트 가에 있는 실험실로 주와 지역 보건관리들을 초대하여 재계인사 및 연방 정부 의료진과 만나도록 했다. 그곳에서는 페스트퇴치운동을 위한 자금 마련에서부터 거리에 침을 뱉지 못하게 하는 방법에 이르기까지 제한 없는 대화의 장이 펼쳐졌다. 그들은 이 모임에 캘리포니아 공중보건위원회라는 이름을 붙이고 루퍼트 블루를 회장으로 선임했다. 수년 간의 투쟁 끝에 자신이 결국 인기인이 되었다는 사실에 블루는 놀랐다.

블루의 박멸작전은 파스퇴르 연구소에서 개발한 대니쯔Danysz 쥐바이러스를 사용하면서 엄청난 소득을 올리고 있었다. 사실 그것은 바칠루스 타이피무리움에 불과했다. 음식을 상하게 하는 평범한 박테리아와 관계된 균이었다. 옥수수로 만든 음식에 이 약을 섞어 주거지역, 상점, 주택, 지하실 등에 놓으면 되었다. 중국인들은 처음엔 미심쩍어 했으나 사람이나 가축에게 해가 없는 것을 알고는 마지못해 그것을 사용했다. 그리고 효과가 좋은 것을 확인한 뒤에는 더 달라고 부탁하기까지 했다. 이 쥐약 덕분에 매우 많은 쥐를 잡을 수 있었다.

5월 말경, 낙관론이 다시 대두되었다. 마지막 발병 이후 거의 100일이나 지나 있던 것이다. 최초의 발병이 있었던 1900년 3월 이후 가장 오랜 휴지기였다. 블루는 시장이 현재의 우호적 태도를 계속 유지하길 바랐다. 그 해 말까지 차이나타운 전역에 쥐가 들어올 수 없는 기반을 건설하려는 그의 계획에 시가 자금을 지원해 주길 원했기 때문이다. 그는 이런 뜻을 위만에게 전했다.

도시는 훨씬 상태가 좋아지고 있었다. 페스트의 후퇴와 차이나타운의 청결한 상태에서 투기업자들은 투자 가능성을 보았다. 자산가치가 올라갔다. 위치가 아주 좋아 보였는지 상인들은 1천만 불의 채권을 팔아 차이나타운을 공원용지(파크랜드)로 변화시키자는 제안을 했다. 한 무리의 의사들이 차이나타운의 토지를 사기 위해 투자회사를 설립했다. 그런 행동들이 블루는 불쾌할 뿐이었다. "그 회사는 샌프란시스코의 건강을 위해서 만들어진 것이 아닙니다. 단지 돈벌이를 위한 회사일 뿐입니다." 그는 워싱턴에 분개하는 편지를 보냈다. 어울리지 않게도 시는 그들의 계획을 거부했다.

도시 발전에 대한 소식이 세계 각지로 퍼졌다. 페스트 연구의 선구자로서 알렉산더 예르생과 경쟁하여 페스트 박테리아의 정체를 규명한 시바사부로 키타사토는 일본에서 샌프란시스코로 조수를 보냈다. 블루의 방법을 배우기 위해서였다. 이 일본인 방문객이 주로 배우고자 한 것은 '페스트로부터의 발전' 전략이었다. 블루는 그에게 시를 안내했다. 그리고 눈에 보이는 모든 것에 대해 메모를 하는 방문객의 모습을 뿌듯한 눈으로 지켜보았다.

놀랍게도 정화작업이 발병률을 대폭 줄인 듯했다. "지난 한 해 사망률에도 뚜렷한 감소세가 보입니다. 그 전 해에는 464건이었던 반면, 작년에는 388건이었습니다." 블루는 기뻤다. 그는 차이나타운의 가장 단호한 회의론자들까지 설득해 그들이 힘을 보태주기를 바랐다. "중국인들도 이제 병이 줄어든 이유를 이해할 수 있을 것이며 전보다 더 많이 협력할 것입니다.”라고 그는 워싱턴에 보고했다.

로시 가족이 사망한 지 6개월 후, 사람들은 샌프란시스코가 다시 건강해졌다는 발표를 하라고 시위하기 시작했다. “오랫동안 환자가 발생하지 않았다는 사실에 일부 사람들은 병의 근절을 선언할 때가 되었다고 생각합니다.”라고 블루는 걱정스러운 듯 말했다. 그러나 이어 “만일 우기가 시작될 때까지 발병 사례가 나타나지 않는다면 좀 더 자신 있게 완전 박멸을 선언할 수 있을 겁니다.”라고 덧붙였다.

쥐 박멸을 맡은 시의 일꾼들에게 탄약을 공급하기 위해 머천트 가 블루의 실험실에서는 이제 대니쯔 쥐약을 다량 제조하고 있었다. 차이나타운, 일본인 구역, 라틴계 구역 모두에 살포하려면 많은 양이 필요했다. 그러나 그 해 겨울은 너무나 추워서 실험실의 한 대뿐인 난방기구로는 배양균이 잘 자라질 못했다. 돈이 없었기 때문에 직원들은 묘안을 짜냈다. 배양액 주변에 뜨거운 물병들을 갖다 놓자 균들은 미친 듯이 증식했다.

블루는 위만 국장에게 새해 인사를 보냈다. 그리고 페스트 박멸에 만전을 기하기 위해 1905년에도 조사를 계속해야 된다는 의견을 내놓았다. 그것은 일종의 보험이었다. 그러나 시는 다른 생각을 갖고 있었다. 샌프란시스코는 페스트퇴치운동을 끝내려고 안달이었다. 차이나타운은 시의 다른 어느 지역보다 깨끗했고 쥐도 많이 사라진 상태였다. 블루는 안전제일주의자였지만 뒤로 물러 설 수밖에 없었다. 지난 11개월 간 페스트의 퇴각은 계속되었으며 작전은 막을 내려도 될 듯했다.

샌프란시스코 시는 전임자인 조지프 키년에게 한 것처럼 점잖지 못하게 블루를 쫓아내지는 않았다. 1905년 비가 내리던 발렌타인데이 바로 다음날, 시 보건국에서는 그에게 발렌타인 카드를 보냈다. "샌프란시스코의 위생과 상업적 번영을 위해 박사께서 보여준 능력과 노력에 감사를 전합니다."라는 말이 적혀 있었다.

121건의 발병과 113건의 사망 사례 이후, 샌프란시스코의 페스트는 완전히 끝난 듯했다. 블루는 조사관, 건물 해체업자, 소독 인원 등으로 이루어진 자신의 팀을 해체했다. 그리고 머천트 가의 페스트 실험실 열쇠를 모두 도날드 큐리에에게 건넨 후 문을 잠그도록 했다.

그러나 블루는 미해결 사례들을 잊을 수가 없었다. 차이나타운에서 거둔 성공에도 불구하고 그는 아직 일이 끝나지 않았다는 느낌에 괴로웠다. 이스트 만의 파체고 출신으로 29세의 대장장이였던 찰스 벅의 사례가 바로 그랬다. 그의 형은 고열과 가슴의 통증으로 괴로워하는 그를 배에 태워 샌프란시스코로 데려왔었다. 꼬박 하루가 걸린 힘든 여행 동안 그의 상태는 악화되었고, 결국 독일계 병원에 입원한 지 한 시간 만에 죽었다. 비장과 선, 가슴 근육에는 페스트균이 그득했다.

벅은 죽기 전 한 달 간 샌프란시스코에 온 적이 없었다. 이는 그가 고향에서 병에 감염되었다는 것을 의미했다. 그렇지만 어떻게? 이스트 만은 안개가 많은 샌프란시스코와 불과 수 마일 떨어져 있을 뿐이었지만 그래도 완전히 다른 세계였다. 참나무가 빽빽한 황갈색 언덕들로 이루어진 그곳은 햇빛이 많은 지역이었다. 일반적인 의학상식에서 볼 때 페스트가 일어날 가능성이 가장 낮은 곳이었다. 페스트는 주로 습기가 많은 지역에서 창궐하는 열대병이었다. 한때 샌프란시스코가 페스트에게 너무 추운 곳이라고 여겨졌듯이 그와 반대로 이스트 만은 너무 건조하다고 여겨졌다. 샌프란시스코에는 쥐가 무진장 많았지만 이스트 만에는 거의 없었다. 그 대신 꼬리가 깃털로 덮인 땅다람쥐들이 살았는데 이놈들이 페스트의 매개 역할을 한다는 증거는 아직까지 없었다. 그러나 블루의 마음속에서는 그럴 가능성에 대한 의심이 떠나질 않았다. 그는 다람쥐가 주 전체를 감염시킨다는 사실을 문득 깨달았다.

그러나 더 이상 생각할 겨를이 없었다. 위만 국장에게서 버지니아 주 노포크 행 발령 전보가 온 것이다. 그는 조개로 이름난 항구 도시에서 병들거나 부상당한 선원들을 치료해야 했다. 또한 근처에서 열리게 될 제임스타운 박람회에서 의료활동을 책임지는 임무도 맡았다. 이 박람회는 미국이 최초의 영어권 식민지가 된 지 300년이 되는 해를 기념하는 행사였다. 1905년 4월 4일, 블루는 푸른색 근무복과 평소 즐겨 입는 카키색 제복을 챙겨 떠났다.

미 군대의 축하행사가 으레 그렇듯 제임스타운 박람회에서는 군사 장비와 서부의 신화가 오묘하게 혼합된 것들이 선보일 예정이었다. 해군의 소함대, 서부 미개척시대에 있었던 카우보이와 인디언 간의 전투를 모형으로 꾸며 전시할 터였다. 블루는 보건위생 책임자로서 행사를 망칠 수도 있는 병의 발생을 예방해야 하는 책임을 맡았다. 전염병에 맞섰던 전사에게 이것은 피 끓는 도전은 아니었다.

그러나 블루는 다시 남부로 돌아오게 되어 기뻤다. 남부의 부드러운 사투리를 듣고 태양 빛을 즐기며 그의 형 빌이 그 해 심으려 계획 중이던 멜론을 맘껏 먹었다. 그는 남부의 여름 열기 속에서 뼈까지 스며든 태평양의 안개를 증발시킬 필요를 느꼈다. 1894년에 갤버스턴을 떠난 이래 그런 햇빛은 구경도 못했던 것이다. 그는 케이트에게 이런 편지를 썼다. "그때부터 이곳 저곳 많이 옮겨 다녔지. 이탈리아에서도 근무했었고. 그러나 여름 날씨는 어디서든 항상 신통치 못했었단다."

그에게 시험적인 해빙기가 시작되고 있었다. 같은 편지에서 그는 이혼 후 처음으로 사회생활에 다시 도전했다는 말을 털어놓았다. 노포크 상류층의 성대한 결혼식에 초대되었을 때 그는 피가 끓어오르는 것을 느꼈다. "아가씨들이 정말 예쁘고 세련되었더구나." 그는 이렇게 고백했다. "그 아가씨들 중에서 운명의 상대를 찾아볼까 싶다. 이제는 나도 불행한 과거를 잊었으니까." 노포크 상류 사회의 꽃들은 젊은 신사의 과거를 너그럽게 보아 줄 만큼 관대할 것이라고 그는 동생에게 장담했다. 이혼한 순회 의사에게도 너그러울 것이라고.

남부에 근무하는 동안 그는 가족을 돌볼 수 있었다. 정기적으로 고향에 돈을 보냈다. 애니 마리아가 류머티즘 발작을 일으켰을 때에는 의학 지식을 전해주었다. 헨리에타에게 보낼 오페라 음반을 찾느라 시내를 뒤지기도 했다. "고향집에 앉아 웅장한 오페라를 들으며 저녁 시간을 보낼 수 있다면 정말 기분 좋겠다." 그는 가족들에게 이런 편지를 썼다. 케이트와 헨리에타가 다투는 것을 눈치 챈 그는 집안의 평화를 유지하는 방법에 대해 충고했다. "인생은 짐을 진 것과 같단다. 가족이라는 울타리 안에서는 가능한 양보해야지. 자존심 같은 건 거부하고 포기해야만 한단다."

1905년은 블루가 그의 인생에서 가장 영구적인 동지애를 확인한 해였다. 4년 전, 술에 취한 선원이 빙판에서 미끄러져 다리를 부러뜨린 데서 사건은 시작되었다.

1901년 1월, 밀워키의 어느 추운 겨울날이었다. 다리를 다친 선원이 윌리엄 콜비 러커를 찾아왔다. 당시 러커는 개업을 하기 위해 애쓰던 중이었다. 치료비를 낼 돈이 없던 선원은 자신을 루퍼트 블루 박사에게 보내 달라고 부탁했다. 그때 블루는 연방 정부 소속으로 부상당한 선원들을 무료로 치료해 주고 있었다. 그의 부탁을 들어주기 위해 러커는 블루가 사는 하숙집을 찾아갔다. 그는 블루의 외모에서 풍기는 힘에 충격을 받았다.

"그는 절 맞으러 계단을 내려왔습니다. 그렇게 잘생긴 사람은 난생 처음이었죠. 그는 덩치 큰 미남인데다 무척 예의바른 태도로 저를 대했습니다. 25살의 풋내기인 저에게 많은 칭찬을 해 주었죠. 우리 사이에는 친밀감이 생겼습니다."라고 러커는 회상했다.

두 사람이 의사협회 모임에서 다시 만났을 때 러커는 금발의 여선생과 사랑에 빠졌으며 그녀를 부양하기 위해 의사로서 일을 시작해야 한다고 털어놓았다. 블루는 공중위생의에 지원해 보라고 권했고 러커는 흔쾌히 지원했다. 그는 여선생 아네트와 결혼해 아들을 낳았다. 아들의 이름은 콜비였다. 1905년, 블루와 러커는 둘 다 노포크로 발령을 받았고 그곳에서 다시 만나게 되었다.

샌프란시스코 다음으로 근무하게 된 노포크는 평온했다. 그러나 훨씬 남쪽에 위치한 걸프 연안은 모기가 극성이었다. 한여름이 되자 뉴올리언스의 시민들이 고열과 황달증세를 보인다는 말이 전해졌다. 황열병이었다.

워싱턴에서는 이 전염병에 대항하기 위해 24명의 의료진을 파견했고 거기엔 블루와 러커도 포함되어 있었다. 그들을 지휘하는 사람은 블루의 오래된 경쟁자, 조지프 화이트였다. 자그마하고 활기 넘치는 러커는 조용하고 거대한 블루와 완벽한 대조를 이루었다. 블루가 신중하고 단순한 반면 러커는 정열적이고 외향적이었다.

루이지애나에서 블루는 '엽총을 든 채 치료를 거부하는' 사람들과 정면으로 대결했다. 그것은 연방 정부 의료진에게 총기를 휘두르며 공공의료행위를 거부한 일부 농민들과 벌인 대결이었다.

러커를 힘들게 한 집단은 뉴올리언스의 교회와 사창가였다. 그러나 이 둘 모두 매력과 교활함을 두루 갖춘 러커에게 넘어오고 말았다. 어떤 교회의 경우, 교구민들이 황열병으로 쓰러졌을 때 러커는 모기들이 성수 속에서 증식하고 있음을 알아냈다. 성수반에서 물을 빼거나 소금을 쳐야 한다고 했으나 나이든 목사는 거부했다. 그러자 러커는 알약 형태의 소독제를 성수반 속에 몰래 집어넣었다. 교회를 훈증소독해야 될 상황에 이르자 그는 교회를 손상시킬지도 모르는 방법 대신 조각상마다 바셀린을 발랐다. 목사는 만족했고 교구민들은 건강을 회복했다.

여성들을 다루는 러커의 마술 같은 솜씨는 감염지역 안의 거칠기 짝이 없는 여인들과 만나면서 더욱 연마되었다. 그는 시의 유명한 유곽지역인 스토리빌의 마담들과 대적했다. 이 거친 여성 사업가들은 공중위생을 조금도 원치 않았다. 반면 어린애 같고 순진한 매춘부들은 러커의 방문을 반겼다. 그는 마담들에게 도전장을 내밀었다. "데리고 있는 여성들이 병에 걸리면 나를 부르시오. 그렇지 않으면 문을 닫게 만들겠소." 그들은 마지못해 그의 명령에 따랐고 모기를 막기 위해 물탱크에는 덮개를 씌우고 현관에는 모기장을 설치했다.

그러자 스토리빌은 공중위생의 모범이 되었다. 그러나 정작 러커 자신은 땀을 흘리기 시작했다. 피부와 눈동자에 나타나는 이상한 호박색 때문에 '옐로우 잭'이라는 별명을 가진 바이러스의 징후가 그에게 나타났다. 그가 격리시설에서 앓고 있는 동안 그의 상관 및 환자들은 그의 빈자리를 크게 느꼈다.

"러커 박사는 우리 직원 중 가장 유쾌한 사람이란다. 남겨진 우리 모두는 매일 식사를 하거나 잡담을 나눌 때마다 그를 그리워하고 있다." 블루는 여동생 케이트에게 보내는 편지에 이렇게 썼다. 스토리빌의 여자들 역시 러커를 그리워해서 병실로 꽃다발을 들고 찾아갔다. 건강을 회복하고 다시 돌아온 그에게 여자들은 녹슨 발코니에 서서 쉰 목소리로 일제히 소리쳤다. "돌아온 걸 환영해요!"

러커가 복귀한 후 블루는 케이트에게 편지를 썼다. "열병을 다스리는 것은 시간 문제란다. 우리는 사력을 다해 시간에 매달리지. 우리의 우월성이 입증되기 전까지는 절대 떠나지 않을 거란다." 날씨가 그들을 도왔다. 1905년, 흰 서리가 내릴 무렵 황열병은 사라졌다. 블루와 러커가 힘을 합해 전염병에 맞서는 일은 이번이 마지막이 아니었다. 그러나 그 기회는 둘 중 누구도 예상하지 못했던 대재난 뒤에 왔다.

지 / 진

1906년 4월 18일 수요일 오전 5시 12분, 샌프란시스코의 지각이 격렬하게 진동했다. 회반죽으로 된 벽돌들이 갈라지는 소리가 들리더니 곧이어 벽돌과 돌이 비처럼 쏟아졌다. 나무가 우지끈 비틀리면서 여러 조각으로 부서졌다. 45초 후 잠시 멈추는가 싶더니 두 번째 충격이 왔다. 첫 번째보다 훨씬 심했다.

수십만 가구가 파괴되었고 곳곳에서 충격과 고통의 비명소리가 들려왔다. 자다가 침대에서 떨어진 사람들이 잠옷 위에 코트만 걸친 채 아이들의 손을 잡고 거리로 쏟아져 나왔다. 어떤 사람들은 흔들거리는 침실 문틀에 끼어 미친 듯이 문을 잡아 뜯고 있었다. 술에 취한 듯이 건물들이 한쪽으로 기울었다. 목조 가옥들은 카드로 지은 집처럼 폭삭 주저앉았고 연립주택들은 도미노 현상을 일으키며 쓰러졌다. 건물 앞쪽의 벽돌들이 떨어져 나와 거리로 쏟아졌다. 마치 인형의 집처럼 내부가 훤히 드러났다. 전차의 선로는 구부러져 뱀처럼 뒤얽혔다. 넓은 매립지 위에 불안정하게 들어서 있던 마켓 가 남쪽 지역은 그대로 주저앉아 그 밑의 습지대로 빠지고 말았다. 그와 동시에 노동계층이 주로 투숙하고 있던 4층짜리 발렌시아 호텔이 무너져 내렸고 땅 위로는 꼭대기층만이 겨우 보였다. 호텔 아래층에 있던 투숙객들은 모두 물에 빠져 죽었다.

흔들거리는 굴뚝으로부터 작은 불길이 뿜어져 나와 굴뚝에 연결되어 있던 난로의 연통들을 부쉈다. 이상하게도 화재경보기는 울리지 않았다. 브렌헴 플레이스의 경보센터마저 파괴되었던 것이다. 어떤 소방서에서는 두려움에 말들이 도망쳐 소방수들이 직접 소방용 마차를 끌어야 했다. 게다가 소방 호스의 잠금장치를 열자 물은 방울방울 떨어질 뿐이었다. 결국 소방수들은 새고 있는 하수관에서 물을 빼내 불길 위로 뿌려야만 했다.

포트레로의 임시 가축수용소로 이동 중이던 송아지 떼는 미션 가를 지나던 도중 땅이 흔들리자 두려움과 놀라움에 사로잡혀 우르르 몰려다녔다. 놈들에게 짓밟히는 것을 피하기 위해 구경하던 사람들은 소들의 미간에 총을 쏘았다.

생선 장수 알렉스 파라디니는 머천트 가의 연방 부검실과 실험실 근처에서 아침에 잡은 생선들을 내리고 있었다. 바로 그때 지진이 발생했고 주변 건물이 모두 무너졌다. 말과 마부, 마차, 생선 등이 몇 톤이나 되는 벽돌과 회반죽 밑에 깔렸다. 말들의 목이 건물들의 잔해 밖으로 비죽 나왔다. 갈기는 먼지를 뒤집어썼고 혀는 축 늘어뜨린 모습이었다. 부검실 부근 지역은 이제 거대한 망자의 거리가 되었다.

지진은 시청 건물도 덮쳤다. 제왕다운 지붕이 앙상한 뼈대 위에 불안하게 놓여 있었다. 사방 몇 에이커나 되는 지역이 벽돌 부스러기로 뒤덮였다. 해가 저물기 전, 불길이 번져 시청 안에 보관되어 있던 기록들을 집어 삼켰다. 1906년 이전의 시 역사가 모두 잿더미로 변했다.

부정축재에도 불구하고 시장으로 재선된 유진 슈미츠는 냉정히 지도력을 발휘하며 자기 역할을 다 했다. 술집을 폐쇄하고 해가 진 후부터 새벽까지 통금을 실시했다. 폭도들이 술과 담배 상점들을 약탈하자 연방 군대와 경찰에게 약탈자에 대한 발포 명령을 내렸다. 그는 무너진 시청 건물을 떠나 카니 가의 재판소로 행정 관사를 옮겼다. 그리고 다시 페어몬트 호텔과 웨스턴 애디션의 공회당으로 차례로 이동, 불길을 한발 앞서 피했다.

슈미츠는 오클랜드 시장에게 전신을 보내 소방 호스와 다이너마이트를 지원해 달라고 요청했다. 조지 파르디 주지사는 새크라멘토의 주청사에서 기차를 타고 혼비백산해 있는 도시로 향했다. 그는 전화와 전신시설이 손상을 입지 않은 오클랜드에 작전 본부를 설치했다. 그리고 로스앤젤레스에 전화를 걸어 호소했다. "제발 식량을 보내 주시오."

중앙 응급병원이 무너지며 많은 의사와 간호사들이 죽었다. 환자들은 미케닉스 파빌리온으로 이송되었다. 그곳은 전날 밤 롤러 스케이터들이 토너먼트 시합을 벌이던 곳이었는데 이제는 부서진 시신으로 가득 찬 데다 의사들이 치료 우선순위를 정하며 이리저리 뛰어다니는 전쟁터였다.

팰리스 호텔이 몸부림을 치는 동안 침대에서는 사람들이 모두 나가떨어졌고 샹들리에는 와르르 무너졌다. 〈카르멘〉에서 돈 호세 역을 노래한 신인 테너 엔리코 카루소는 갑자기 단꿈에서 악몽으로 내몰렸다. 털 코트만 걸친 이 건장한 스타는 거리로 뛰어나왔다. 그리고는 함께 오페라 공연을 하는 동료들이 있는 세인트 프랜시스 호텔을 향해 북쪽으로 달렸다. 이때 사람들은 그가 우는 것을 보았다고 한다. "빌어먹을 도시! 다시는 이곳에 오지 않겠어." 그는 이렇게 외쳤다. 이탈리아로 돌아간 그는 이 약속을 지켜 다시는 샌프란시스코에서 공연하지 않았다.

해이스 밸리에서는 한 여인이 부서진 난로에서 아침 식사를 준비하려다 목조 가옥에 불을 붙이고 말았다. '햄과 달걀의 불'이라고 불리게 될 이 화재는 주변의 빅토리아 식 목조가옥들을 빠른 속도로 집어삼키며 대화재로 번졌다. 반 네스 대로를 가로지르던 불은 교회의 뾰족 탑들에까지 옮겨 붙었다. 불길은 시빅 센터까지 번졌고 날아다니던 재가 미케닉스 파빌리온의 지붕에도 불을 붙였다. 연기가 임시병원 안으로 스며들자 의사들은 다시 환자들을 대피시켰다. 해가 저물면서 '햄과 달걀의 불'은 남쪽으로 이동해 미션 가에서 생긴 또 다른 불과 합쳐졌다.

그런데다 두 개의 또 다른 불이 합쳐져 두 번째 큰불로 발전했다. 처음 불은 델모니코의 식당에서 요리 중에 발생해 북쪽으로 올라갔다. 그리고 선창가와 차이나타운이 만나는 넓은 지역에서 발생한 큰불과 하나로 합쳐졌다. 이 지옥의 두 불길로부터 샌프란시스코 대화재가 탄생했고 이 불은 3일 간 사납게 계속되었다.

소설가들은 이 광경을 묘사할 단어를 찾기 위해 상상력을 동원했다. 메리 오스틴은 이렇게 표현했다. "불은 죽어 가는 사람의 얼굴에 이 세상 것 같지 않은 새빨간 빛을 분출하듯 내뿜었다." 이 재난을 지켜본 또 다른 목격자인 잭 런던은 아내인 샤미언과 함께 연기가 자욱한 도시를 걸었다.

"역겨운 빛이 모든 사물의 얼굴 위로 기어가고 있었다. 연기의 친구이자 피처럼 붉은 그 불을 뚫고 태양이 단 한 번 나타났지만 본래 크기의 4분의 1밖에 보이지 않았다. 연기의 친구인 그 불을 밑에서 보니 장미처럼 붉게 흔들거리며 엷은 자줏빛 그림자를 퍼덕였다. 그러더니 놈은 담자색에서 노랑색, 암갈색으로 변했다. 태양이 사라졌다. 그리고 그렇게 고통에 빠진 샌프란시스코에 두 번째 날이 밝아 왔다."

삼면이 바다에 둘러 싸인 도시에 물이 말라 버렸다. 시 전체에 물을 공급하는 수도관들이 파열된 것이다. 그 결과 시 저수지에는 8,000만 갤런의 물이 저장되어 있었지만 소방 호스에서는 단 한 방울의 물도 나오질 않았다. 하는 수 없이 포트메이슨에서 헌터스 포인트에 이르는 연안에 예인선들을 띄워 만으로부터 바닷물을 끌어올려 해안선까지 연장한 소방 호스로 물을 보냈다. 불을 무찌르기 위한 또 다른 무기는 다이너마이트였다. 불의 벽 사이에 공간을 만들기 위한 수단이었다. 대화재가 서쪽으로 가는 것을 막기 위해 반 네스 대로를 따라 폭탄을 설치하고 터뜨렸다. 그러나 경험이 없는 사람들이 설치한 폭탄들은 오히려 횃불 역할을 했고 큰불로 번졌다.

존 버밍햄은 술에 취한 채 차이나타운의 잔해를 없애기 위해 그곳으로 폭탄을 실어 갔다. 60건의 화재 발생으로 차이나타운은 끝장나 있었다. 목격자들이 겁에 질려 지켜보는 가운데 그는 비틀거리며 폭약을 설치했다. 사람들이 미처 건물에서 빠져 나오지 못한 상태에서 폭탄이 터져 버렸다. 시신들이 산산이 부서진 건물 위로 15미터 높이까지 솟구쳤다가 불길 속으로 떨어졌다.

잔악 행위에 대한 소문도 돌았다. 보석을 노린 도둑들이 시체의 손가락과 귀를 자른다는 이야기, 피에 굶주린 폭도들이 무고한 시민들을 해친다는 이야기들이었다. 무너진 건물에서 부상당한 사람들을 꺼내기 위해 구조팀들은 미친 듯이 잔해를 파헤쳤다. 그러나 불길이 다가오는 바람에 몇 팀은 구조를 중단해야 했다. 건물 더미에 속수무책으로 눌려 있던 한 남자는 구조대원들에게 불길에 산 채로 타기 전에 자신을 죽여 달라고 애원했다. 총을 소지한 한 남자가 군중 속에서 걸어 나왔다. 그는 갇혀 있는 남자의 마지막 소원을 엄숙히 확인한 뒤 권총을 꺼내 발사했다. 나중에 이 사람은 스스로 시장을 찾아갔고 시장은 그의 인도적인 행위를 치하했다고 한다.

손실은 거의 계산이 불가능할 정도로 막대했다. 파르디 주지사는 워싱턴의 조지 퍼킨스 상원의원에게 전보를 보냈다. "3조 달러에 달하는 과세 가능한 재산이 샌프란시스코에서 완전히 사라졌습니다." 다른 곳의 집계에 따르면 실제로 손실은 그보다 3배 정도 크다고 했다.

시의 주요 기념물들도 희생되었다. 그 중에는 『크로니클』지, 『콜』지의 사옥과 거대한 엠포리움 백화점도 있었다. 스탠퍼드, 홉킨스, 플러드, 헌팅턴, 크로커 등 노브 힐의 거부들이 살던 고급 주택들은 불에 타 껍데기만 까맣게 남았다. 팔레스, 페어몬트, 세인트 프랜시스 호텔들도 모두 마찬가지였다.

지친 기색 없이 양동이를 날랐던 사람들과 젖은 포대로 불씨에 맞섰던 직원들 덕분에 미션 가의 우체국, 재판소, 조폐국 등은 무사했다. 지친 와중에도 소방수들은 페리 빌딩과 남부태평양철도회사 터미널을 지켜냈고 덕택에 20만 피난민들이 철도와 배를 이용해 탈출할 수 있었다.

미군과 시 관리들은 이번 사건으로 500명 가량이 죽었다고 산정했다. 나중에 역사가들이 집계한 바에 의하면 무너진 건물에 깔리고 불에 타 죽은 사람들의 숫자는 실제로 3,000명에 가까웠다고 한다.

4월 21일 토요일 아침, 바닷물과 유리한 풍향 그리고 다이너마이트에 의한 방화선 구축 등으로 마침내 불길이 잡혔다. 불은 490개 블록을 재로 만들었다. 샌프란시스코의 25만 시민이 집을 잃었다. 그와 동시에 도서관, 재판소, 감옥, 극장, 식당, 학교, 교회 그리고 행정 및 경제의 중심부가 사라졌다. 통신시스템은 먹통이 되었고 교통체계는 마비되었다. 1만 개에 달하는 시의 정원들은 부서지고 재로 변해 과거의 기억만이 남았다.

샌프란시스코 시와 시민들을 구호하기 위해 8백만 달러가 넘는 성금이 모였다. 여배우 사라 베른하르트는 자신이 사랑한 도시를 돕기 위해 시카고와 버클리에서 자선공연을 했다. 기부 물품의 형태도 빵에서 서커스에 이르기까지 다양했다. 오리건의 인디언학교 학생들이 빵을 구워 보냈고 바넘 앤 베일리사에서는 20만 달러짜리 수표를 보내왔다. 미캐닉스 파빌리온 경기장에서 수천 명의 환호를 받았던 무적의 복싱 챔피언 짐 제프리스는 난민들을 돕기 위해 오렌지를 팔았다. 강제로 행해진 봉사도 있었다. 배우 존 배리모어는 총검을 휘두르는 폭도들의 명령으로 사람들 틈에서 벽돌을 쌓았다고 한다.

이 고통스런 사건에는 수백만 개의 얼굴이 있었다. 보스턴의 조지 허튼이 엄청난 물량의 신발을 기부하겠다고 제안했을 때 사람들은 참 별난 구호품이라 여겼었다. 그러나 파르디 주지사는 기꺼이 그 선물을 받았다. 많은 피난민들이 대화재 이후 뜨거운 재로 뒤덮인 거리를 걷는 동안 신발 바닥이 완전히 타 버렸던 것이다.

굶주리고 더러워진 생존자들은 일종의 민주사회 속으로 모여들었다. 부자나 가난한 자 모두 같은 메뉴의 식사를 했다. 식단은 기본적인 빵, 통조림 고기, 감자 등으로 구성되었고 150군데 구호소에서 배급했다. 부자라고 해서 더 좋은 음식을 먹지는 못했다. 음식 자체가 없어서 돈이 있어도 살 수가 없었기 때문이다.

시민 대다수가 노상에서 잠을 잔 4월 18일 밤, 전체 피난민은 30만 명에 달했다. 6월에 이르러 난민수용소 인원은 15만 명으로 감소했다. 그 뒤로 도시 재건과 더불어 피난민 숫자는 계속 줄었다. 그러나 수 개월에 걸쳐 수천 명의 사람들이 여전히 텐트나 방공호, 대피소, 오두막 등에서 지내야 했다. 담요로 만든 대피소는 군대의 텐트촌으로 대체되었다. 후에 시에서는 두세 개의 방이 달린 목조 가옥 수천 개를 건설했다. 수용소 주민들은 공동 주방에서 취사를 했고 도랑이나 하수시설이 없는 변소를 화장실로 사용했다. 수용소 주변에서는 파리가 알을 낳고 떼 지어 살았다. 전염병을 예방하기 위해 서둘러 주방에 벽을 세웠다. 영어, 스페인어, 이탈리아어 등으로 경고문을 만들어 사람들에게 물과 우유를 끓여 먹으라고 당부했다.

어떤 사람들에게 이번 지진은 이상한 흥분을 불러 일으켰다. 스탠퍼드 대학의 초빙 교수이자 철학자인 윌리엄 제임스는 그 동물적인 힘에 압도당했다. "장구한 세월 아무 피해도 주지 못한 진동들이 있었다. 그리고 마침내 여기서 진정한 지진이 발생했다!" 그의 회고에 따르면 지진이 일어났을 때 마치 '테리어(영국산의 민첩하고 작은 사냥용 개—역자 주)가 쥐를 잡아 흔들 때처럼' 방이 흔들렸다고 한다.

실제로 지진은 숨어 있던 수천 마리의 쥐들을 흔들어 댔다. 갈라진 벽과 파열된 하수관에서 쥐와 벼룩이 쏟아져 나왔고 무너진 도시를 흐르는 난민의 물결에 합류했다. 사람들과 마찬가지로 놈들 역시 산산이 부서진 자신들의 보금자리로부터 도망치고 있었다.

영리한 쥐들은 난민캠프를 찾아 천천히 길을 떠났다. 놈들은 폐허 속에서 활동하며 쓰레기로 배를 채웠고 엄청나게 번식했다. 설치류의 집단 이주는 사태를 새로운 국면으로 몰아갔다. 지진 발생 이후 예기치 못한 새로운 후속 충격이 준비 중이었다.

4월 18일 아침, 워싱턴의 전신기는 샌프란시스코에서 보내 오는 보고서들로 바쁘게 울렸다. 월터 위만은 루퍼트 블루를 떠올렸다.

당시 블루는 워싱턴에서 전혀 영웅답지 않은 임무를 시작하고 있었다. 미국 수도의 건물들에 대해 위생검사를 실시하는 임시 임무였다. 행정관청마다 바퀴벌레가 득실거리는 반면 타구는 전혀 없었던 때였다. 그러나 이제 그의 봉사를 더욱 절실히 필요로 하는 곳이 있었다. 대화재로 인한 연기가 아직도 피어 오르는 동안 블루는 현장을 파악하기 위해 태평양 연안으로 가는 기차를 탔다.

오클랜드에서 배를 타고 출발, 샌프란시스코 연안으로 다가가는 동안 블루는 표지물을 찾기 위해 유심히 살펴보았다. 하늘을 배경으로 한 시의 윤곽이 많이 손상되어 있었다. 해안선이 시계視界 안으로 들어옴에 따라 그는 해운회사 빌딩을 볼 수 있었다. 깃대는 부러졌고 시계 바늘은 지진이 발생한 시각인 정각 5시에 고정되어 있었다. 배가 정박하자 그는 무너져 내린 잔해들로 가득한 거리에 들어섰다. 산더미 같은 벽돌과 돌들이 화재로 인해 검게 탄 채 완전히 뒤틀려 나뒹굴고 있었다. 한때 집과 사무실이 차지했던 언덕에는 들쭉날쭉한 껍데기만 검게 남아 있었다. 먼지로 가득한 공기에서는 탄광의 변소 냄새가 났다.

방탕하고 교만했던 샌프란시스코가 벌을 받아 이제는 깊이 뉘우치는 듯했다. 바닷가에서 언덕꼭대기까지, 차이나타운에서 라틴계 거주지역에 이르기까지 그가 낱낱이 알고 있던 그 도시는 연기에 그을린 사막이 되어 버렸다. 바람에 날리는 재와 모래만 남긴 채 도시의 특징들은 모두 사라져 버렸다. 그의 아버지는 남북전쟁 당시 초토화된 도시들을 목격했었다. 셔먼 장군이 남부에 행한 일을 지진이 샌프란시스코에 가한 것이었다.

블루의 첫 번째 과제는 미션 가의 난민수용소를 방문하는 것이었다. 전차가 뒤틀린 선로 위에서 꼼짝 못하고 있는 데다 폐허가 된 거리를 누비고 다닐 마차를 찾기도 어려웠다. 천천히 걸어가는 동안 그의 눈에 마켓 가가 들어왔다. 거대한 호텔과 쇼핑 상점들이 있던 곳은 마치 유령의 마을처럼 텅 비어 있었다. 그는 완전히 부서지거나 옆으로 기운 하숙집들 사이를 가로질러 갔다. 그러나 그 무엇도 수용소생활을 하고 있는, 집 없는 사람들의 참상을 볼 준비가 될 수는 없었다.

"통탄할 노릇입니다." 그는 숨을 내쉬었다. "이 지역의 판잣집, 텐트, 기타 임시거처에 사는 사람이 족히 3만 명은 넘을 겁니다. 집을 잃지 않은 사람들도 거리에서 취사를 해야 합니다. 굴뚝, 수도, 하수체계 등이 지진으로 모두 파괴되었기 때문입니다." 그는 도시 전체에서 이처럼 비참한 광경을 열 번은 더 보았다.

이들 피난민에게서 병의 발생을 막을 만한 것은 아무것도 없었다. 오염된 물, 상한 음식, 오물이 흘러 넘치는 변소는 사람들의 장에 탈을 일으킬 수밖에 없었다. 블루의 설명에 의하면 장티푸스를 피할 길이 없던 것이다.

돌로레스 공원의 수용소는 흡사 여름캠프 같았지만 실상은 지옥이나 다름없었다. 지진이 발생하기 바로 직전, 도시 계획자들이 공원에 새로 잔디를 깔고 퇴비를 뿌리려는 계획을 세웠던 것이다. 기가 막힌 타이밍이었다. 달리 갈 곳이 없던 가족 단위의 난민들은 고약한 냄새가 풍기는 흙더미 위에 판잣집을 세우고 대피소를 만들었다. 그들은 거기서 잠을 자고 음식을 해 먹었다.

식량은 또 어떠했는가. 식은 옥수수죽과 저질 커피가 아침 식사의 전부였다. 저녁에는 운이 좋아야 스튜와 차를 얻을 수 있었다. 포트 메이슨 수용소의 운 나쁜 라슨 일가는 구더기가 생긴 고기 조각 하나, 멍든 양상추 대가리 하나, 말라비틀어진 무 몇 개 그리고 석탄 기름이 묻은 감자 네 개를 받았다. 라슨 부인은 수용소 책임자에게 달려가 그걸로 어떻게 7명이나 되는 자식들을 먹이냐며 불평했다. 도시 위생을 책임지고 있던 군 장교는 자기 책임이 아니라고 발뺌했다. 군에서는 야채를 전혀 배급하지 않으므로 그 음식들은 자기 명령에서 나온 것일 수 없다는 설명이었다.

난민들은 텐트 안에 식량을 두었는데 이것이 굶주린 해충들을 끌어들였다. 그래서 군에서는 모든 취사 행위를 공동 주방에 한정한다는 명령을 내렸다. 그러나 공동 주방 자체를 간이 변소와 너무 가까운 곳에 지었을 뿐 아니라 파리 떼를 막을 수 있는 벽을 설치하지 않은 수용소도 많았다. 텔레그래프 언덕의 노숙자들은 간이 변소를 사용하지 않고 관목 숲 사이에서 일을 보았는데 이로 인해 주변 땅과 지하수가 오염되었다. 쓰레기를 치우는 사람이나 변소를 푸는 사람들의 일 처리가 철저하지 못해 그들은 때때로 모은 오물들을 떨어뜨리거나 여기저기 흩뿌려 놓았다. 파열된 하수관으로부터 쥐들이 빠져 나와 쓰레기 더미를 배 터지게 먹었다. 놈들은 폐허를 피난처 삼아 버려진 음식으로 배를 채우며 맹렬히 번식했다.

얼마 안 가 수용소에서는 갖가지 질병에 걸린 난민들이 나타났다. 성홍열, 홍역, 유행성이하선염, 디프테리아, 천연두는 말할 것도 없고 장티푸스 환자들까지 발생한 것이다. 수용소마다 난민들을 대상으로 집단 백신 접종을 시작했다. 군의관들이 금문교 공원에 천연두병원을 세웠고 도시 곳곳에 텐트로 지은 임시병원들이 생겨났다.

침상, 거즈, 텐트, 식량, 위생장비 등이 톤 단위로 실려 왔다. 이 모든 재난 구호물품과 함께, 시의 위생책임자는 워싱턴 소재 육군 본부에서 기운을 돋게 하는 전보를 받았다. "필라델피아의 헨리 네터 씨가 의료용으로 호밀 위스키 80통을 기부하겠다고 합니다. 필요하십니까?" 의료용 술은 급행으로 배를 타고 전달되었다.

난민수용소의 상태를 점검한 후 블루는 그의 오랜 숙적과 예기치 못한 만남을 가졌다. 오클랜드의 이탈리아계 10대 소년, 루이스 스카자파바는 고열과 부풀어 오른 선의 통증으로 앓고 있었다. 그의 병은 버클리 대학 캠퍼스 뒤의 언덕에서 하이킹을 한 지 며칠 만에 나타났다. 블루는 이 사례를 검사했다. 선페스트였다. 그러나 증세가 경미했고 다행히 소년은 살아날 것이라고 블루는 보고했다.

동부에 남겨둔 임무가 그를 다시 부르고 있었다. 그에게는 공중위생국의 노포크 지사를 돌볼 책임이 있었다. 또한 제임스타운 박람회의 보건 위생도 총괄해야 했다. 루스벨트 대통령과 직계 가족들이 1907년 봄으로 예정된 웅장한 개회식에 참가하기로 되어 있었다. 때문에 완벽한 준비가 필요했던 것이다.

그러나 그는 돌아가기를 주저했다. 샌프란시스코의 위생이 여전히 의심스러웠기 때문이었다. 군대와 적십자가 샌프란시스코 만 재해의 뒷처리를 맡고 있었지만 그들이 만들어 놓은 간이 변소며 그 때문에 생긴 설사병들을 생각하면 수용소 생활은 시련 그 자체였다. 무엇보다 그를 고민에 빠뜨린 것은 페스트에서 살아난 10대 소년 루이스스카자파바였다. 페스트는, 그가 서부로 오게 된 이유는 아니었지만 좀처럼 사라지지 않는 기억이었다.

"이곳에는 더 이상 제가 할 일이 없는 듯합니다. 그러나 수용소 난민들과 버클리 언덕의 소풍객들 사이에서 페스트의 가능성을 본 채 떠나는 것이 편치 않습니다." 블루는 위만 국장에게 이렇게 편지했다.

그는 자신의 예감을 접어 두고 동부에 있는 자신의 책임지로 돌아가는 기차에 올랐다.

시/민/들/을/
안/심/시/켜/라

1907년, 샌프란시스코는 불새처럼 폐허에서 일어났다. 도시 재건을 서두른 나머지 건설 현장에선 불에 탄 벽돌까지 활용했고 화마에서 살아남은 사람들의 손에는 물집이 생겼다. 차이나타운의 새로운 얼굴 위에는 대화재의 잔재가 검은 상처자국처럼 선명히 드러났다.

한참 건설에 박차를 가하고 있던 중이라 예인선 위자드 호에서 문제가 발생하고 있는 줄 아무도 예상하지 못했다. 오스카 토메이라는 이름의 한 선원이 병을 앓고 있었다. 동료들은 그를 뭍으로 데리고 와 마차에 태운 후 미 해병대병원으로 옮겼다. 병원에 도착했을 때 그는 의식불명 상태였다. 환자는 열이 너무 올라 말조차 못했다. 때문에 감염 경로에 대한 실마리는 거의 얻을 수가 없었다. 그의 피 속에는 병균이 그득했다.

페스트균이었다. 5월 29일 토메이는 사망했다.

의사들은 믿을 수 없었다. 두려움에 사로잡혔다. 페스트는 3년 전에 모두 쓸어 내지 않았던가? 그들은 토메이의 동료선원들에게 병에 관한 질문을 하려 했으나 위자드 호와 승무원들은 벌써 떠난 후였다. 배는 금문교 밖으로 증기를 뿜으며 빠져 나가 멘도시노 해안을 따라 북쪽으로 향했다. 그리고 위자드 호가 폭풍 속에 침몰했다는 소식과 함께 토메이에 관한 이야기도 바다 밑바닥으로 사라졌다.

병의 진원지도 모르는 상태에서 샌프란시스코에 페스트가 돌아왔다. 그러나 이번 위기는 새로운 팀이 맡게 되었다. 조지 파르디 주지사가 축출되었던 것이다. 남부태평양철도회사의 후원자들이 그의 독립적인 행동을 탐탁치 않게 여긴 탓이었다. 철도회사는 시골티 나는 하원의원 제임스 N. 길렛을 새로 후원했다. 그리고 그는 샌프란시스코의 실력자 에이브 루프의 도움을 받아 주지사로 선출되었다.

루프 자신의 정치 생명도 꺼져 가고 있었다. 신문 기자들은 추문을 들추려는 목적에, 정치인들은 부정축재에 신물이 난 터라 시청으로부터 부패한 행정부를 쫓아내기 위해 같이 힘을 모았다. 그들은 루스벨트 대통령에게 도움을 요청했다. 유명한 정보국 요원 윌리암 번즈와 특별 검사 프란시스 헤네이를 기용해 뇌물수수사건들을 조사하게 해 달라는 것이었다. 루프는 계속 무죄를 주장했으나 결국 65건의 뇌물수수죄로 기소되었다. 그때서야 그는 유죄를 인정했고 자신이 오랫동안 후원했던 슈미츠 시장에게 불리한 증언을 했다. 두 사람 모두 중죄 판결을 받을 것이 확실했다.[11]

루프와 슈미츠가 감옥에 가게 되자 시는 존경받는 변호사이자 내과의사인 에드워드 R. 테일러를 새로운 시장으로 임명했다. 사람들은 그가 시청 안팎의 병을 모두 치유해 주길 바랐다.

오스카 토메이가 사망한 후 10주일 간 페스트는 잠잠했다. 그러나 8월 12일, 시 보건국으로 한 통의 전화가 걸려 오면서 평화는 깨졌다. 내과의사인 귀도 카글리에리가 브로드웨이와 카니 가 사이에 있는 자신의 사무실에서 건 전화였다. 그는 자기가 돌보고 있는, 상태가 위중한 젊은 이탈리아인 부부를 살펴봐 달라고 했다.

프란체스코 콘티와 그의 아내 이다는 고열과 머리가 깨질 듯한 두통으로 라틴계 거주지역 미드웨이 가 20번지의 집에 몸져누워 있었다. 카글리에는 열을 내리기 위해 그들에게 온갖 약을 먹였다. 그날만 해도 아스피린에서 비소, 레모네이드에서 아편까지 안 쓴 약이 없었다. 두 사람은 열이 내렸다가 다시 40도까지 올랐다. 그때서야 의사는 프란체스코의 오른쪽 서혜부와 이다의 왼쪽 허벅지에 불룩 솟은 거울 모양의 종기를 발견했다. 그는 구급마차를 불렀다. 콘티의 집을 격리시키고 아이들은 아동 보호소에 맡겼다.

생명을 끝까지 버리지 않은 프란체스코는 시군병원의 격리병동으로 실려 갔다. 그는 살아날 것이다. 그러나 그의 아내는 너무 늦은 경우였다. 그녀의 터질 듯한 림프선으로부터 병균이 흘러나와 혈액을 오염시켰다. 패혈증이었다. 손을 쓸 도리가 없었다. 병균의 공격으로 인해 혈압이 떨어지자 그녀는 쇼크 상태에 빠졌고 신체의 모든 기관이 정지했다. 구급마차가 도착했을 때 이다는 이미 사망한 뒤였다.

바로 그 순간 시 반대쪽 해병대병원에서 의사들이 또 다른 환자를 돌보고 있었다. 증기선 사모아 호의 승무원이었다. 겨우 21세의 젊은 알렉산더 루박은 고대의 뱃사람처럼 숨을 헐떡였다. 그가 고통스럽게 숨을 내뱉을 때마다 입술에는 붉은 거품이 묻어 났다. 마침내 고통스런 사투가 끝나고 의사들이 사망 진단서에 단순 폐렴이라고 기록하려는 순간 환자의 목에 난 종기가 눈에 띄었다. 의심스러운 징후라고 여긴 그들은 조직 검사를 했다. 그의 폐와 선에서 뽑아낸 혈액에는 페스트균이 가득했다.

다음날인 8월 13일, 참나무판자로 세워진 시군병원의 의사들은 새로 입원한 두 명의 환자를 돌보고 있었다. 20대의 스페인계 노동자인 구아달루페 멘도자와 호세 하이만은 한 집에 사는 친구 사이였다. 두 사람이 사는 판잣집은 쥐들이 모여 사는 항구 근처 퍼시픽 가에 있었다. 고열로 쓰러진 후 그들은 병원으로 옮겨졌지만 어떤 치료로도 그들을 살릴 수 없었다.

그들의 시신에 대한 조직검사를 준비할 당시, 격리병동의 당직자는 아일랜드 태생의 63세 노인 제레미아 오리어리였다. 그의 손에는 아물지 않은 상처가 있었다.

의사들이 조직검사를 마치고 멘도자와 하이만이 죽은 원인을 알아냈을 때 오리어리 노인의 체온은 많이 오른 상태였다. 오리어리 노인이 환자로부터 페스트에 감염되었다는 소식이 격리병동마다 퍼지면서 공포의 전율이 흘렀다. 신경이 예민한 젊은 인턴 아서 라인스타인은 두려움에 사로잡혀 오리어리를 돌보지 않겠다고 했다.

창백하고 어수선한 표정으로 '명백한 이유'를 말하면서 라인스타인은 사직서를 제출했다. 시 보건국은 도덕적인 비겁함과 직무태만을 이유로 그를 해고했다. 오리어리 노인은 급속도로 병이 진행되어 이틀 만에 사망했다. 후에 라인스타인은 복직을 간청해 다시 일을 하게 되었지만 곧 또 사직했다. 이번에는 영원히.

시군병원의 병동에 쥐들이 침입해 있다는 사실을 아무도 모르고 있었다. 병을 치료하기 위해 병원에 온 환자 한 명이 오히려 병에 감염된 일이 발생할 때까지는 말이다. 46세의 아일랜드 태생 노동자인 존 케이시는 대수롭지 않은 병 때문에 입원한 환자였다. 그는 병실에 누워 있는 동안 보이지 않는 동물로부터 선페스트에 감염되었다. 다음에는 병원의 간호사와 인턴이 병에 걸렸다.

8월 27일, 이제 더 이상 손쓸 수 없을 만큼 오염된 병원은 페스트 환자들을 제외한 어느 누구도 들어올 수 없도록 격리되었다. 다른 환자들은 대부분 구급차에 실려 시의 국립 빈민구제소로 이송되었다. 이 소규모 시설은 라구나 혼다 호수가 내려다보이는 곳에 있었다. 시군병원은 쥐를 내몰고 페스트 환자들을 수용하기 위한 필사적인 시도로 감염병동 주변에 쇠로 된 담장을 세우려 했다. 그러나 그 지역 노동자들은 다음번 희생자가 될 수도 있다는 두려움에 작업을 거부했다. 결국 의사들은 환자를 돌보는 일 외에 담장을 세우는 일까지 두 가지 의무를 다해야만 했다.

시에서는 수톤 분량의 유황을 들여와 병원 내 500군데에 모닥불을 피웠다. 고약한 냄새가 나는 매캐한 연기구름이 도움은 되었지만 쥐들을 완전히 제거할 순 없었다. 보건국 직원 한 명은 당시 충격에 대해 이렇게 보고했다. "병원 내부에 놈들이 만들어 놓은 통로가 말도 못하게 많습니다. 땅 밑 깊숙이 파 놓은 굴이 건물의 창문턱까지 연결되어 있었습니다. 하수관이며 건물 지하실 어디든 놈들이 없는 곳이 없습니다. 유황연기가 침투할 수 없는 곳까지 퍼져 있어 완전히 박멸하기란 불가능합니다."

전임자들과 달리 에드워드 테일러 시장은 대통령에게 사태의 급박함을 보고하고 도움을 구하는 데 한시도 지체하지 않았다. 그는 시어도어 루스벨트 대통령에게 전신을 보냈다. 공공위생해병대병원에 의료진을 보내 시를 돕도록 해 달라는 것과 더 이상의 발병을 막기 위해 시장 자신의 협조와 시의 자금동원을 약속하겠다는 내용이었다.

전보를 받을 무렵 대통령은 롱아일랜드 오이스터 만의 사유지에서 여름의 끝을 맛보고 있었다. 9월 5일, 그는 월터 위만 국장에게 즉시 조치를 취하라는 전보를 쳤다.

위만 국장은 테일러 시장에게 능력과 경험 면에서 최고의 적임자를 보낼 것이라고 연락했다. "위생국장보인 블루 박사가 내일 워싱턴을 떠나 샌프란시스코로 갈 것입니다."

블루가 버지니아를 떠나 샌프란시스코로 갈 채비를 하는 동안 그의 가장 능력 있는 부하 직원이자 오랜 친구인 콜비 러커가 샌프란시스코의 페스트퇴치운동에 합류하게 해 달라며 그에게 간청했다. 러커는 며칠 만에 공식적인 명령을 받았고 아내와 어린 아들을 데리고 금문교를 향해 출발했다.

공중위생국 소속 직원 몇 명이 이미 샌프란시스코에 와 있었다. 그들은 블루와 러커의 도착을 기다리며 활동 준비에 나섰다. 그들 중에는 32세의 세균학자 할스태드 스탠스필드가 있었다. 그는 그 전 해에 아내와 젖먹이 딸을 잃은 홀아비였다. 주체할 수 없는 슬픔은 우울증으로 깊어졌고 가끔 슬픔이 마비될 때까지 술을 퍼마시기도 했다. 그러나 그는 스스로를 일으켜 세웠다. 페스트 실험실로 마땅한 곳을 찾기 위해 시내 곳곳을 돌아다니는 한편 페스트퇴치운동을 위한 만반의 태세를 갖추었다.

대륙 저편으로부터 블루를 태우고 출발한 기차가 미시시피 강, 로키 산맥, 솔트레이크 호수, 시에라 산맥 등을 지나며 덜거덕거릴 때 페스트는 점진적으로 확산되고 있었다. 하루가 지날 때마다 또 다른 환자가 희생되었다. 매번 발병 지역이 달랐다. 하이드 가의 호텔 직원에서 마켓 가 남쪽 지역 해리슨가에 사는 실직자까지.

1907년의 페스트는 1900년과는 양상이 달랐다. 공격 양식이 틀렸다. 발병 지역이 한 곳에 집중되었던 1900년도와는 달리 이번에는 넓은 지역에서 동시 다발적으로 발생한 것이다. 북동쪽 선창가에서부터 남서쪽 군병원에 이르기까지 시 전체에 병이 퍼져 있었다. 1900년도의 페스트는 중국인들을 겨냥한 듯 보였었다. 그러나 1907년 놈은 샌프란시스코의 여러 인종을 모두 공격했다. 그런데도 1900년도에나 하던 그릇된 생각들이 좀처럼 사라지지 않는다고 지역 역사가인 프랑크 모튼 토드는 지적했다. "백인들의 장례식이라는 증거를 눈앞에 보면서도 그런 생각이 퍼지는 걸 보면 참 신기합니다."

과거 역병의 목표대상이었던 차이나타운은 맹습을 비껴간 듯했다. 단 하나의 예외가 눈에 띄었다. 중국 6대 회사의 63세 된 회장이었다. 중국 출신의 친몬웨이가 갑자기 죽는 바람에 그의 아내는 졸지에 미망인이 되었고 회사는 지도자를 잃고 말았다. 그의 사망 소식은 1900년의 페스트 발발을 기억하고 있던 사람들 사이에 공포를 불러 일으켰다. 그들은 페스트가 다시 돌아온 것인지 알기 위해 발행되는 중국 신문은 모조리 읽었다. 차이나타운의 일간지인 『충사이예포』지는 친몬웨이의 죽음을 보도했으나 페스트에는 회의적인 태도를 보였다. 이번 사망자들은 주로 백인종들 사이에 집중되어 있다는 내용이었다. 중국인들은 냉정을 유지하라는 당부와 함께.

다음날인 9월 12일, 블루가 샌프란시스코에 도착했다. 바로 그때 페스트는 또 다른 생명을 앗아갔다. 그린 가에 사는 22살의 그리스계 노동자였다. 블루가 공식 업무에 착수할 당시 총 페스트 발병 건수는 25건이었고 사망은 13건이었다.

블루가 본 샌프란시스코는 아직 절름거리긴 했지만 용감하게 예전 생활을 되찾아 가고 있었다. 폐허 위에 새 목재로 가옥을 지어 놓았다. 상점들은 임시 가게 위에 즉석 간판을 매달았다. 그는 시민들의 단호한 재건의지를 느꼈다. 그러나 동시에 전염병에 걸리기 쉬운 시의 환경이 그의 눈에 띄었다. 지진으로 발생한 4만 명의 난민들이 불결한 판잣집에서 야영생활을 하고 있었고 도시의 3분의 2나 되는 지역에는 하수설비도 없는 데다 사람들의 통행이 금지된 거리들도 많았다.

빅토리 여신상이 서 있는 유니온 광장 주변 호텔들은 시커멓게 타 버린 채 껍데기만 남아 있었다. 여신상은 1903년 루스벨트 대통령이 기증했을 당시와 마찬가지로 화환과 삼지창을 든 모습이었다. 전쟁의 여신이라기보다 요정에 가까운 부드러운 여신상 근처, 블루가 짐 가방을 내려놓은 곳은 '세인트 프랜시스 호텔의 축소판'이었다. 그곳은 나무로 지은 임시 여관으로 백 명의 손님이 투숙할 수 있는 규모였다. '내화 완비'라는 표어에도 불구하고 본래 세인트 프랜시스 호텔은 화재로 완전히 타버린 뒤였다.

스탠스필드는 좋지 않은 소식을 가지고 블루를 맞이했다. 공공보건위생 본부 및 페스트 실험실로 쓸 건물을 세놓겠다는 사람이 없다는 것이었다. 셋집을 치명적인 전염병균과 공유할 과학자들에게 집주인들은 까다롭게 굴 수밖에 없었다. 중심가는 여전히 파괴된 상태였다. 경제중심지는 반 네스 가 서쪽에 위치한 필모어 가로 이주한 뒤였다. 사무 공간이라고 할 만한 것은 거의 존재하지 않았다. 게다가 이동용 실험장비들이 샌프란시스코 행 배에 실려 급행으로 오던 중 분실되고 말았다.

블루는 오파렐 가와 스콧 가에 임시 본부를 마련한 시 보건국을 찾아갔다. 보건국은 시장이 대외적으로 원조를 요청할 경우 시에 대한 격리사태를 촉발할 수 있다며 걱정했다. 블루는 아무 말 없이 듣고만 있었다. 재건 비용으로 이미 많은 돈을 소비한 시 입장에서는 더 이상의 재정적인 부담은 견딜 수 없다고도 했다. 블루는 시민들을 안심시킬 수 있도록 보건국을 도와 다음과 같은 글을 작성했다.

샌프란시스코 시민들에게

시 보건국에서는 선페스트에 대해 민심을 불안케 하는 소문들을 접했습니다. 이에 보건국의 책임자는 현재 샌프란시스코에는 피해를 야기할만한 어떤 것도 존재하지 않음을 선언합니다. 더욱이 시에 대한 격리조치는 가능성이 없으며 현재 그러한 격리조치를 위한 어떤 시도도 없습니다.

지난 5월 27일부터 현재까지 발견된 발병 사례 건수는 모두 25건이었습니다. 연방 관리당국에 의해 모든 예방조치가 취해지고 있으며 주와 시 보건국에서는 병의 확산을 현 단계에서 막기 위해 모든 협력을 아끼지 않고 있습니다. 선페스트는 열대지방이 아닌 곳에서는 전염성이 거의 없다고 생각해도 무방합니다.

여기서 밝힌 페스트 사례 수는 맞는 것이었다. 그러나 유쾌한 어조는 현실이 아닌 희망사항일 뿐이었다. 위만 국장에게 보낸 루퍼트 블루의 보고서에는 그가 시민들에게 전한 침착한 말과는 다른 그림이 묘사되어 있다.

"엄청난 숫자의 쥐들이 시 전역에 퍼져 있습니다. 특히 화재가 있던 지역은 녀석들이 서식하기에 매우 이상적인 환경입니다. 파괴된 건물의 산더미 같은 잔재며 부서지거나 막힌 하수관들은 그들에게 적당한 보금자리가 됩니다. 한편, 여기저기 쌓인 쓰레기와 창고의 버려진 음식들은 놈들에게 무제한의 식량을 공급합니다. 뿐만 아니라 대부분의 주택들은 쥐와 다른 해로운 동물들의 침입에 무방비 상태입니다. 발병의 위험도가 가장 높은 지역으로는 난민 수용소들을 들 수 있습니다. 난민들은 벼룩이 들끓는 판잣집과 오두막에서 삽니다. 구호위원회의 감독 하에 있는 수용소들은 비교적 위생상태가 좋지만 버려진 창고나 부서진 하수관과 너무 가까운 곳에 위치해 있습니다. 바로 이런 곳에 쥐들이 떼로 모여 살고 있는데도 말이죠. …… 또한 임시 변소도 여전히 사용되고 있습니다. 도시에는 먼지도 무척 많습니다. …… 넓은 지역에 병이 퍼져 있다는 점은 페스트퇴치운동이 오래 걸릴 뿐 아니라 많은 비용이 필요할 것임을 말해줍니다. 현재 시가 보유한 자금은 금방 바닥날 겁니다."

행정위원회는 깊이 있는 조사 끝에, 흔들리고 있는 시 기금으로부터 2만 5천 달러 정도를 9월 분 페스트처리비용으로 조달할 것이며 그 이후에는 매달 2만 달러를 제공할 것이라고 약속했다. 블루는 공중위생국에서 12명의 의료진을 배치할 계획이라고 말했다. 시는 36명의 위생조사관을 고용하는 데 동의했다. 이것은 군단의 시작이었다.

시 전역을 찾아 다닌 끝에 연방 페스트실험실은 하이트 가 근처 필모어 가 401번지에 있는 2층짜리 빅토리아 양식의 주택으로 정해졌다. M.M. 피츠제럴드 부인이 월세 80달러에 내놓은 집이었다. 중산층의 목조 가옥들이 즐비한 마을 꼭대기에 세워진 페스트 실험실은 간판을 걸고 쥐 사냥꾼이며 위생기술자 등 잡다한 역할을 할 팀원을 고용하기 시작했다. 일자리가 없는 사람들이 구름처럼 몰려들었다. 페스트 연구의 선구자 키타사토가 고안한 방식에 따라 시를 열두 개의 페스트 지정 구역으로 나누었고 각 구역은 공중위생국 소속 의사들이 한 명씩 맡아 풋내기 팀원들을 감독하도록 했다.

빈약한 재정 상태에도 불구하고 시는 당당한 자세를 취했다. 파괴된 거리 곳곳에 매일 순찰을 나가는 블루를 돕기 위해 시에서는 그에게 사무용 자동차를 제공했다. 이제 그는 전차가 갈 수 없는 지역까지도 접근할 수 있었다.

시군병원은 구제할 길이 없었다. 페스트 환자 격리병동은 새로운 곳으로 옮겨졌다. 그곳은 아미 가와 드 하로 가 사이에 있는 수용소로 2미터 40센티미터 높이의 아연 도금을 한 강철담장이 빙 둘러져 있어 쥐들의 침입이 불가능한 곳이었다. 다른 환자들의 경우에는 프레지디오 병원, 국립 빈민구제소, 개인병원 등 멀리 떨어진 곳들로 이미 옮겨 간 뒤였다. 순종마들이 살기에 통풍이 지나치다는 이유로 사용되지 않던 잉글사이드 경마장의 마구간까지 병자와 노인들을 위한 시설로 사용되었다.

도시 전역의 환경은 페스트 확산에 이상적이었다. 블루는 단 한 군데 깨끗한 지역이 있는데 바로 차이나타운이며 그곳에는 병이 거의 존재하지 않는다고 자랑스럽게 말했다. 그는 이것이 1903년과 1904년 그 지역의 지하실을 모두 시멘트로 발라 페스트를 몰아낸 덕분이라고 했다.

어떤 이유에서인지 차이나타운 사람들의 불신은 이제 누그러지기 시작했다. '늑대 의사' 조지프 키년과 달리 부드러운 말씨의 블루는 점차로 그 지역민의 마음을 사로잡았다. 『충사이예포』지는 새로운 지휘관을 인정하는 신호로 다음과 같은 글을 실었다.

페스트를 조사하기 위해 워싱턴에서 파견된 블루 박사는 페스트가 심각하지 않다고 했다. 또한 사람들에게 두려움에 떨지 말라고 당부했다. 연방 정부 의료진이 주택에 대해 지나친 격리조치를 하거나 거주민을 괴롭히는 일은 없을 것이다. 그들의 주된 목표는 쥐를 쫓아내는 일이다. 또한 그들은 매우 친절하며 예의바른 사람들로 우리 기자들에게 주민들을 안심시켜 달라고 부탁했다.

쥐 / 실 / 험 / 실

블루는 환상을 갖고 있지 않았다. 그는 "페스트퇴치운동이 금방 끝나지 않을 듯하네."라고 워싱턴에 있는 동료에게 털어놓았다. "그리고 이전 경우보다 전염병을 박멸하기가 50배는 더 어려울 거야. 문제는 전염병이 시 전체에 퍼져 있고 화재 발생 지역에 기생하는 수많은 쥐들이 쓰레기 더미 속에서 살아남아 셀 수 없을 만큼 늘어나고 있다는 것이네. …… 사람들은 상당히 불안해하고 있으며 격리당할까봐 초조해 하고 있네 ……."

블루는 필모어 가 401번지에 지휘 본부와 연방 실험실을 마련했다. 빅토리아풍의 본부 건물 뒤쪽, 정체를 알 수 없는 부속 건물에 쥐 실험실이 있었다. 쥐 실험실에는 납으로 덮인 비좁은 해부용 테이블이 놓여 있었고 그 위에는 사후 분석을 위해 머리에서부터 발끝까지 절개된 쥐 시체들이 널려 있었다. 실험실의 벽에는 곤충들이 쥐 시체 위에 내려앉아 세균을 증식하지 못하도록 사각형의 끈끈이를 붙여 놓았다. 그곳은 마치 쥐를 위한 검시소 같았다.

검역관들은 소매를 걷어 올리고 앞치마를 둘렀는데 가끔은 장갑을 끼기도 했다. 준비를 마친 그들은 쥐 시체의 피부를 벗기고 소독제에 담갔다. 몇 마리인지 수를 세고 판자 위에 못으로 고정시킨 다음 잡은 날짜와 장소를 기록한 라벨을 각각의 시체 밑에 붙였다. 내장을 건드리지 않기 위해 신속하고 가벼운 동작으로 수직으로 길게 절개를 했다. 그들은 절개된 흉부와 복부를 들여다보며 목의 선이 붓거나 심장, 간, 비장 등이 부풀어 오르는 증세들, 즉 페스트의 징후가 있는지 살펴보았다. 조금이라도 감염된 징후가 보이면 다음 테스트를 실시했다.

그들은 페스트의 기미가 발견되면 스탠스필드를 불렀다. 그는 선, 비장, 혹은 간의 아주 미세한 조직 샘플을 채취한 뒤 그것을 현미경 슬라이드에 올려놓았다. 그는 또한 배양 접시에 조직 샘플을 점점이 흩어 놓았다. 배양 접시에는 너무 익어버려 젤리처럼 되어 버린 콩소메 비슷한 세균 배양액이 들어 있었다. 그런 다음 그는 배양 접시를 지켜보며 조직 샘플에서 세균들이 자라나 넓고 두껍게 퍼져 마치 두들겨 놓은 동판 모양이 되는지 확인했다. 그것은 페스트균의 군체였다. 그는 그 세균 덩어리를 다시 실험용 쥐에 주입한 다음 쥐가 살아남는지 죽는지 지켜보았다. 샌프란시스코의 공중위생은 바로 이러한 실험에 달려 있었다.

그것은 끔찍하고 악취가 나는 일이었다. 검역관들은 쥐의 피부를 벗기고 절개하고 검사하는 일을 최대한 빠른 속도로 진행하고 있었다. 점차 속도가 빨라지고 노하우가 생기면서 그들은 하루에 수백 마리를 해부했다. 쏟아지는 쥐 시체들로 매일 8개 내지 10개 가량의 강철 쓰레기통이 가득 찼다. 쥐 시체들은 소각로로 옮겨 불태워졌다. 옷에 밴 그 고약한 냄새는 좀처럼 가시지 않았다. 그래서 하루 일과가 끝이 날 때면 그 지독한 냄새를 지우기 위해 향이 강한 비누로 씻고 향수를 온몸에 뿌려 대고 브랜디를 마셔야 했다.

이러한 작업에는 항상 위험이 따랐다. 산 채로 잡은 쥐를 끓는 물에 집어넣거나 등유에 담거나 혹은 포름알데히드로 소독 처리한다고 해도 벼룩이 튀어 올라 방심한 검역관들을 물어뜯을 가능성은 항상 남아 있었다. 그래서 그들은 백신, 즉 항혈청을 접종했다.

점차 성과를 올리고 있는 가운데 블루 박사의 검역관들은 래터스 노르베지커스Rattus norvegicus(일반 갈색 시궁쥐, 노르웨이 시궁쥐—역자 주)의 생활 습관에 대한 한 가지 사실을 알게 되었다. 갈색쥐 혹은 시궁쥐라고도 하는 이 쥐는 몸집이 크고 등이 굽어 있으며 머리는 작고 꼬리는 털이 없이 비늘로 덮여 있었다. 새끼를 많이 낳는 이 쥐는 같은 계통의 해양성 쥐인 래터스 래터스Rattus rattus(곰쥐, 배쥐 혹은 지붕쥐라고도 함—역자 주)보다도 생식력이 뛰어났다. 블루와 러커는 래터스 노르베지커스에 대해 다음과 같이 분석했다.

우리는 연구를 하던 중 쥐가 거주하는 곳이 보통 Y자 모양으로 되어 있다는 사실을 발견했다. Y자로 갈라진 한 쪽 끝에는 옥수수, 밀, 빵 조각 그리고 사과 씨 등이 있는 창고가 있었다. 다른 쪽 끝에는 짚이나 건초 더미 위에 헝겊과 깃털로 된 둥지가 있었는데 이는 벼룩이 번식하기에 더없이 좋은 장소였다. 이와 같은 사실은 쥐의 또 다른 특성, 즉 쥐의 총명함에 대한 실마리를 제공한다. ……인간이 쥐와 싸움을 시작할 때 그 싸움은 인간의 지능과 쥐의 본능 사이의 대결이 된다. 그런데 인간이 언제나 유리한 입장은 아니다.

매일 인부들은 거리로 나가 집들을 수색하면서 쥐약을 놓거나 쥐 구멍을 막고 쓰레기를 태웠다. 의료진들은 회진을 하며 환자들과 죽은 사람들을 조사했다. 대부분의 페스트 환자들은 너무 낡아 더 이상 제 구실을 못하는 병원에서 몇 구역 떨어져 있는 페스트 격리소나 시체 보관소로 보내졌다.

루퍼트 블루는 쥐, 사람, 페스트 사이의 상관관계에 관심을 갖게 되었다. 처음에 페스트가 돌았을 때도 그는 해충을 통제해야만 페스트를 잡을 수 있다고 생각했다. 이제야 겨우 벼룩이 페스트에 어떤 역할을 하는지 조금씩 밝혀 내기 시작했다.

블루는 워싱턴에 편지를 써서 인도와 중국에 퍼졌던 페스트에 관한 논문 자료를 보내 달라고 요청했다. 1906년에 인도 및 기타 지역의 페스트 위원회 의사들은 프랑스의 연구가 폴 루이 시몽이 10년 전에 발견했던 사실을 확인시켜 주는 증거들을 출판하기 시작했다. 즉, 벼룩에 물린 상처를 통해 페스트가 퍼질 수 있다는 내용이었다. 이러한 사실을 획기적인 발견으로 여긴 공중위생국장 위만은 이미 1907년 초부터 서부 해안 곳곳의 공중위생의들에게 그 보고서를 돌리기 시작했다.

블루는 그 보고서를 유포하면서 페스트에 대한 공격을 가다듬었다. 쥐는 페스트를 옮기는 매개물이었다. 쥐의 털 속에 숨어 있던 곤충들이 죽음을 퍼뜨렸다. 이에 블루 박사는 실험실에서 처리할 수 있는 한도 내에서 매일 점점 더 많은 쥐들을 해부하라고 검역관들을 다그쳤다. 그는 페스트가 쥐에서 인간으로 옮아가는 시점을 파악하기 시작했다. 쥐와 인간 사이에서 페스트를 옮기는 아주 조그만 중개자는 참깨 크기밖에 되지 않는 윤이 번지르르한 갈색의 흡혈 곤충이었다.

블루는 인간 페스트가 최고조에 달하는 시기인 4월부터 9월 사이에 벼룩이 왕성하게 번식한다는 점을 알아냈다. 그리고 10월부터 3월 사이에 추위가 찾아오면 벼룩은 활동력이 저하되고 동면에 들어간다는 사실도 발견했다. 그러나 침체기처럼 보이는 겨울에 오히려 쥐 페스트가 기승을 부렸다. 날씨가 습했기 때문에 쥐들은 먹을 것을 찾아 은신처 밖으로 나오기를 꺼려했다. 굶주린 쥐들은 서로 잡아먹기 시작했다. 허약한 놈들은 거세게 공격해 오는 쥐들에게 속수무책으로 당할 수밖에 없었다. 서로 잡아먹는 와중에 전염병이 퍼져 나갔다. 봄이 되자 따뜻한 기운이 쥐들을 밖으로 불러냈다. 바로 그때 벼룩이 알을 깠다. 그렇게 시작된 새로운 주기는 샌프란시스코에 따뜻한 가을이 올 때까지 지속되다가 다시 태평양 연안에 차가운 비가 몰려오면 해충들이 지하로 숨어 버림과 동시에 끝났다.

블루가 페스트 현장에 머문 지 한 달도 안 된 10월 3일의 통계에 따르면 51명이 페스트균에 양성 반응을 보였고 54명이 추정 환자로 밝혀졌으며 30명이 목숨을 잃었다. 쥐가 계속해서 번식하고 질병도 확산되자 블루는 페스트퇴치운동을 도시 전체로 넓혔다. 그는 각 가정, 직장, 창고, 공장, 제과점, 식당 그리고 시내 호텔 등에 배포할 간행물의 초안을 작성했다. 쥐덫을 놓고 쥐약을 살포하라고 그는 촉구했다. 쥐구멍을 막고 쓰레기는 금속으로 된 쓰레기통에 버릴 것을 당부했다. 모든 건물에 쥐가 못 다니도록 조처를 취하라고 지시했다. 그는 페스트라는 단어를 쓰지 않았다. 상인협회에서는 이러한 블루의 방침을 반겼으며 간행물을 샌프란시스코 전역에 돌렸다.

샌프란시스코에서 로보스 광장만큼 심각한 피해를 입은 지역은 없었다. 로보스 광장의 마리나 지구에 있는 난민수용소에는 집 없는 난민 2,000명이 거주할 수 있도록 적십자에서 지은 목조 가옥 750가구가 격자 모양으로 얽혀 하나의 마을을 이루고 있었다. 그곳은 너무나 방대해 그 지역 내에 따로 거리와 주소가 있을 정도였다. 그곳은 또한 쥐들을 유혹했다.

쥐들이 목조 가옥에 숨어들었다. 그들의 털에는 벼룩이 득실거렸다. 그 벼룩들이 16개월 된 메리 코스텔로에게 옮아가서 그녀의 부드러운 살갗을 뚫었다. 그 아기는 가려워 어쩔 줄 모르며 물린 자국을 긁어 댔다. 세균이 물린 상처를 통해 더욱 깊숙이 스며들었다. 며칠 후 고열과 함께 메리의 몸이 여기저기 부어 올랐다. 그녀는 9월 27일에 사망했다. 이웃집 아이였던 5세의 토마사 헤레라도 2주 후에 목숨을 잃었다. 난민촌에서 페스트로 죽어간 아이들에게는 자신들의 죽음을 애도해 줄 사람이 없었다. 사망신고서에 따르면 그 아이들의 부모가 누구인지도 밝혀지지 않았다. 그들은 18명의 페스트 피해자 가운데 일부였다.

그 다음 주 10월 18일, 블루는 알기 쉽고 간단한 내용의 최신 통계 자료를 보냈다. "현재까지 피해 상황은 양성 반응 65명, 의심 환자 38명, 사망자 38명……." 다시 말해 65명이 페스트에 감염된 것으로 확인되었고 38명이 감염된 것으로 추정되며 모두 38명이 페스트로 사망했다는 것이다. 블루는 뭔가 대단한 일을 한 것처럼 느껴지는 암호명 '완수' 대신에 자신의 이름을 적어 넣은 공문서를 보냈다.

쥐 퇴치운동에는 3만에서 5만 달러의 비용이 투입되었다. 빅토리아 풍의 본부 건물 임대료뿐만 아니라 의료진 12명의 월급과 인부 300명의 임금, 그리고 수천 개의 덫, 다량의 미끼와 쥐약에 들어가는 비용이었다. 그러나 시에서는 이를 지원할 형편이 못 되었다. 시의 모든 자금은 지진에 의해 파괴된 도로 및 하수시설을 복구하는 비용으로 편성되어 있었다. 블루는 자금지원 문제로 정부 측과 씨름해야 했다. 오랫동안 행방이 묘연했던 실험실 장비가 도착한 후 수송로가 파괴되고 말 았는데, 블루는 그것을 교체할 비용 250달러를 지원받지 못했다. 그는 자체적으로 노력하라는 명령만 받았다. 연방 정부의 프로토콜(과학적 연구, 환자를 치료하기 위한 계획—역자 주)은 제대로 실행되지 않고 있었다.

해외여행에서 돌아온 공중위생국장 위만은 샌프란시스코에서 온 보고서를 쭉 훑어보았다. 그는 몹시 분개했다. 그가 화난 이유는 페스트 때문이 아니었다. 보고서 작성 방식이 문제였다. 그는 신랄한 비난을 퍼부으며 문체와 형식에 신중을 기해 보고서를 작성하라고 요구했다.

블루는 이러한 비난을 받아들였다. 공중위생국장은 블루가 간신히 막아내고 있는 재난에 대해 아무것도 알지 못하고 있음이 분명했다. 도시는 폐허가 되어 버렸고 쥐들이 우글거리며 페스트까지 널리 퍼져 있었지만 이런 상황을 관리하는 인원들은 믿을 수 없는 잡역부와 빈둥거리는 게으름뱅이들이 전부였다. 블루는 보고서를 깨끗이 정돈했다. 그리고 사람들에게 힘을 합해 더욱 분발하여 더 많은 쥐를 잡아들이자고 당부했다. 그러자 처음에는 하루에 1천 마리였던 것이 나중에는 1천 2백 마리로 늘었다.

쥐 실험실에서의 연구가 잘 진행되고 에드워드 테일러 시장이 연방 정부의 지원을 간청하기 위한 대표단 파견을 준비하자 재무장관 조지 B. 코르텔유의 완강하던 태도가 누그러졌다. 연방 정부는 페스트 퇴치비용으로 한 달에 5만 달러를 부담하겠다고 동의했다. 그러나 정부가 약속한 자금 지원은 결코 이른 것이 아니었다. 이미 전염병에 대한 공포는 해외로 확산되고 있었다. 10월 말, 노르웨이 왕국은 샌프란시스코를 여행제한지역으로 선포한다고 국무부장관 엘리우 루트가 내각에 알렸다. 10월 29일, 블루는 샌프란시스코에 페스트 양성반응 사

례가 78건이고 페스트에 걸린 것으로 추정되는 사례가 35건이며 50명
이 사망했다고 보고했다.

블루는 쥐에 대한 전쟁을 한층 확대했다. 11월 8일에 그는 공중위
생국장 위만에게 한 주 동안 1만 3천 마리의 쥐를 잡아 새로운 기록을
세웠다고 편지에 썼다. 그렇지만 여전히 더 많은 쥐들이 페스트로 죽
거나 쥐약을 먹고 복잡한 지하 하수구에서 널브러져 있었다. 하수구를
담당한 인부들은 그렇게 많은 쥐들을 본 적이 없었다.

하지만 쥐들은 그들의 전설적인 생식능력으로 쥐덫에 걸리는 숫
자보다 훨씬 많은 수를 생산해 내고 있었다. 암컷은 4개월마다 10마리
에서 15마리까지 새끼를 낳았다. 그 새끼들은 아주 빠르게 자라서 4개
월만 지나면 생식능력을 갖게 되었다. 심지어 1년 만에 한 가족이 800
마리의 쥐를 낳을 수도 있었다. 지진으로 인해 생긴 폐허는 쥐들이 달
콤한 신혼을 즐기고 새끼를 키우는 은신처가 되었다. 쥐들의 수가 급
격히 늘어났다는 사실은 벼룩 수의 증가를 통해서 알 수 있었다. 겨울
에는 쥐 20마리에서 단 한 마리의 벼룩만이 발견되었다. 그러나 날이
따뜻해지자 상황이 완전히 바뀌었다. 건강한 쥐 한 마리에서 25마리의
벼룩이 발견된 반면 병든 쥐에서는 무려 85마리가 나왔다.

이렇게 쥐와 벼룩이 기하급수적으로 증가하는 가운데 부유한 사
람이나 가난한 사람 가릴 것 없이 도시의 모든 사람들은 페스트의 위
험에 노출되었다. 심지어 의료 전문가들도 예외는 아니었다. 단지 '닥
터 C'로만 확인된 어느 내과의사의 가족들은 이층짜리 아파트 벽에서
역겨운 악취가 풍겨 나온다는 사실을 알아냈다. 악취의 원인을 제거하
기 위해 그 의사는 배관 파이프를 둘러싸고 있는 판자를 뜯어냈다. 그
는 텅 빈 벽 속에서 부패가 상당히 진행된 쥐 두 마리를 발견했다. 벽에

서 쥐 시체를 제거해 냄새를 없앨 수 있었지만 그것은 위험천만한 작업이었다. 며칠 후, 가족 중 한 사람이 페스트로 죽었고 또 다른 한 명은 중태에 빠졌다. 조사를 끝낸 블루는 다음과 같은 결론을 내렸다. 죽은 쥐 시체에 기생하던 쥐벼룩이 벽 속에서 꼼짝하지 못한 채 굶주리고 있다가 의사가 판자를 제거하는 틈을 이용해 빠져나와서는 따뜻한 혈액을 공급받기 위해 그의 가족들을 먹이로 삼은 것이었다.

미션 구역에 사는 어떤 가족들은 더욱 치명적인 피해를 입었다. 11월 어느 날, 어린 바우어즈 형제가 폐허가 된 지하실에서 놀다가 놀라운 것을 발견했다. 그것은 소름끼치는 쥐 시체였다. 그 쥐를 신발 상자에 넣은 뒤 두 형제는 장례식을 치르고 쥐를 묻어 주었다. 어떻게 보면 끔찍하기 짝이 없는 그 놀이가 그 아이들 아버지의 직업을 고려해 본다면 아주 자연스러운 것이었다. 그들의 아버지 오티스 하워드 바우어즈는 장의사였다.

엄숙한 장례식을 치른 다음 두 소년은 저녁을 먹기 위해 미션 가 2888번지에 있는 집까지 달려갔다. 미션 가는 근처의 스페인 식 흰색 어도비 벽돌(햇볕에 말려서 만든 벽돌—역자 주)로 지어진 미션 돌로레스 교회의 이름을 딴 곳으로, 떠들썩한 상업 지구였다. 그 거리를 따라 상점이 늘어서 있었고 맞은편으로는 빅토리아 풍의 아파트가 들어서 있었다.

소년들은 자신들도 모르는 사이 비밀스런 놀이의 기념품을 집으로 가져왔다. 그것은 벼룩이었다. 벼룩들은 쥐 시체에서부터 아이들의 다리로 몰래 옮아와서 집까지 따라왔다. 그 집에는 부모님, 할머니 그리고 여동생이 있었다.

아무도 모르는 사이에 감염이 일어났다. 가장 먼저 발병의 징후를 느낀 사람은 그 집의 가장인 37세의 아버지였다. 그의 오른쪽 허벅지에 살짝 부어 오른 흔적이 발견되었다. 곧 열이 나고 온몸이 부서질 듯한 피로가 몰려와 그는 병상에 눕고 말았다. 그의 아내와 장모님이 병실을 떠나지 않고 그를 돌봤지만 바우어즈는 정신을 놓고 말았다.

열이 나면서 남편이 반응을 보이지 않자 놀란 바우어즈 부인은 의사를 불렀다. 이때 벌써 남편의 병은 상당히 진행된 상태였기 때문에 의사는 아무런 도움을 줄 수 없었다. 이미 감염이 림프선에서부터 혈관까지 전이된 그는 쇼크에 빠졌고 그 결과 장기 기능이 마비되었다. 의사가 도착한 지 한 시간 후 바우어즈는 사망했다.

그 다음에는 세 살 난 그의 아들 조지프의 왼쪽 허벅지에 혹이 생겼다. 조지프는 들것에 실려 격리병원으로 후송되었다.

하워드 바우어즈가 사망한 이틀 뒤 그의 아내는 심각한 우울증에 빠졌다. 이웃들은 그녀가 남편을 잃은 슬픔에 괴로워한다고 생각했다. 그러나 그녀의 창백한 얼굴과 충혈된 눈은 슬픔 때문만이 아니었다. 머리가 깨질 듯한 고통이 그녀를 찾아왔고 등과 팔다리는 마구 찌르듯이 아팠다. 늦가을이라서 날씨가 선선했는데도 그녀의 코르셋이 끈끈한 땀으로 흠뻑 젖을 만큼 열이 많이 났다.

다음날 아침 의사들이 도착했을 때 마가렛 바우어즈는 매우 허약해진 상태였다. 핏발이 선 눈으로 바라보는 그녀의 모습에는 불길함이 드리워져 있었고 얼굴은 두려움과 공포로 가득했다. 의사들은 '그 끔찍한 표정'을 페스트의 징후로 보았다. 검사를 하던 중 의사들은 그녀의 왼쪽 허벅지에서 엄청나게 부풀어 올라 있는 선을 발견했다. 의사들은 흐느적거리는 그녀의 몸을 추슬러 구급마차에 실은 후 격리병원으로 보냈다. 그 병원에는 그녀의 세 살 난 아들 조지프가 사투를 벌이며 누워 있었다. 그녀는 그곳에서 입원 허가를 받고 상당량의 예르생 항혈청을 접종했다. 항혈청은 그녀가 전염병과 싸워 버텨 낼 수 있는 유일한 희망이었다. 그녀의 병상 근처에는 기력을 회복한 아들 조지프가 있었는데 그의 병세는 호전되기 시작했다.

반면, 집에서는 바우어즈의 두 살박이 딸과 예순의 노모 브리짓 노이젯이 열이 나고 몸이 붓는 증상을 나타냈다. 그들도 선페스트 진단을 받고 격리병원에 입원했다. 바우어즈의 또 다른 아들은 병원에 입원은 했으나 가까스로 벼룩의 공격을 피할 수 있었기 때문에 건강한 상태였다.

병원의 격리주택에 수용된 바우어즈 부인은 항혈청에 반응을 보이는 듯했다. 열이 주춤하더니 조금 떨어졌다. 의사들은 그녀가 힘겨운 시기를 잘 버텨내기를 바랐다. 그러나 그녀는 여전히 왼쪽 가슴과 갈비뼈 아랫부분에 통증을 호소했다.

12월 6일 저녁, 갑자기 마가렛 바우어즈의 체온이 40도까지 치솟았다. 세균들이 그녀의 혈관을 타고 폐까지 들어간 것이다. 이제 그녀는 폐렴성 전염병을 앓고 있었다.

그녀가 간신히 숨을 쉬고 있을 때 균과 죽은 세포 부스러기가 폐의 공기주머니를 막아 버렸다. 그러자 혈액에 거품이 일면서 더 이상 산소를 공급받지 못하게 되었다. 숨쉬기가 무척 힘겨웠다. 그녀는 산소에 목말라 했다. 12월 8일, 회복 중이던 어린 아들 곁에서, 간호원들이 속수무책으로 바라보는 가운데 마가렛 바우어즈는 질식사했다. 그녀의 심장은 수축 도중에 멈춰 버렸다. 그녀의 나이, 스물일곱이었다.

고아가 되어 버린 두 소년은 의사들에게 죽은 쥐를 발견해서 장례식을 치러 주고 보드지로 무덤을 만들어 주었던 이야기를 했다. 조사자들은 미션 가를 역추적해서 쥐 시체가 들어 있는 그 관을 찾아내어 필모어 가 401번지에 있는 페스트 실험실로 가져왔다. 블루 박사 팀은 그 쥐의 피부를 벗기고 절개하여 검사했다. 그 안에서 페스트 박테리아를 발견했을 때 어느 누구도 놀라지 않았다. 순진한 아이들의 놀이로 인해 두 소년의 부모가 목숨을 잃었던 것이다.[12]

두 번째로 페스트가 퍼지고 나서야 샌프란시스코 시 당국은 쥐들의 출입구인 부두에 대해 조처를 취했다. 비록 배들은 오랫동안 훈증 소독을 받아 왔지만 쥐들이 배와 해안가를 돌아다니는 데는 아무런 장벽도 없었다. 이에 블루 박사는 선창과 부두를 쥐가 들끓는 말뚝 대신 금속과 콘크리트로 짓도록 명령하도록 촉구했다. 화물 주인들은 네 발 달린 밀항자들을 막아내기 위해 배를 선창에 정박시키는 굵은 밧줄에도 새롭고 효과적인 쥐잡이 장치를 설치했으며 몇몇은 쥐덫을 놓았다. 이 와중에 육지에서는 블루와 러커가 쥐잡이 군단을 훈련시켰다.

"총 없이 병사가 될 수 없듯 쥐덫 없이 쥐잡이가 될 수 없다."라고 블루는 말했다. 그는 자신의 직원들이 쥐를 잡기 위해 고용한 천하고 의기소침한 지역 인부들의 영향을 받을까봐 걱정했다. 그들 대부분은 실직한 전차기사였거나 땀 흘려 일하지 않아도 되리라는 안이한 생각으로 계약서에 서명한 자들이었다. 그래서 블루는 상벌제도를 적용해 게으름을 피우는 사람들은 해고하고 부지런한 인부들에게는 임금을 인상해 주었다. 그는 또한 정확하고 과학적인 방법을 이용해 쥐를 잡게 만들었다.

블루의 행정관인 W. 콜비 러커는 '쥐 잡는 법'이라는 제목으로 소책자를 작성했다. 이 책에서 러커는 철사로 된 19인치짜리 프랑스제 쥐덫을 쥐가 음식을 먹는 장소나 건초, 짚 혹은 나무로 위장한 곳에 설치하라고 충고했다. 설치가 끝나면 고기, 체다 치즈, 훈제 생선, 신선한 간, 소금에 절인 쇠고기, 튀긴 베이컨, 잣, 사과, 당근 그리고 옥수수 등 다양한 미끼로 쥐를 유인한다. 그리고 쥐들을 덫으로 끌어들이기 위해 보리를 길게 뿌린 후 신문지를 태워서 그 연기로 사람들의 손길이 닿은 흔적을 지운다. 좀 더 확실히 쥐를 유혹하기 위해 병아리나 오리새끼를 근처에 둔다. 암컷이 덫에 걸렸을 때는 암컷의 울음소리를 듣고 수컷과 새끼가 찾아오도록 내버려 둔다. 그러나 러커는 "잡은 쥐를 그 자리에서 죽이는 것은 현명하지 못한 방법이다. 왜냐하면 쥐의 비명 소리가 다른 쥐들을 놀라게 해 쫓아 버리기 때문이다."라고 경고했다. 러커가 제시한 방법은 너무나 유혹적이었기 때문에 수백만 마리의 쥐들은 죽음을 피할 수 없었다.

카키색 유니폼을 입은 공중위생의들이 샌프란시스코 내에 페스트가 퍼져 있는 13개 구역을 순찰했다. 블루는 마치 미신을 비웃기라도 하듯 한 구역을 더 추가했다고 콜비는 말했다. 그들은 이제 샌프란시스코 시민들에게 익숙한 모습이 되었다. 대중의 반감이 이제는 다소 누그러졌다. 자부심이 강했던 블루는 그를 반대하는 사람들 속으로 위험을 무릅쓰고 나아가기 위해 이 순간을 활용하기로 했다.

『크로니클』지의 편집실에서 인터뷰를 하기로 약속한 블루는 마이클 해리 드 영과 함께 청중을 요청했다. 마이클 해리 드 영은 독선적인 출판발행인이자 공화당의 권력을 움직이는 막후 인물이었으며, 실망스러운 상원 입후보자로서 오랫동안 샌프란시스코와 운명을 같이해 왔다. 정열적인 수집가로서 막대한 소장품을 보유하고 있던 그는 금문교 공원에 최초의 대중미술관 '드 영 박물관'을 세워 시에 기부했다. 예술품을 무척 아꼈던 58세의 이 발행인은 샌프란시스코의 전염병처럼 끔찍한 것에 대해서는 아무런 입장도 표명하지 않았다. 암살기도와 지진에서도 살아남은 그는 검역에 호의를 보이지 않았다. 게다가 과학적 이론을 내세우며 도시를 파괴하려드는 한 연방 관료가 신문의 편집 방침을 지시했으나 이를 따르려고 하지도 않았다.

"당신의 도움이 필요합니다."라고 블루는 간청했다. 그는 독자들에게 페스트에 관한 사실을 보도해 달라고 드 영에게 간곡히 부탁했다. 그가 그 부탁을 들어주지 않는다면 공중위생국은 쥐퇴치운동에 사람들의 참여를 유도할 길이 없었다. 드 영은 불분명한 얼굴로 냉담하고 애매한 대답을 했다. 그는 프로그램을 시작하기에 앞서 상대방의 비위를 맞춰 주는 데 익숙했다. 그러한 사실을 몰랐던 블루는 중대한 임무를 성공시키지 못했다.

"나는 드 영 씨와 인터뷰를 했다."라고 맥이 빠진 페스트 지휘관 블루가 적었다. "그는 특이하고 고집이 센 사람이다. 그리고 그 어느 때보다 더 큰 위력을 갖고 우리에게 총을 들이댈지도 모른다." 그러나 "오직『크로니클』지를 제외한 시 당국과 언론, 시민 등은 모두 우리와 뜻을 같이하고 있는 듯하다."

한편 필모어 가 쥐 실험실에서는 스탠스필드와 다른 의료진들이 기진맥진해 있었다. 블루가 원했던 실험 테스트 중 극히 일부분만이 완성되어 있었다. 하루에 검사되는 쥐들은 채 200마리도 안 되었다. 블루에게는 정보가 더 필요했다. 페스트의 은신처인 인간과 설치류가 너무나 널리 퍼져 있었고 도시의 13개 구역 가운데 단 3개 구역만이 감염되지 않은 상태였다.

추수감사절 직후, 페스트로 확인된 사람은 106명이었고 사망자는 65명이었다. 겉으로 보기에 블루는 여전히 자신에 찬 표정이었다. 그의 팀원들은 그가 완벽한 위생학자의 모델이 되어 주길 원했다. 그러나 블루는 개인적으로는 결코 잘난 체 할 입장이 못 되었다.

블루는 사우스캐롤라이나 주에 있는 어머니와 여동생들에게 돈을 보내야 하는데 그 날짜가 점점 늦어지고 있었다. 워싱턴의 반反 트러스트(시장을 지배하는 독점행위나 거래의 제한을 목적으로 하는 기업합동을 금지 또는 제한하는 것—역자 주) 운동으로 인해 공황 상태에 빠진 은행이 쉽게 수표를 발행해 주지 않았기 때문이다. 그래서 그는 다음 달 월급 전액을 집으로 보내겠다고 약속하는 편지를 썼다. 그리고 자신의 일이 어떻게 진행되고 있는지 가족들에게 전했다. "페스트 사례가 줄면서 공중위생운동의 효과가 눈에 띄게 나타나고 있습니다."라고 그는 애니 마리아에게 적어 보냈다. 그러나 "하지만 이번 겨울에 할 일이 아직 많이 남아 있습니다."라고 덧붙였다.

일주일 내내 필모어 가 401번지의 창살 사이로 비치는 불빛은 밤새 꺼지지 않았다. 블루에게는 주말과 공휴일도 없었다. 그는 팀원들을 다그쳤다. 그들은 블루가 좀처럼 만족할 줄 모르는 일중독자라고 생각했다. 그러나 놀랍게도 지금까지 불평하는 사람이 거의 없었다. 수백 명의 인부들은 매달 수천 개의 덫을 놓고 엄청난 양의 치즈로 미끼를 만들었다. 그러나 쥐는 여전히 왕성하게 번식했고 또 시체도 늘어났다.

1907년이 끝나갈 무렵, 136명이 페스트 진단을 받았고 그들 중 73명이 목숨을 잃었다. 이 수치는 거의 4개월 동안에 발생한 사례를 모은 것과 같았다. 그 해 12월, 블루는 새해에 다가올 불길한 예상을 워싱턴에 적어 보냈다.

"상황은 제 생각만큼 빨리 나아지지 않고 있습니다. ……도시 전체가 완전히 감염된 사실에 대해서는 의심의 여지가 없습니다."라고 그는 말했다. 그는 공중위생운동이 갈림길에 놓여 있다고 생각했다. 겨울이 끝날 때까지 도시의 쥐를 모두 제거하지 않는다면 역사상 전례가 없는 엄청난 규모의 페스트가 발생할지도 모른다고 그는 말했다.

그러나 여러 달 동안 쥐 잡는 일에 최선을 다했지만 쥐를 완전히 없애기까지는 아직도 까마득한 듯했다. 필모어 가 본부 상황실에서 루퍼트 블루는 페스트의 향방에 관한 단서를 찾기 위해 의학잡지를 훑어보고 있었다. 마닐라에서는 겨우 2퍼센트의 쥐가 감염되었을 때도 시민들 사이에 페스트가 폭발적으로 확산되었다. 샌프란시스코에서 쥐의 감염비율은 1.5퍼센트였으며 증가 추세에 있었다.

감염비율이 2퍼센트에 이르기 전에 모든 쥐를 제거하는 것이 그의 임무였다. 그는 1월 11일자로 끝나는 한 주의 작업일지를 들여다보며 수치를 점검했다. 35만 2천 개의 미끼가 살포되었고 덫에 걸린 쥐 수천 마리를 수거했다. 그는 가을 이후 쥐의 감염비율이 3배나 증가한 사실을 확인하고 낙담했다.

좀 더 열심히 일해야 했다. 봄이 빠른 속도로 다가오고 있었다. 새로운 새끼 쥐와 알을 품고 있는 굶주린 벼룩이 출현하면 페스트가 다시 창궐하게 될 것은 분명했다. 이제 시간이 거의 남지 않았다.

실험실의 느려터진 작업 속도가 참을 수 없을 지경에 이르자 블루는 결심했다. 너무나 늦게 진행되고 있었다. 매일 새로 잡은 쥐들의 3분의 1밖에 검사하지 못했다. 답은 간단했다. 스탠스필드가 더욱 속도를 높여 주어야만 했다.

유리문을 밀치며 블루는 실험실로 들어갔다. 스탠스필드를 찾기 위해서였다. 할스태드 스탠스필드는 온몸에 세균 배양액 냄새를 풍기며 유리병과 플라스크에 둘러싸인 채 앉아 있었다. 블루는 자신의 감정을 억누를 수가 없었다. 실험은 한참이나 뒤쳐져 있었으며 더 많은 테스트를 실시해야 했다. "숙련된 조수가 필요합니다."라고 지친 스탠스필드가 말했다. 블루는 벌써 공중위생국장에게 요청했으나 예산상의 문제로 거부당했다고 대답했다.

스탠스필드는 열심히 연구하려는 의욕이 없어진 듯했고 오히려 포기한 듯한 분위기였다. 그는 악마 같은 우울증과 알코올에 의존하려고 했다. 만성적인 우울증에 시달리며 숙취로 인해 입에서는 술 냄새가 났다. 스탠스필드는 동료들이 자신을 위로하자 분노를 터뜨리고 말았다. 그는 아직도 아내와 아이를 잃은 슬픔으로 괴로워하고 있었다. 블루도 그 점에 대해 애석하게 여기고 있었지만 그는 페스트에 맞서 싸워야만 했다.

설상가상으로 쥐퇴치운동이 거의 실패로 끝날 뻔한 예기치 못한 사건이 발생했다. 그 사건은 이스트로 발효시킨 빵에 건포도가 박혀 있는 것처럼, 쥐 미끼가 산재해 있던 시내에서 발생했다. 아이들 세 명이 놀다가 프랑스 식 철제 바구니에서 소풍갈 때 먹는 음식과 비슷한 것을 발견했다. 빵과 치즈 조각에는 퓨레(채소와 고기를 데쳐서 거른 것—역자 주)가 발라져 있었는데 아이들은 미처 이를 눈치 채지 못했다. 그 스낵을 먹은 아이들은 금세 후회했다.

그 스낵에는 인을 함유한 독성의 스턴즈 일렉트릭 페이스트 Stearns' Electric Rat and Roach Paste가 가미되어 있었다. 그 독소는 점막을 손상시키고 목과 위까지 산화된 흔적을 남길 정도로 위험한 것이었다. 아이들은 중상을 입었지만 다행히 목숨은 건졌다. 만약 그들이 목숨을 잃었다면 공중위생운동도 함께 끝이 났을 것이다.

블루는 인을 함유한 독을 사용하지 말라고 명령했다. 인구가 밀집

한 도시에서 그런 물질을 사용하는 것은 너무나 위험한 일이었다. 그들은 미끼에 사용할 물질을 대니쯔 바이러스Danysz virus로 대체했다. 대니쯔 바이러스는 설치류에게는 치명적이지만 사람들에게는 아무런 해가 없었다. 블루는 필모어 가 401번지 실험실에 대니쯔 바이러스를 대량으로 배양하라고 지시했다.

스탠스필드는 또 다시 블루를 실망시켰다. 그는 마제스틱 호텔에 있는 자신의 숙소에서 나와 며칠씩 시간을 보내며 돌아다녔다. 자신의 슬픔을 술에 의지한 채 그는 동료들의 만류에도 아랑곳하지 않았다. 실험실에서는 업무가 제대로 이루어지지 않았다. 블루는 어쩔 수 없이 그를 교체해 달라고 워싱턴에 요구했다. "스탠스필드가 바뀌리라는 희망은 없어 보입니다. 그를 이해하려고 해도 이젠 인내심에 한계를 느낍니다."라고 공중위생국 부국장 글레넌에게 편지를 썼다. "업무와 공중위생운동으로 너무나 힘들기 때문에 제대로 먹고 자고 할 시간도 거의 없습니다. 이런 상황에서 직원과 논쟁을 할 수는 없는 노릇입니다." 라고 그는 말했다.

그러나 콜비 러커는 블루의 오른팔 역할을 훌륭히 잘 해내고 있었다. 아내 아네트와 어린 아들 콜비와 함께 중간급 호텔식 아파트에 자리를 잡은 그는 밤에는 가족들과 함께 도미노 게임을 하거나 자동 피아노를 즐겼다. 낮에는 블루와 함께 각자 무역업체와 시민단체 그리고 학교나 클럽에서 여섯 차례의 연설을 했다. 서서히 두 사람은 대중적인 지지를 얻기 시작했다.

그러나 블루는 대중들의 지지보다 더 많은 것을 원했다. 그는 또한 샌프란시스코의 핵심적인 사업가들이 가진 힘과 부를 필요로 했다. 그래서 그는 주의사협회가 시민이나 기업대표 그리고 전문직 리더들

가운데 6백 명을 공중위생 위기에 관한 회의에 초대하도록 촉구했다. 1월 18일로 계획된 대규모 회의는 대중들의 행동을 이끌어 낼 것이라고 블루는 확신했다. 그러나 그날이 오자 블루는 엄청나게 실망했다.

겨우 60명만이 모임에 참석했다. 소수의 의사와 대중정신을 가진 아마추어들은 거대한 홀에 마음을 빼앗긴 것처럼 보였다. 비록 회의장에 나타난 사람은 많지 않았지만 참석한 사람들은 대중들의 마음을 사로잡아 그들을 의무감이 투철한 군인들로 만들어 쥐와의 전쟁을 벌이겠다는 결심을 했다. 테일러 시장은 캘리포니아 은행의 사장인 호머 S. 킹과 상공회의소 의장인 C. C. 무어가 이끄는, 25명으로 구성된 시민위원회를 임명했다. 그들은 시민건강위원회의 핵심 구성원이었다. 이 단체는 페스트와 싸움을 벌이기 위해 만들어진 샌프란시스코 최초의 민간단체였다. 시민건강위원회는 수천 장의 전단지를 만들어 냈다. 이 단체는 모든 전문직 종사자와 상인, 교회, 사원, 숙박업소 그리고 여성 클럽들이 단결하여 샌프란시스코를 지킬 것을 요구했다.

1월 28일, 중절모를 쓴 수백 명의 사람들이 경마차, 케이블카, 자동차 등을 타고 화강암 기둥의 머천트 익스체인지Merchants' Exchange에 도착했다. 뼈대를 강철로 만든 신고전주의 양식의 이 고층빌딩은 윌리스 포크와 뉴욕 시의 플라티론 빌딩을 지은 건축가 다니엘 번햄이 설계한 것으로 1906년 지진이 발생했을 때도 끄떡없었다. 때문에 이 빌딩은 생존의 상징이 되었다. 15층에는 마호가니로 만든 동굴 같은 무도장과 고래만큼이나 거대한 곡선 모양의 바가 있었다. 그곳에서 상인들이 술을 마셨다. 거래소가 있는 층에는 푸른색 유니폼을 입은 질레트 주지사와 테일러 시장이 측면에 서 있었다.

지난 3주 동안 사람에게선 새로운 페스트 사례가 발생하지 않았다고 블루는 그들에게 말했다. 그러나 그것은 단지 겨울의 휴지기일 뿐이었다. 쥐의 감염비율은 가을 이후로 세 배나 증가했다. 쥐를 완전히 제거하지 않을 경우 따뜻한 봄이 되면 페스트는 다시 고개를 들 것이다. 만약 동양에서처럼 페스트가 다시 번진다면 샌프란시스코에는 대규모의 사망자가 속출할 것이며 그렇게 되면 경제적으로도 큰 타격을 입게 될 것이다.

"시민들의 지지를 얻어 내지 못한다면 이 일은 전혀 가망이 없습니다."라고 블루는 말했다. 그는 공식적인 자리에서 '가망이 없다.'는 표현을 한 번도 해 본 적이 없었다. 그 말을 듣고 있던 주지사와 시장의 얼굴에서 그 단어가 그들에게 어떤 기분을 느끼게 했는지 읽어 낼 수 있었다. 그렇지만 그는 전혀 불쾌하지 않았다.

이런 블루의 말 이외에 또 다른 자극제가 있었다. 시어도어 루스벨트 대통령이 백색함대를 서부로 보낸 것이었다. 그 함대는 5월 첫째 주에 샌프란시스코에 도착할 예정이었다. 흰색과 금빛으로 번쩍이는 백색함대 중에서 16대의 전함으로 이루어진 소함대는 선원 1만 6천 명을 싣고 국가적 자부심과 군사력을 과시하며 전 세계를 돌고 있었다. 그 함대의 출현은 샌프란시스코가 애국심에 빠져 한껏 기뻐할 기회를 제공했다. 그리고 상업적, 군사적 의미가 큰 항구로서 전략적인 이점을 갖추고 있는 샌프란시스코를 홍보할 기회도 주었다. 백색함대의 방문으로 샌프란시스코가 지진과 화재 후 철과 금의 도시로 다시 돌아왔음을 보여 줄 수 있게 되었다. 또한 사업이 활기를 띠고 부동산 가치도 올라가게 되었다. 심지어 지금 행사준비위원회가 환영의 뜻이 담긴 대형 간판을 설치하고 있었다. 그 간판에 달린 여러 가닥의 반짝이는 불빛이 모든 언덕 꼭대기에서부터 만까지 비추게 될 것이다. 수많은 방문객이 찾아오리라고 기대하는 호텔 경영자, 레스토랑 주인, 살롱 소유주들의 맥박도 빨라졌다.

그러나 도시 전체가 기대감으로 흥분해 있는 이 시점에서 블루는 엄중한 경고를 했다. 백색함대의 사령관인 로브리 D. 에반스는 하선하기 전에 먼저 위생상태에 관해 점검해 봐야 한다고 말했다. 만약 시에서 페스트의 위험이 전혀 없다는 사실을 보장하지 못한다면 그것은 큰 문제였다. 그 경우에 함대는 시애틀로 우회해야 했다.

"여러분, 에반스 장군이 지금 함대를 이끌고 샌프란시스코로 오고 있습니다."라고 블루는 말했다. "그는 닻을 내리고 그의 수석 의사를 저에게 보내 하선을 해도 안전한지 여부를 제일 먼저 물어 볼 것입니다. 저는 여러분에게 건강증명서를 드릴 수 있기를 바랍니다. 그래서 백색함대가 여러분이 준비한 멋진 접대를 받아 보지 못하고 시애틀로 가야하는 불상사가 생기지 않기를 진심으로 원하고 있습니다."

침묵이 흐르는 가운데 오직 사업가들만이 머릿속으로 이해타산을 따져 보고 있었고 잠시 후에는 유리한 편에 서기 위해 서로 다투었다고 콜비 러커는 그때의 기억을 떠올렸다. 기업의 경영자들에게는 갑작스런 목표가 생겼고 그와 동시에 최종 기한이 주어졌다. 앞으로 석 달 내에 함대를 맞을 준비를 끝내거나 아니면 샌프란시스코 역사상 가장 웅장한 군사 행렬을 취소해야 했다. 도시 위생에 사활을 건 그들은 도시의 모든 업계를 조직화하여 모임을 개최하기 시작했다. 기업의 재정적 후원자들과 개인 기부자들은 시민건강위원회에 지원할 기금 요청에 귀를 기울였다. 여기에는 발병 초기에 페스트를 인정하기 꺼려했던 기부자들도 포함되어 있었다. 도시의 핵심적인 사업가들도 합류했다. 리바이 스트로스, 남부태평양철도회사, 웰스 파고, 기라델리 그리고 세인트 프랜시스와 페어몬트 호텔이 기금 조성에 동참했다. 공익사업체, 철도, 은행, 주류업체, 청바지와 초콜릿 제조업체들이 힘을 합쳐 50만 달러를 모으기로 결정했다.

블루의 다음 목표는 정육 타운이었다. 모든 스테이크와 갈비, 햄과 소시지는 아일레스 크릭Islais Creek 부근의 바닷가에 있는 축사, 돼지우리 그리고 도살장에서 생산되었다. 이 마을은 도심에서 먼 곳에 위치해 있었으므로 사람들은 죽음을 앞 둔 소가 울부짖는 소리를 듣거나 돼지들이 먹는 밥찌꺼기가 담긴 구정물통을 볼 수 없었다.

정육 타운이 만에 위치하고 있었기 때문에 도살장에서는 오랜 기간 동안 쓰레기 소각과 수거에 드는 수고와 비용을 줄일 수 있었다. 쓰레기는 해안가에 버려져 파도에 의해 휩쓸려 나갔다. 나무로 지은 창고와 판잣집들은 부두 위에 있었는데 그 부두 아래의 진흙 바닥 사이에 공간이 나 있었다. 밀물 때면 판잣집 아래로 물이 들어와 쓰레기를 싹 쓸어 버렸다. 쥐들은 썰물 때는 만찬을 즐길 수 있었지만 밀물 때는 둥둥 떠다니는 음식을 먹기 위해 헤엄쳐 올라와야 했다.

"아일레스 크릭으로 배를 타고 내려갔던 일을 잊을 수가 없어요. 밀물 때 정말로 몸집이 크고 살찐 쥐들이 먹을 것을 찾기 위해 해변으로 내려오던 모습이 잊혀지지 않아요. ……아마 수백만 마리는 됐을 거예요."라고 캘리포니아 대학의 의사인 로버트 랭글리 포터가 말했다.

블루는 정육 타운을 조사하러 갔다. 그는 피가 말라붙은 판자를 깔아 놓은 길을 터벅터벅 걸었다. 그는 이 마을에서 벌어지고 있는 엄청난 규모의 위생법 위반행위를 조사하라고 사람들을 보냈다. 그들은 어디서부터 손을 대야 할지 몰랐다. 그곳엔 소시지 껍질의 재료로 쓰일 내장이 크고 작은 통들 속에 담겨진 채 놓여 있었다. 그 마을 사람들은 가축 시체들을 축축한 널빤지 위로 질질 끌고 가서 부위별로 자른 다음 판매용으로 포장했다. 도살장 바닥의 틈 사이로 쓰레기 조각이 빠져나가 그 아래 늪과 같은 곳으로 떨어졌다. 쥐들은 그 전리품을 차지하기 위해 맹렬히 싸웠다.

블루는 농부의 아들로 시골에서 자랐으며 누구보다 시골 생활이 어떤지 잘 알고 있었다. 그래서 그는 웬만해서는 크게 충격을 받지 않았다. 그러나 정육 타운의 너무나도 불결한 모습을 확인한 다음 이를 대중지에 보도해서는 안 된다는 판단을 내렸다. 거기엔 정육점 주인들이 협조해야 한다는 한 가지 단서가 있었다. 만약 협조하지 않을 경우에는 그 불결한 상황을 신문에 자세히 보도해 샌프란시스코의 가게 주인들과 주민들에게 알리겠다고 했다. 블루는 그들이 집을 깨끗이 청소한다면 끝까지 입을 다물겠다고 약속했다.

시민건강위원회의 이사회가 정육 타운과 거기에 부속된 돼지 마을에 대한 청문회를 시작했다. 몇몇 정육점 주인들은 대대적인 정화작업을 선포하면서 연방 소속의 의사들을 달래려고 애썼다. 그 자리에 초대된 기자들 앞에서 정육점 주인들은 한 무리의 아이들에게 나무로 된 벽을 막대기로 두드리게 한 후 회색 쥐 무리가 밖으로 빠져나오기를 기다렸다. 쥐들이 나오자 밖에 있던 남자들이 끓는 물을 퍼부었다. 그것은 기괴하기 짝이 없는 쇼였다.

J.노넨만은 자신의 이름을 딴 도살장이 그 어느 곳보다 깨끗하다고 주장하며 억울하게 도시 계획의 희생양이 된 자신은 지금 실직 위기에 놓여 있다고 말했다. 또 다른 한 사람은 자기 집에 있는 쥐들은 세상에서 가장 건강하다고 농담을 했다. 그러나 그들의 저항은 실패로 끝났다. 도살장 여섯 군데와 몇몇 부실한 마구간 그리고 소각장 한 곳

이 모두 위생상태 불량으로 판정을 받았다.

허스트의 『이그제미너』지는 달갑지 않은 속보를 전했다. 전체 쥐의 2퍼센트가 감염되었으며 이는 위험 수위에 다다랐음을 분명히 보여주는 것이라는 내용이었다. "만약 샌프란시스코 전체 인구의 2퍼센트가 감염된다면 샌프란시스코에는 8천 건의 사례가 발생하게 된다."라고 이 신문은 보도했다. 『이그제미너』지는 페스트퇴치운동에 몇 백 혹은 몇 천 달러를 기부하는 일에 대해 불평했던 사업가들을 꾸짖었다. 한 달 동안 검역에 드는 비용은 2천만 달러를 초과할 것이다. "이것은 자금의 문제가 아니라 우리의 생명과 직결되는 문제다."라고 이 신문은 말했다.

블루는 정육 타운에서 실시하던 쥐퇴치작업을 샌프란시스코에 있는 마구간 5천 군데와 셀 수도 없이 많은 양계장으로 확대했다. 1900년대 초반에는 사람들이 집에서 닭을 기르고 마구간에서 말을 사육할 권리를 주장했다. 그러나 닭장과 마구간은 쥐들의 은신처가 되는 건초와 흩어진 곡식 알갱이들을 제공했다. 그래서 블루는 닭장과 마구간을 없애거나 아니면 쥐가 살지 못하도록 콘크리트로 재건축하라고 지시했다.

다음으로 프론트 가에 있는 청과상들이 조사를 받았다. 과일 판매상과 채소 도매상들은 바나나 껍질, 썩은 사과 그리고 시들은 채소들을 거리에 버리는 것에 대해 전혀 개의치 않았다. 결과적으로 농산물 시장은 정육 타운 다음으로 설치류들이 많이 기생하는 곳이 되었다. 도시에서 가장 큰 시장 가운데 한 곳인 프론트 가에서 페스트에 감염된 쥐가 아홉 마리나 나왔다. 그 소식이 전해지자 여성들은 위생관리가 이루어지지 않는 가게에 대해 불매운동을 벌이겠다고 위협했다. 활동가들은 가장 심각한 곳의 목록을 돌려 물건을 구매하지 말라고 요구했다.

시민건강위원회에 등록되어 있는 여성 클럽은 회원들에게 쇼핑, 요리 그리고 청소 습관을 개선하자고 촉구했다. 그들은 청결한 가게에서만 먹을 것을 구매하고 쥐가 득실거리는 정육점이나 식품점의 물건은 사지 말자고 주장했다. 위생조사에서 합격하지 못한 곳의 건물 정면에는 노란색 벽보가 붙었다. 만약 깨끗하게 청소를 하지 않는다면 법원 소환장이 발부된다는 내용이었다.

클레이 가의 캘리포니아 클럽에서는 블라우스를 입고 모자를 쓴 미혼 여성들과 주부들이 도시 공중위생에 관한 콜비 러커의 열정적인 설교에 귀를 기울였다. 그는 독을 살포하고 덫을 놓아서 쥐를 굶겨 죽이라는 새로운 복음을 전했다. 연방 정부의 페스트 관리 공무원들은 많은 여성들을 설득했다. 신문에서는 페스트와의 싸움에 참가한 금발의 여성 전사들에 관한 이야기를 연일 보도했다.

"숙녀 여러분, 쓰레기통을 들여다볼 때 저를 생각하십시오!" 콜비 러커는 무표정하게 말했다. 소리를 죽인 웃음이 터져 나왔다. 러커의 연설은 과학에서 느껴지는 딱딱한 분위기를 부드럽게 만들었다. 그는 쓰레기의 화신이 되는 것에도 전혀 신경 쓰지 않았다. 여성들이 자신들의 집을 페스트가 없는 곳으로 만든다면 얼마든지 웃음거리가 되어줄 수 있었다.

블루는 콜비 러커의 훌륭한 연설에 더 없이 고마워했다. 1908년 3월 11일, 케이트에게 보내는 편지에서 그는 다음과 같이 말했다. "러커 박사는 정말로 귀중한 존재야. 나는 의무감에서 청중들에게 연설하지만 러커는 애착이 있기 때문에 연설을 하는 것 같아. 우리는 그를 '쓰레기통 러커'라고 불러. 그렇게 부르는 것을 좋아하기 때문이야."

여성 클럽이 아주 좋아했던 러커의 익살스러운 연설에는 비극적인 아이러니가 숨어 있었다. 그가 여성들에게 가족의 건강을 돌보는 방법에 대해 강의하는 동안 정작 그의 아내 아네트는 건강을 잃어가고 있었다. 그녀는 잦은 기침으로 고통을 겪고 있었다. 그는 아내가 천식에 걸렸다고 생각했다. 바다공기를 들이마시면 치료에 도움이 되리라는 생각에 그는 경마차를 빌려 그녀를 데리고 오션 비치에 드라이브를 갔다. 약간의 효과는 있었지만 그녀를 치료하는 의사는 여전히 걱정스러워했다.

비록 대중들에게 연설하는 일이 여전히 어색했지만 블루는 공중위생의 열렬한 전도사로 변신하기 위해 노력했다. 그는 2천 명의 서던 퍼시픽 화물회사의 운전사들과 플러드 빌딩 지하에서 정오 모임을 가졌다. 그는 마치 부흥회를 주도하는 듯했다.

"나는 오늘밤 직접 쥐 한두 마리를 잡을 것입니다. 그리고 여러분도 그렇게 해 주기를 바랍니다. 이것은 여러분이 할 수 있는 가장 훌륭한 일입니다." 블루는 청중들에게 간곡히 부탁했다. 거칠고 피부에 못이 박힌 청중들은 대담한 듯하면서도 우물쭈물하는 이 의사가 미심쩍은 듯 불만을 표시했다. 머리에 포마드 기름을 바르고 가운데 가르마를 탔으며 콧수염을 기른 그의 모습은 제복을 입은 멋쟁이처럼 보였다. 그러나 그 철도 노동자들은 그의 설교를 받아들였다. 특히 시 위생위원회에서 수컷 한 마리에 10센트에서 25센트까지 그리고 새끼 밴 암컷은 50센트까지 보상금을 준다고 말하자 그들은 요구를 받아들였다.

블루는 개인적으로 공직자의 권위를 세우면서 좀 더 편안해졌다. 업계에서도 자금 지원을 아끼지 않았다. 그 중에서도 철도업체에서 가장 많은 돈을 기부했다. 남부태평양철도회사의 중역들은 페스트퇴치 자금으로 3만 달러를 내놓겠다고 약속했다.

발렌타인데이 저녁에 블루는 제일회중교회에 모여 있는 청중들에게 설교하기 위해 단상에 올랐다. 그의 메시지는 불길한 상황을 말해주었다. 그는 노르웨이 갈색쥐가 도시 전역에 퍼졌다고 말했다. 지금처럼 감염 비율이 높았던 적이 없었다고 했다. 감염 비율이 2퍼센트까지 되지 않도록 부단히 노력했으나 이제 엄연한 현실이 되었다고 그는 말했다.

모든 교회의 설교단과 사원 비마bima에서 성직자들도 페스트 퇴치를 위한 설교를 시작했다. 그들은 거리로 나와 시민들을 직접 만났다. "청결은 신앙 다음에 생각할 문제가 아닙니다. 청결이 곧 믿음입니다."라고 엠마뉴엘 사원의 랍비 야곱 부르상거는 말했다.

그 해 이 네덜란드 태생의 랍비 야곱 부르상거는 더욱 힘을 내어 페스트퇴치운동에 참가했다. 바로 한 달 전인 1908년 1월에 그의 딸 레이첼이 결핵으로 목숨을 잃었기 때문이었다.

마틴 레겐스부르거 회장의 지도 아래 주건강이사회는 페스트를 부인하던 태도를 바꿔 페스트 퇴치를 선동하는 입장에 섰다. 그러나 랍비 부르상거처럼 레겐스부르거도 1월에 14살 난 아들 해리를 결핵으로 잃고서 잠시 페스트퇴치운동을 중단해야만 했다.

러커의 아내 아네트 러커의 기침은 더욱 심해졌다. 꽃같이 화사하던 그녀의 볼은 홀쭉해졌고 핏기가 없었다. 그래도 그녀는 여전히 어린 아들 콜비에게 글을 가르쳤고 랭글리 포터 부부와 의사들로 이루어진 상류사회의 구성원들과 점심 식사를 하면서 남편의 일을 도왔다. 그녀는 처녀 적 이름이었던 아네트 게키에르로 페스트퇴치운동에 참가한 여성 전사들에 관한 에세이를 썼다. 샌프란시스코 여성들은 "옛날 카르타고의 어머니들처럼 용감하게 도시의 안전을 위해 싸웠다."라고 그녀는 책에 적었다.

블루와 러커, 동료 의사들은 클럽여성, 선적인, 트럭운전사 그리고 건축업자들에게 연설을 했다. 노조 본부와 학교에서부터 드림랜드 스케이트장에까지 대규모 모임이 소집되었다.

"이 도시는 격리될 위험에 놓여 있습니다."라고 러커는 회의적인 청중들에게 말했다. "그리고 만약 샌프란시스코가 격리된다면 여러분들은 아마도 지옥과 같은 최악의 상황을 맞게 될 것입니다. 1906년 4월의 재난 이후의 날들은 격리 지역으로 선포된 도시에서 살아갈 날들과 비교해 볼 때 마치 휴가처럼 느껴질 것입니다."

한 사업가 모임이 격리 지역으로 선포되면 혹시라도 경솔한 시민들이 놀라 집단행동을 일으키지 않을지 걱정하며 상황을 제대로 알려 줄 것을 촉구했다. "이것 보시오, 당신은 격리된 도시를 본 적이 있소?" 블루는 진지하게 대답했다. "네, 그렇습니다. 그리고 저는 샌프란시스코를 너무나 사랑하기 때문에 그런 일을 당하도록 내버려 둘 수 없습니다."

6주 후 162개의 모임에서 샌프란시스코가 위험에 직면해 있다는 사실을 믿게 되었다. 상황이 이렇게 되자 교회에 예배를 보러 가거나 편의점에 복권을 사러 가도 쥐와 페스트에 관한 이야기를 항상 듣게 된다고 지역 역사가인 프랭크 모튼 토드가 말했다.

도시의 무관심에 맞서 수년 간 싸워 온 블루는 이제는 어느 정도 궤도에 올랐다고 생각했다. 그는 처음으로 성공을 직감했다. 역병이 발병한 이후 처음으로 샌프란시스코는 용기를 보여 주고 있었다.

그는 1908년 2월, 애니 마리아에게 보낸 편지에 다음과 같이 썼다. "사랑하는 어머니, 지난 한 달 동안 저와 전 직원은 정말 열심히 노력했어요. 시민들에게 위기의식을 심어주기 위해 역병에 대한 여론환기운동을 시작했습니다. 이 운동은 점차 확대되어 제가 통제할 수 없는 수준이 되었어요. 사람들도 많이 깨닫게 되었고요. 저는 하루에 여섯 차례 연설을 하고 있어요. 직원 한 명도 저와 똑같이 하고 있습니다. 곳곳에서 연설 요청 전화가 옵니다. 저는 너무 지쳤지만 여기서 중단할 수 없어요. 사람들이 저더러 자신들을 이끌어 달라고 요구하고 있어요." 사람들의 용기가 그의 마음을 움직이고 있었다. 이어 그는 "뉴올리언스 사람들을 영웅이라고 생각했어요. 그런데 샌프란시스코 사람들은 그보다 훨씬 더 위대합니다."라고 편지에 적었다.

지금까지 연설을 하느라 러커는 목에 심한 통증을 느꼈다. 목젖이 부어서 목 뒤쪽으로 처져 있었다. 그는 의사에게 그 조직을 제거해 달라고 부탁했다. 의심스러운 듯 의사는 그렇게 되면 며칠 간 목을 쓸 수 없다고 경고했다.

"제거해 주세요." 러커는 완고했다. 그는 완전히 녹초가 되어 있었으므로 말을 할 수 없었던 며칠 간이 마치 휴일 같았다. 그는 일주일을 속삭이면서 지냈다.

한편 시군병원은 이제 제 기능을 다할 수 없게 되었다. 그곳은 달리 손 쓸 방법이 없을 정도로 설치류들이 들끓었다. 병원이 문을 닫아야 할 때가 가까워지자 랭글리 포터와 동료 의사 한 명은 실험실로 되돌아왔다. 거기서 그들은 쥐들이 상처치료용 외과 붕대를 먹고 있는 장면을 목격했다.

환자들이 모두 빠져나가 텅 빈, 나무판자로 된 이 낡은 병원은 다이너마이트, 엔진 그리고 케이블과 함께 무너져 내렸다. 1872년부터 가난한 샌프란시스코 사람들에게 의료 서비스를 제공해 오던 병동과 조제실은 회반죽 먼지와 부러진 목재 더미로 변해 버렸다. 그런 다음 잔해는 불태워졌다. 샌프란시스코 소방 당국이 호스를 대기시키고 감시하는 가운데 화염은 감염된 잔해를 태워버렸다. 40년 가까이 운영되어 온 병원은 쥐들의 피난처가 된 뒤 사라지고 말았다.[13]

정육 타운의 불결한 판잣집들도 1908년 봄에 불태워졌다. 그러나 정육점 주인들과 달리 청과상들은 쥐를 물리치고 자신들의 가게를 훌륭한 설비를 갖춘 곳으로 변화시켰다. 그곳에는 활기가 넘쳤다. 1908년 3월말, 프론트 가의 농산물 시장은 위생청결심사에서 합격점을 받았다. 이러한 사실을 축하하기 위해 5백 명의 시민들이 프론트 가로 몰려들었다. 흰색 천으로 그늘이 만들어졌고 그 밑에 푸성귀로 장식한 야외 테이블이 놓여졌다. 그리고 그 테이블 위에는 사과, 바나나, 파인애플, 무화과 등의 과일들이 풍성하게 차려졌다.

"아마도 우리가 잡은 쥐가 백만 마리는 될 것입니다. 하지만 샌프란시스코를 위해 그 수치를 좀 더 올려 봅시다."라고 테일러 시장이 열렬히 환호하는 대중들에게 말했다. 페스트를 추방하는 일은 시청의 비리 공무원을 몰아내는 것과 같다고 그는 말했다.

블루는 변화를 일구어 낸 청과상인들을 축복해 주었다. 그는 앞으로 샌프란시스코를 '건강한 휴양지', 즉 관광단지로 만들겠다는 비전을 제시함으로써 청중들을 들뜨게 했다. 다음은 콜비 러커 차례였다. 그는 이 도시의 아버지들을 칭찬한 후에 이제는 정화운동의 실질적인 세력인 어머니들을 칭찬해야 할 때라고 말했다.

"만약 여성이 남성에게 무언가를 하라고 시킨다면 남성은 기분 좋게 하는 편이 낫습니다. 어쨌든 그 일을 할 수밖에 없으니까요."라고 러커는 말했다. 장갑 낀 손이 환호의 물결을 이루었다. 여성들은 그들의 챔피언을 위한 만세 삼창을 했다. 금관 악기로 구성된 악단이 '즐거운 나의 집'을 연주했다. 러커가 단상에서 살짝 뛰어내렸을 때 그의 동료들은 그에게 시큼한 레몬 여섯 개를 주며 익살스럽게 경의를 표했다.

지/독/하/지/
않/은/가/?

"위생운동은 아직 한창 진행 중이
야." 1908년 3월, 루퍼트 블루는 여동생 케이트 릴리에게 보낸 편지에
이렇게 적었다. 의료진 12명 그리고 400명이 넘는 검역관과 노동자들
이 겨울 장마를 견뎌 내며 계속해서 임무를 수행했다. 하지만 그는 "건
기가 시작되면 전염병이 돌지도 몰라."라고 말하며 자신의 두려운 속
내를 털어놓았다.

그보다 더욱 심각한 문제가 있었다. 만약 시의 지원이 줄어들고
그가 이끄는 팀이 일을 제대로 마무리하지 못한다면 앞으로 20년 간은
매년 여름마다 전염병에 대한 공포를 느껴야 할 것이라고 블루는 예상
했다.

여러 지역을 순회하며 공중위생운동을 펼친 블루 박사는 유명인
이 되었다. 캐롤라이나 주 출신의 기품 있는 블루 박사에 관한 이야기

는 훌륭한 기삿거리가 되었다. 『샌프란시스코 블루틴』지의 기자인 폴린 제이콥슨은 블루와 인터뷰하기 위해 필모어 가 401번지에 있는 빅토리아 풍의 이층 건물을 찾아갔다.

콜비 러커는 제이콥슨을 위층으로 안내했다. 그녀는 책상 뒤쪽에 서 있는, 180센티미터 정도의 키에 카키색 복장을 한 공무원을 보았다. 그는 뒤돌아보며 그녀를 우울한 눈빛으로 응시했다. 그녀의 글을 보면 그녀가 그의 모습에 압도되었다는 사실을 알 수 있다. 그녀의 이야기는 다음과 같다.

말보다는 행동으로 보여 주는 그는 몸집이 크고 어깨가 넓으며 잘 생긴 외모를 갖고 있다. 평범한 갈색 유니폼을 입고 있는 그의 모습에서 위엄이 느껴진다. 그러나 그는 겸손하고 주제넘지 않으며 …… 느릿한 말투에서 남부 사람 특유의 기지가 묻어나고 눈과 가는 콧수염으로 가려진 입에는 항상 온화함이 배어 있다. 그의 모습은 사람들에게 확신을 준다. 그래서 혹시나 상황이 더욱 악화된다고 해도 우리를 이끌어 줄 사람이 있다는 생각에 안도하게 된다.

그 기자는 공중위생 조치와 관련하여 샌프란시스코 사람들이 왜 그토록 심하게 저항하고 유독 완강한 자세를 보이는지 알고 싶어했다.

"전에도 이와 비슷한 상황이 있었어요."라고 블루는 말했다. "남부에서 황열병을 없애기 위해 강제적인 검역을 실시해야만 했지요." 그는 부드러운 어조로 "여기 샌프란시스코에서는 낙관주의적 사고가 너무 확고해서 문제지요."라고 덧붙였다.

그런 다음 제이콥슨은 서구 문명이 지나친 자신감으로 인해 질병의 위협을 인식하지 못하고 있다는 이야기를 블루와 나누었다. 그녀는 샌프란시스코 사람들이 모든 것을 정화시켜 주는 무역풍과 온화한 기후, 공중위생 그리고 자기로 된 욕조 등을 과도하게 신뢰한다고 말했다.

"페스트는 때와 장소를 가리지 않아요."라고 블루는 그녀의 말에 동의했다. 그는 샌프란시스코 역시 인도만큼이나 페스트에 취약하다고 설명했다. "인도 사람들은 종교적 교리에 따라 어떤 종류의 해충도 죽일 수 없어요. 만약 그들 주위에 페스트를 옮기는 해충이 더 많아진다고 치면 샌프란시스코에는 위생에 대한 무지로 인해 쓰레기가 늘어날 겁니다. 그렇게 되면 쥐들의 먹이가 그 어느 도시보다 더 많아지겠지요"라고 그는 덧붙였다.

"편견과 무지가 공중위생 당국의 노력을 헛되게 만들지도 모릅니다." 그는 이렇게 결론 내렸다. "나는 사람들에게 겁을 주고 싶지는 않아요. 다만 사람들이 서둘러 위생관리를 시작하기 바랄 뿐입니다."

'위생관리 시작하기'는 위생운동의 주제가 되었다. 『샌프란시스코 블루틴』지에 보도된 이후로 블루에 관한 열띤 취재경쟁이 뒤따랐다. 『산호세 머큐리』지의 허버트 배쉬포드 기자는 필모어 가 401번지를 방문했다. 그 기자는 블루에 대해 찬사를 늘어놓지는 않았지만 '미국에서 가장 위대한 위생전문가'라고 평했다.

블루에 대한 잇따른 언론의 호평이 몇몇 고참 의료진에게는 눈에 거슬렸다. 캘리포니아 의대 교수인 로버트 랭글리 포터는 어느 누구보다 블루에 대한 반감이 컸다. 저명한 소아과 의사이자 전염병 전문가이면서 신경학자였던 랭글리 포터는 부두에 퍼진 페스트를 진정시키는 일에 열심이었다. 그는 콜비 러커와 친하게 지내서 두 가족은 함께 식사를 하거나 마차를 함께 타고 다니기도 했다. 그러는 사이 포터 자신의 상관인 블루에 대한 반감이 더욱 커졌다. "루퍼트 블루는 홍보만 할 뿐 실질적인 일은 내 친한 동료인 콜리 러커가 모두 도맡아 했다." 라고 몇 년 후에 불평을 늘어놓기도 했다.

러커 역시 블루만큼 페스트퇴치운동 홍보에 수완을 발휘했다. 그는 블루의 제자로서 도시의 위생 문제를 널리 알리는 일에 참여했다. 그는 블루의 연설문과 기사 작성을 도왔다. 그는 블루와 함께 일하며 점심을 같이 하거나 전문의들을 위한 정찬을 기획하고 술자리도 같이 했다. 그들은 동료들이나 지역 정치가들과 보헤미안 클럽에서 저녁 식사를 했다. 보헤미안 클럽은 정치가와 실업가들 그리고 예술가와 작가들이 사적인 모임을 갖는 곳이었다. 공중위생담당 공무원들은 재산이 많지 않았기 때문에 정규 회원이 될 수는 없었다. 하지만 그들은 초대 회원으로 환영을 받았으며 '징스jinks(떠들썩하고 자유분방한 분위기의 연극—역자 주)'라고 불리는 연극에 참가할 수 있었다. 징스는 적색 삼나무가 우거져 있는 도시 북쪽의 보헤미안 숲에서 호화로운 의상을 차려 입고 펼치는 연극이었다. 콜비는 먹고 마시고 노래하고 이야기하며 블루의 걱정을 덜어주거나 그의 우울한 기분을 풀어 주려고 애썼다.

블루는 거의 기진맥진한 상태였다. 사태가 진전되는 기미가 보였지만 생각해야 할 문제가 한두 가지가 아니었다. 쥐퇴치운동은 피상적으로 이루어졌다. 실제로 도시의 거리는 이전보다 더 깨끗해 보였다. 그러나 그 거리 아래 보이지 않는 곳에서는 무슨 일이 일어나고 있는지 아무도 알지 못했다. 쥐들이 살고 있는 지하 세계는 그에게 하나의 풀리지 않는 미스터리였다. 쥐들이 도대체 어디에 숨어 있으며 또 어느 곳으로 옮겨 다니고 있는지 알아낼 방법이 없었다. 도시의 거의 모든 곳에서 감염된 쥐들이 발견되었다. 사람들이 많이 살지 않는 서부 지역, 즉 선셋과 리치몬드 구역만이 예외였다. 덫을 놓고 약을 뿌려서 많은 쥐들을 잡았고 집 밖은 모두 시멘트로 포장을 했다. 이 상황에서 쥐들이 어디로 갔을까? 그는 쥐를 찾아내야만 했다.

그때 색깔을 써 봐야겠다는 생각이 그에게 떠올랐다. 그는 건강한 실험용 흰 쥐를 붉은색, 파란색 혹은 초록색 등으로 칠해 각각의 구역을 표시하기로 했다. 그런 다음 그 쥐들을 하수구로 내보내어 어디서 다시 불쑥 나타나는지 확인했다. 이 계획을 통해 쥐의 이동 경로를 찾아냈고 그 경로는 매달 구입하는, 독이 든 미끼 수천 톤을 어디에 살포할 것인지에 대한 지침이 되었다.

그러나 블루의 무지개빛 쥐들은 언론의 비웃음거리가 되었다.

혹시 조그만 쥐를 본다면
그 가죽이 선홍색이라면
금주하는 사람들 편에 서서
그 쥐가 술에 취했다고 비난하겠는가?
이 작고 무해한 미물을 두려워하지 말라.
사방으로 뛰어다니며 찍찍거리는 쥐들을.
그것들은 모두 블루 박사가 고용한 쥐들이며
모두 진짜 쥐들이다.

그러나 독창적인 발상으로 시작된 무지개 프로젝트는 블루에게 획기적인 결과를 가져다 주지 못했다. 쥐들이 너무나 광범위하게 퍼져 있었으므로 시 전역에서 퇴치작업을 벌이지 않는 한 큰 효과를 보기 어려운 실정이었다.

1908년 봄, 저속한 언론의 비아냥거림만이 블루를 괴롭힌 것은 아니었다. 미묘한 행정문제가 본부에서 불거져 나왔다. 루스벨트 대통령의 한 친구는 스턴즈 컴퍼니의 지분을 소유하고 있었다. 그 회사는 쥐와 바퀴벌레를 잡는 약인 스턴즈 일렉트릭 페이스트를 제조하는 회사였다. 그런데 이 제품이 우연하게도 샌프란시스코의 어린이들을 중독시켰다는 사실이 밝혀졌다. 이러한 사고가 있은 후 블루는 그 제품이 너무 위험하다는 이유로 사용을 금지시켰다. 그러나 위만은 그 제품의 독성에 대해 알고 있으면서도 블루에게 편지를 써서 제품의 모든 장점을 검토해 줄 것을 요청했으며 스턴즈 페이스트를 다시 사용해도 된다는 식으로 강압적인 홍보를 했다.

위만은 칭찬에 아주 인색한 사람이었지만 이번에는 이례적으로 칭찬을 해 가며 애원하듯 부탁했다. "당신에게 개인적으로 편지를 쓰려고 했소. 지금까지 샌프란시스코의 어려운 상황을 잘 헤쳐 나가는 데 대해 특히 감사하다는 말을 하고 싶소. 그러나 나는 너무나 바빠서 상황을 제대로 파악할 수가 없었소."라고 그는 적었다.

과학과 안전을 택할 것인가? 아니면 공중위생국장의 압력에 굴복하고 말 것인가? 적절한 답변은 오로지 한 가지 밖에 없었다. 그는 마음을 다잡고 각오를 단단히 했다. 쥐의 미끼를 선택하는 문제는 시에서 관여할 문제라고 그는 답했다. 이 답변은 엄밀히 말해 사실과 달랐다. 쥐 미끼의 구매 대금을 시에서 지불하기는 했지만 제품 선택 권한은 블루에게 있었다. 대통령 친구가 하는 사업에 도움을 주라는 압력이 자주 있는 일은 아니었다. 그러나 샌프란시스코 어린이들의 안전과

결부된 문제이므로 위험한 제품에 대해 특혜를 준다는 것은 말도 안 되는 일이었다. 그는 위만과 대통령 친구의 요청을 거절했다.

블루는 더 많은 동물을 잡도록 쥐 잡는 사람들을 몰아세우기 시작했고 실험실 연구원들에게도 테스트 횟수를 늘리도록 했다. 삽 모양의 턱수염이 있고 정확하고 과학적인 방법을 사용하는 캐롤 폭스가 할스태드 스탠스필드의 후임으로 임명되었다. 블루는 스탠스필드를 끝까지 지켜 주려고 노력했으나 아무 소용이 없었다. 스탠스필드는 우울증에 빠졌고 술로 인해 되돌릴 수 없는 지경에 이르렀다. 블루는 성직자도 카운슬러도 아닌 위생학자였다. 그는 단지 스탠스필드가 괴로움을 극복하고 다시 위생운동에 동참하기를 바랄 뿐이었다.

4월 13일 월요일 아침, 스탠스필드는 수터 가에 위치한 마제스틱 호텔에서 빠져나왔다. 그는 트윈 픽스 옆의 유칼리나무가 모여 있는 수트로 숲을 향해 발걸음을 옮겼다. 수풀 속으로 걸어 들어간 그는 코트에서 38구경 소총을 꺼내어 정확히 자신의 관자놀이에 대고 방아쇠를 당겼다. 저녁 식사 후 산책을 하던 두 남자가 풀숲에서 그의 시체를 발견했다.

블루는 콜비 러커에게 시체를 수습하고 검시하는 임무를 맡겼다. 자살로 공식 판결이 난 스탠스필드의 죽음을 계기로 풍자와 정치 비평으로 유명한 『와스프』지가 페스트퇴치운동에 대해 공격을 가했다.

　'미친 과학자'

그의 연구는 페스트에 대한 위조된 공포 위에 있었다. …… 이른바 샌프란시스코의 페스트에 관한 증거는 전적으로 4월 13일 오전 수트로 숲에서 자살한 고(故) 할스태드 A. 스탠스필드 박사의 세균 관련 연구결과들을 중심으로 이루어져 있다. …… 스탠스필드 박사가 오랫동안 이상 증세에 시달려 왔고 우울증이 더욱 심해졌다는 증거는 논쟁의 여지가 없다. 그런데 바로 이 정신적으로 불안했던 스탠스필드의 과학적 연구결과를 토대로 블루와 그의 동료 전문가들이 샌프란시스코를 전염병 위험지역으로 선포했던 것이다.

블루는 이런 일이 닥치리라는 예상을 했었다. 그는 스탠스필드가 술주정뱅이들이 모여 있는 유치장에서 종말을 맞는다면 공중위생국에 대한 평판이 나빠질 것이라는 걱정을 늘 하고 있었다. 그러나 자신이 예상한 것보다 훨씬 더 난감한 상황이 벌어지고 말았다. 스탠스필드는 시체보관소에 누워 있었던 것이다. 모든 언론에서 그의 죽음을 보도했고 사람들은 페스트 연구결과에 의심을 갖게 되었다. 블루는 짧은 인터뷰를 하면서 간략한 사실만을 전달했다. 그는 스탠스필드의 죽음에 죄책감을 느꼈지만 아무런 내색을 하지 않았다.

콜비 러커는 스탠스필드 사건을 조직 분열의 전조로 보았다. 그는 직접적으로 블루를 비난하지는 않았지만 공중위생국이 그가 정신 질환을 앓고 있다는 사실을 눈치 채지 못하고 그에게 도움을 주지 못한 점에 대해 개인적인 유감을 표시했다. 한 번은 정신적으로 불안한 증세를 보이던 한 직원이 해변가 탈의장을 엿보다가 사람들에게 발각되었다. 나중에 그는 정신질환자 수용소에서 목숨을 거두었다. 또 다른 직원은 상충하는 세 가지 자료를 조합하려다가 미쳐버리고 말았다. 그는 자신의 이야기를 글로 남기고 자살했다. 러커는 의사들이 어려움을 겪고 있다는 사실을 알아차리지 못한 공중위생국을 비난했다.

스탠스필드의 죽음으로 인한 충격과 광적인 언론의 취재에도 팀이 꾸준히 연구를 계속하는 모습에 블루는 놀라움을 감추지 못했고, 그들은 장시간 근무에 몰두했다. 그들은 사람들을 희생시키는 쥐와 맞서 싸우기 위해 새로운 전략을 만들어 냈다. 그들이 생각해 낸 새로운 해결 방안으로 많은 사람들이 목숨을 구했다.

리처드 크릴은 포츠머스 광장에 있는 조그만 목조 가옥에서부터 시작해 차이나타운을 에워싼 페스트 발생 제1구역을 둘러보았다. 어느 날 그는 쥐들이 마룻바닥 아래에서 돌아다닌다는 사실을 발견했다. 크릴은 미주리 지역에서 보낸 자신의 어린 시절을 회상했다. 그는 당시 부모님이 들려주었던 이야기가 생각났다. 그것은 지방 농부들이 쥐로 인한 농작물 피해를 막기 위해 옥수수 저장용 창고를 지주支柱 위에 세웠다는 이야기였다. 크릴 박사는 지주 위에 자신의 사무실을 설치해서 해충을 쫓아냈다.

그리고 얼마 지나지 않은 어느 날 밤, 크릴은 블루와 찰스 보겔을 만났다. 그들은 자신들이 살고 있던 리틀 세인트 프랜시스에서 저녁 식사를 했다. 보겔은 로보스 광장 난민 캠프에서 사람들이 페스트로 계속해서 목숨을 잃는 상황을 보며 절망하고 있었다. 적십자에서 그 캠프에 지은 750개의 가옥은 석탄산으로 흠뻑 젖어 있었다. 소독을 하고 난 후에도 전염병을 옮기는 쥐들은 되돌아왔다. 바로 그때 크릴이 목소리를 높여 이야기했다. 그는 농부들이 옥수수를 저장하던 방법을 들려주었고 자신도 그 방법을 이용해 쥐를 쫓아내는데 성공했다고 말했다. 확신에 찬 블루는 로보스 광장의 모든 가옥을 지상에서 약 50센티미터 떨어져 있는 지주 위에 세우라고 명령했다.

로보스 광장에서 18건의 페스트 사례가 있은 후 질병은 더 이상 발생하지 않았다. 지주 위에 집을 지음으로써 높은 곳으로 쥐가 타고 올라오지 못했고 판잣집 마루 아래에 생긴 공간에서는 고양이나 개가 쥐를 쫓아낼 수 있었다. 높은 곳에 저장소를 만들어 쥐로 인한 옥수수 피해를 막았던 방법이 이제는 많은 사람들의 목숨을 구한 도시의 성공 담이 되었다.

검역관들은 단호한 자세로 일을 계속해 나가면서 대충 지은 집들과 더러운 카페를 공적으로 철거했다. 이런 조치에 대해 집주인들은 분노했다. 어느 불결한 싸구려 식당의 주인은 검역관들에게 욕지거리를 하며 붉은 포도주병을 집어 던졌다. 또 권총을 휴대하고 있던 어느 부인은 사기꾼이라며 욕을 퍼부었다.

페스트균에 오염된 것으로 의심되는 집에는 곳곳에 감염의 위험이 도사리고 있었다. 오염된 집으로 들어가기 전에 검역관들은 먼저 실험용 쥐를 풀어서 건물로 들어가게 한 다음 쥐벼룩이 쥐에 달라붙도록 했다. 면역 혈청을 복용하면서 동시에 이러한 방법을 사용하면 쥐벼룩에게 물려 치명적인 상처를 입는 위험을 줄일 수 있었다.

『크로니클』지와 『와스프』지는 페스트퇴치운동에 대한 신랄한 공격을 멈추지 않았다. 『크로니클』지의 발행인 마이클 드 영은 페스트퇴치운동에 대한 공격적인 방침을 바꾸었다. 페스트는 순전히 거짓이라고 단호하게 말하지 않고 페스트와 쥐벼룩의 상관관계에 대해 과학적 회의가 느껴지는 새로운 어조로 사설을 게재했다. 그는 페스트퇴치운동에 반대하는 의사들의 글을 초대 칼럼에 실었다. 그들은 페스트를 부인하는 드 영에게 권위를 심어주었다. 블루는 드 영의 사이비 과학을 다룬 기사들이 결정적인 순간에 대중적인 지지와 시청의 지원을 서서히 감소시킬 우려가 있다고 미국 정부에 경고했다.

이때 주와 군의 의학계가 블루를 지지하고 나섰다. 이름을 밝히지 않은 사람들이 특정 신문을 향해 "훌륭한 언론을 먹칠하고 있으며 공중위생과 안전을 위협하고 또 신문을 발행하는 시를 모욕하고 있다."라고 맹공을 가했다.

이에 『크로니클』지는 뒤로 물러섰고 시청은 단호한 태도를 고수했다.

쥐퇴치운동은 계속 진행되었다. 블루는 5월 4일에 그 동안의 상황을 점검했다. 2만 907가구를 검사했고 19만 104개의 미끼를 살포했다. 그 결과 4,063마리의 쥐가 덫에 걸렸고 보상금을 받는 사냥꾼들이 2,513마리를 잡았으며 691마리가 죽은 채로 발견되었다. 이 가운데 2,952마리를 대상으로 선페스트균 검사를 실시했다. 그 결과 16마리가 감염된 것으로 밝혀졌다. 최고 2퍼센트까지 치솟던 감염율이 1.2퍼센트로 떨어지며 다소 진정되고 있었다. 그러나 이 정도로 만족할 수는 없었다.

5월경, 샌프란시스코는 눈에 띄게 깨끗해졌다. 농산물 시장은 원래 모습을 되찾았다. 정육 타운은 재건 중이었다. 몇 가지 일이 남아 있기는 했지만 상황은 호전되어 갔다. 공중위생국장 위만이 시어도어 루스벨트 대통령을 찾아가 기다리던 좋은 소식을 알려 주었다. 백색함대가 금문교를 통과해 육지에 상륙해도 될 만큼 샌프란시스코가 안전해졌다는 소식이었다.

5월 4일 아침, 50만 명의 사람들이 언덕과 곶岬에 서 있었다. 흰색과 금빛으로 장식한 함대가 금문교를 지나 미끄러지듯 들어오는 동안 대포가 하늘을 갈랐고 그 광경을 지켜보던 사람들의 가슴속에서는 쿵하는 소리가 울려 퍼졌다. 배의 갑판에서부터 사람들의 환호 소리를 들을 수 있었고 언덕 중턱에서는 조그만 깃발 수천 개가 펄럭이는 광경을 볼 수 있었다. 마치 개미떼가 모여 있는 모습과 같았다. 샌프란시스코는 기쁨으로 출렁이고 있었다. 기업들도 황홀경에 빠져 있었다.

붉은색이 도는 황색 얼굴빛에 옅은 색의 가운을 걸친 기브슨 식(깃이 높고 소매가 길며 허리가 가는—역자 주) 미녀의 모습이 기념 포스터를 더욱 돋보이게 했다. 그 포스터에는 미녀가 거대한 페어즈Pears 비누 위에 우아한 자태로 서서, 함대를 향해 손수건을 흔들며 만을 내려다보는 모습이 담겨 있었다. 광고에는 다음과 같이 적혀 있었다. "인류를 보호하고 사람들을 행복하게 해 주는, 세상에 없어서는 안 될 가장 소중한 백색함대와 페어즈 비누."

자신의 마흔 번째 생일을 하루 앞둔 블루는 아무런 감흥을 느끼지 못하는 듯했다. 아마도 도시가 해군의 출현에 흥분해 있는 모습을 보고 잊어버리고 있던, 형 빅터와 경쟁했던 어린 시절이 떠올랐던 모양이었다. 시 전체가 축제 분위기에 들떠 있었으므로 실험실 연구에 대한 관심이 사라졌다. 그는 공중위생국장 위만에게 보내는 편지에 다음과 같이 썼다. "함대의 출현에 온통 관심이 쏠려 있는 탓에 현재는 아주 잠잠한 상태입니다. 이 일시적인 흥분이 가라앉는 대로 페스트퇴치 운동을 다시 시작할 것입니다."

블루는 최근 샌디에이고에서 개최되었던 의학 컨벤션에서 청중들을 깜작 놀라게 했던 '입체 환등기stereopticon(강한 불빛을 사진이나 그림에 비추어 그 반사광을 렌즈로 확대 영사하는 장치—역자 주)' 강의 시리즈를 보여 주고 싶어 안달이 나 있었다. 그가 강의를 하는 동안 그 장치는 사마귀 모양의 꼬리가 달린 래터스 노르베지커스의 모습을 보여 주고 그 다음엔 이미지를 해체시켜 벼룩으로 바꾸었다. 그는 전형적인 선페스트 환자의 슬라이드를 해체해서 바칠루스 세균을 현미경으로 바라 본 사진으로 바꿀 수도 있었다. 그는 콜비 러커가 시카고에 있는 미국 의학협회를 방문할 때 입체 환등기를 가져가기를 원했다.

　그러나 백색함대에 빼앗긴 사람들의 관심을 되찾기 위해서는 환등기 슬라이드보다 더욱 효과적인 것이 필요했다. 백색함대의 마력에서 빠져 나온 다음 샌프란시스코는 페스트퇴치운동에 대한 열의를 잃어버렸다. 마치 전날 밤을 신나게 보내고 난 다음날 아침에 무기력을 느끼는 것과 같았다. 블루는 공중위생국장에게 보고했다. "사람들이 또 다시 무감각한 상태에 빠질까봐 걱정됩니다.""이런 상황에서 페스트가 한 건이라도 발생한다면 약간은 분위기가 고조될지도 모르겠습니다."라고 씁쓸하게 말했다.

　물론 블루가 또 다른 희생자가 발생하기를 바란 것은 아니다. 그러나 감염된 쥐들이 끈질기게 출현하고 있다는 사실은 아직도 페스트의 위험이 도사리고 있음을 말해 주었다. 위험이 사라지지 않는 한 그의 임무는 끝이 날 수 없었다. 만약 일반 대중들이 페스트퇴치운동에 끝까지 참여하지 않는다면 그는 실패하게 될 것이다. 그는 지금까지 8년 동안 페스트와 싸워 왔다. 샌프란시스코가 앞으로 8개월 동안 현 상태를 유지한다면 그는 자신의 임무를 마치게 될 것이다. 샌프란시스코를 전염병이 없는 도시로 만드는 것, 그것이 바로 그의 임무였다.

　블루는 자신의 생일인 5월 30일을 기점으로 샌프란시스코에서 몇 달째 페스트 발생 사례가 한 건도 없었다는 사실을 깨달았다. 그러나 최근 호주 시드니에서 보도된 사실로 미루어 볼 때 이 정도로 안심할 수는 없었다. 시드니에서는 페스트가 일시 중지되었다가 7개월 만에 다시 나타나기 시작했다. 이곳 샌프란시스코에는 여름이 다가오고 있었다. 여름은 벼룩이 생존하기에 아주 적합한 계절로 페스트가 최고조에 달하는 시기였다. 블루는 철저한 위생관리를 조기에 실시하는 쪽으로 공중위생운동의 방침을 바꾸어야 한다는 내용의 편지를 정부에 전달했다.

"8월과 9월이 되면 전염병이 재발할지도 모릅니다."라고 블루는 말했다. 재발이란 공중위생의 측면에서 볼 때 가장 위험한 단어로서 잠복기 이후에 전염병이 다시 확산될 수 있다는 의미이다. 일시적인 평화 이후에 다시 전쟁이 돌발하는 경우, 적을 과소평가한 병사들의 체면이 깎이는 것과 같은 상황에 직면하게 될 것이었다.

누군가가 성급하게 페스트가 사라졌다는 말을 할지도 모를 일이었다. 일요일이었던 1908년 6월 14일에 드디어 일이 벌어지고 말았다. 『뉴욕타임즈』지가 샌프란시스코에 번졌던 페스트에 대한 승리를 선포했던 것이다.

> 공중위생국과 해병대병원의 책임자인 루퍼트 블루의 감독 아래 전염병 박멸 전쟁이 선포되었다. ……이 피리 부는 사나이들이 자신들의 임무를 끝마치자 샌프란시스코에 남아 있는 쥐는 한 마리도 없었고 따라서 페스트는 실제로 완전히 진압되었다.

『뉴욕타임즈』지에서는 블루에게 인터뷰를 요청하지 않았다. 만약 그들이 인터뷰 요청을 했더라면 전염병이 박멸되기는커녕 당장 그 주에만 4,929마리의 쥐를 잡았고 그 전 주에는 5,000마리나 되었으며 그 쥐들 가운데 일부에서는 전염병 병원체가 발견되었다는 사실을 알게 되었을 것이다.

블루는 그 해 여름, 너무 낙관적이거나 혹은 비관적인 내용의 언론 보도에 맞서 페스트 관련 수치를 바로 잡는 데 많은 시간을 할애했다. 상당한 진전이 있었음을 부인할 수는 없었지만 너무 일찍 손을 놓아 버리면 질병이 재발할 가능성이 있었다. 그는 가족들에게 한동안 집에 돌아가지 못한다고 알렸다.

6월말, 그는 여동생 케이트에게 보내는 편지에 다음과 같이 썼다. "가을이 끝나갈 무렵이면 내 일도 어느 정도 마무리될 것 같아. 그때쯤이면 다른 모험을 찾아 동부로 돌아갈 수 있겠지. 그런데 전염병이 다시 돌게 되면 6개월 더 머무르게 될 지도 몰라." 게다가 서부에서 홀로 지내다 보니 유혹이 만만치 않다고 그는 말했다.

"아직 혼자지만 금발머리 여성들의 유혹을 물리치기가 무척 어렵다고 어머니께 전해 줘. 그리고 세상을 살아가다 보니 내 몸 하나 건사하기도 힘들 때가 있다고 말해 줘."라고 그는 말했다. 그는 나이 마흔에 독신으로 지내고 있었다.

매일 같이 계속되는 고된 업무에 콜비 러커는 지쳐 갔다. 7월초, 그는 가슴 통증으로 앓아 누웠다. 그는 겨우 서른 두 살인데도 심장병을 앓고 있었으며 당시에 흔히 사용되던 심장약인 비소제와 강심제를 섞은 조제약에 의존해야만 했다. 그 약 때문에 그는 우울증에 시달렸다.

7월 4일, 루퍼트 블루는 러커의 집을 방문했다. 그들은 앞쪽 베란다에 앉아서 담소를 나누며 공중위생국의 위임 단체에 대해 논의했다. 블루는 콜비의 다섯 살 난 아들과 모자 끌어당기기 장난을 하며 휴일을 보냈다. 러커는 이날처럼 조용하게 독립기념일을 보낸 적이 없었다고 회상했다.

3일 후 백색함대가 닻을 올리고 샌프란시스코를 떠났다. 한결 건강해진 러커는 함대가 떠나는 모습을 보기 위해 마차를 타고 프레지디오로 갔다. 흰색과 금빛으로 장식한 전함이 금문교를 떠나며 작별을 상징하는 깃발을 내렸다 올렸다 하는 모습을 감상했다.

사실 백색함대가 샌프란시스코를 방문한 데에는 페스트 퇴치를 담당한 의사들의 공이 컸다. 마찬가지로 의사들이 성공할 수 있었던 것도 함대 덕분이었다. 그러나 블루는 그 광경을 바라보며 즐거워할 여유가 없었다. 페스트퇴치운동에 관한 연례 보고서가 아직 준비되지 않아 마음을 졸이고 있었기 때문이었다. 공중위생국장 위만은 까다로운 성격의 소유자로서 문서 업무를 완벽하게 처리해야만 직성이 풀리는 사람이었다. 따라서 질책을 받으리라는 것은 불을 보듯 뻔한 일이었다. 러커는 블루가 문서에만 온통 정신을 쏟고 있는 모습을 보고 자신을 꾸짖는 것이라고 생각했다. 러커는 아픈 몸을 이끌고 매일 열심히 일한 자신의 노력을 블루가 제대로 평가해 주지 않는다고 느꼈다. 가슴 통증을 참아가며 그리고 기침을 심하게 하는 아내 아네트를 돌보면서 러커는 산더미 같은 업무를 처리하기 위해 최선을 다했다.

러커는 또한 블루의 침울한 기분을 풀어 주기 위해 애썼다. 그들은 종종 페어몬트의 보헤미안 클럽이나 마제스틱 호텔에서 함께 저녁식사를 하고 때로는 식사 후에 도미노 게임을 즐겼다. 그들은 라틴계 거주지역에 있는 작은 레스토랑인 코파에서 저녁을 먹기도 했다. 그곳은 딱딱한 빵에 질 낮은 포도주, 신선한 파스타 그리고 치킨 포르톨라 Chicken Portola(닭 가슴살과 코코넛 과육을 코코넛 껍질에 넣고 밥에 토마토 소스를 얹어 찐 음식—역자 주)를 1달러도 안 되는 가격에 제공했다. 배고픈 예술가들의 오랜 친구와도 같은 코파의 벽에는 벌거벗은 채 깡충거리며 뛰어다니는 요정과 신들의 모습이 그려져 있었다. 올곧은 성격의 러커는 그

벽화에 대해 불평을 늘어놓기도 했다. 클럽에서 샴페인을 마시거나 블랑코의 벽 쪽에 붙은 기다란 의자에서 식사를 할 때는 종종 새벽 2시까지 남아 있기도 했다. 그런 날은 겨우 4시간밖에 못 자고 일어나 필모어 가의 사무실로 향해야 했다. 아네트는 이런 식의 일탈 행위를 달가워하지 않았다.

결혼기념일에 러커는 좀처럼 내지 않는 휴가를 냈다. 그리고 사륜마차를 빌려서 아네트와 함께 머세드 호수로 향했다. 결혼 6주년을 축하하기 위한 소풍이었다. 그들은 소박하게 파티를 하고 호숫가를 산책하면서 평화로운 시간을 가졌다. 러커의 일기장을 보면 자신이 가장 소중하게 여기는 사람들을 기쁘게 해 주려고 노력했던 그의 모습을 확인할 수 있다.

"아네트의 건강이 걱정되고 또 최근 들어 블루가 유독 쌀쌀맞게 구는 이유가 뭔지 고민하느라 잠을 제대로 이루지 못했다."라고 그는 적었다. "아마 내가 너무 앞서 나가는지도 모른다. ……어쩌면 내가 과민 반응을 보이는지도 모르고."

콜비와 아네트의 결혼기념 소풍이 있은 다음날, 블루는 콜비에게 냉담하게 대했다. 마치 전날 결혼기념일로 휴가를 낸 것을 나무라는 듯한 태도였다. 지칠 줄 모르고 일에 몰두하는 블루는 직원들이 주말과 저녁에도 일하고 국경일에는 반나절만 쉬기를 바랐다. 마흔의 이혼남인 블루에게는 돌아갈 가족이 없었다. 그래서 매일매일이 그에게는 똑같았다. 연구소가 그의 전부였다. 그의 세계는 샌프란시스코와 페스트였다. 반면 러커에게는 사랑하는 아내와 아이가 있었다. 블루에게서 고독이 느껴지는 것과 대조적으로 러커에게서는 모든 것을 이룬 자의 여유가 넘쳤다. 독자였던 러커는 대를 이어갈 아들을 낳았다. 여덟 형제

가운데 한 명이었던 블루에게는 자식이 없었고 앞으로도 자식이 생길 가능성은 없어 보였다. 러커는 블루에게 실패한 사랑을 끊임없이 생각나게 하는 존재였다. 두 사람 사이의 갈등은 국고 부족으로 인해 더욱 깊어졌다. 시 지도자들은 자금이 바닥나자 공중위생국에게 현 상태만 유지할 것을 요구했다. 에드워드 테일러 시장은 시어도어 루스벨트 대통령에게 연방 기금을 지원해 달라고 호소했다. "감염된 쥐들의 흔적이 완전히 사라질 때까지 공중위생운동을 지속적으로 추진하지 않는다면 현재까지 쏟아 부은 자금과 노력이 모두 물거품이 될지도 모릅니다."라고 테일러 시장은 말했다. 블루는 그의 호소에 지지를 보냈다.

샌프란시스코에 퍼졌던 페스트를 거의 통제한 듯한 순간에 예측하지 못한 비극이 이스트 만에 들이닥쳤다.

콘트라 코스타 카운티의 콩코드 근처에서 어느 포르투갈 농장주의 7살짜리 아들 조 파리아스가 선페스트와 유사한 증세를 보였다. 열이 나고 겨드랑이 아래 선이 부어 올랐다. 공중위생의들이 그것을 보았다면 선페스트임을 곧바로 알아차렸을 것이다. 그러나 그들이 유사 증세를 보이는 환자가 발생했다는 소식을 듣기도 전에 이미 아이는 숨을 거두었다. 세부적인 증거로 보아 페스트임이 분명했다.

같은 주에 이스트 만에서 두 명의 희생자가 더 나왔다. 지역 농장주들 사이에 소문이 나돌았다. 그 소문에 따르면 쥐가 멍하니 있거나 술 취한 사람처럼 비틀거리고 너무나 기운이 없어 막대기로 한 대 슬쩍 치기만 해도 죽어 버렸다고 했다.

블루는 자신이 가장 신임하는 콜비 러커를 파견했다. 그는 문제를 해결하기 위해 배와 기차 그리고 사륜마차를 이용해 황갈색 목초지인 이스트 만으로 갔다. 콜비 러커는 엄중한 임무를 수행하러 갔지만 그보다 먼저 풍성한 시골 풍경에 압도되었다. "이곳은 풍부하고 아름답고 따뜻한 시골 지역으로 올리브유, 과일, 포도주 그리고 밀로 가득하다. 후손들에게 소름끼치는 유산을 남기지 않으려면 다람쥐에 대해서도 퇴치운동을 벌여야 한다."라고 그는 일기에 적었다.

러커는 조 파리아스가 죽은 지 일주일도 채 되지 않아 파리아스네 목장에서 2.5킬로밖에 떨어지지 않은 곳에서 설치류로 인해 심하게 전염된 지역을 발견했다. 그는 그곳에서 발견한 죽은 쥐의 시체를 유리병에 담아 샌프란시스코로 가져왔다. 맥코이가 검사한 결과 페스트에 걸린 것으로 드러났다.

페스트의 확산을 막기 위해 그 목장 주위를 덫으로 에워쌌다. 8월 5일, 그곳에서 예상치 못한 일이 벌어졌다. 병들어서 맥이 풀린 얼룩다람쥐가 발견되었던 것이다. 그 다람쥐를 검사한 결과 샌프란시스코와 시골 지역의 쥐들과 같은 바칠루스 페스티스에 감염되었다는 사실이 밝혀졌다.

그것은 새로운 국면에 접어들었음을 의미했다. 아시아의 과학자들은 페스트가 도시 쥐에서 마모트 같은 야생 동물로 전염될 수 있다는 사실을 오래전부터 알고 있었다. 그러나 이곳에서 쥐벼룩이 쥐에서 다람쥐로 옮아가 페스트를 서부의 야생 동물에게 감염시켰다는 증거가 나오기는 이번이 처음이었다. 게다가 번지는 속도도 매우 빨랐다. 쥐벼룩이 새로운 숙주를 찾게 되자 페스트 감염구역의 경계도 확대되고 있었다.

"캘리포니아의 얼룩다람쥐에서 선페스트가 처음으로 발견되었습니다."라고 블루는 정부에 보고했다. 그는 다음과 같이 덧붙였다. "다람쥐들이 미국 전역에 거주하고 있으므로 심히 우려되는 바입니다."

샌프란시스코에서는 다른 문제로 씨름하고 있었다. 필모어 가 401번지 실험실에서는 사냥꾼들에게 살아 있는 쥐를 잡아 오라고 명령했다. 바구니에 가득 담긴 꿈틀거리는 먹이를 클로로포름에 적신 거즈와 함께 유리병으로 집어넣었다.

살아남으려고 몸부림치던 쥐들이 점점 둔해지더니 죽음의 수면으로 빠져들어 더 이상 움직이지 않았다. 쥐들이 숨을 거두자마자 지역 공무원들은 쥐의 털을 빗질해 벼룩을 걸러 냈다. 벼룩 역시 죽은 상태였다. 그들은 각각의 쥐들로부터 채취한 벼룩을 알코올이 담긴 유리병에 담았다. 병마다 날짜, 쥐의 종류 그리고 채취한 지역이 표시된 라벨을 붙였다. 그들은 자신들이 잡은 쥐와 벼룩을 필모어 가 401번지로 보냈다.

콜비 러커는 벼룩 시체를 열심히 연구했다. 그는 벼룩이 세상의 어떤 생물보다 더 크고 강력한 뒷다리를 가지고 있다는 사실에 매우 놀랐다. 벼룩은 자신의 키보다 500배나 더 멀리 뛸 수 있었다. 이는 사람이 거의 200층에 육박하는 고층 건물을 뛰어넘는 재주를 지닌 것이나 마찬가지였다. 그는 벼룩이 자연계의 그 어떤 끔찍한 파충류나 육식동물보다 더 많은 사람들의 목숨을 앗아간다고 주장했다.

러커는 '사악한 벼룩'이라는 제목의 글에서 현미경으로 벼룩을 관찰한 내용을 다음과 같이 밝혔다. "참깨만 한 크기의 벼룩은 아르마딜로(남미산의 야행성 포유동물—역자 주)와 같은 등딱지와 삼각형 모양의 날카로운 무기, 두 개의 창 그리고 사람들의 피부를 뚫고 피를 빨아먹는데 쓰는 끝이 뾰족한 침으로 무장하고 있다." 러커는 또한 벼룩의 짝짓기 습관을 연구했다. "벼룩이 짝짓기를 할 때는 도도한 수컷이 수동적인 역할을 하는 반면 암컷은 열광적인 춤으로 수컷을 유혹한다. 짝짓기가 끝난 후에 암컷은 부드럽고 연한 알을 낳는다. 암컷은 평생 동안 500개까지 알을 낳을 수 있다."

벼룩의 식습관 연구는 별로 구미가 당기지 않는 일이었다. 그러나 러커는 동료인 조지 맥코이와 함께 벼룩 연구에 몰두했다. 맥코이는 소매를 걷어붙였다. 그리고 벼룩을 시험관 아래쪽에 집어넣어 벼룩이 자신의 팔을 물어뜯게 했다. 벼룩이 피를 빨아먹은 피부 위에 침전물이 남아 있음을 그들은 발견했다. 벼룩에 물린 맥코이가 그 자리를 긁었을 때 이 침전물이 피부 속으로 스며들었다. 이렇게 물린 자국을 긁음으로써 매우 효과적으로 병균을 접종할 수 있었다. 다행히도 실험에 사용되었던 벼룩은 전염병에 감염되지 않은 건강한 벼룩이었다.

몇 년이 지난 후 과학자들은 벼룩에 의해 주입된 물질이 이전에 빨아먹은 피라는 사실을 발견했다. 몇 차례 흡입한 피가 벼룩의 전장前腸에 고여 있다가 다음 희생자의 피부에 난 상처 속으로 스며드는 것이었다.

그런데 러커와 맥코이의 동료인 캐롤 폭스가 흥미로운 사실을 발견했다. 샌프란시스코에서 전염병을 옮긴 벼룩의 종류는 동양 혹은 인도 쥐벼룩Pulex cheopis(학명 풀렉스 치오피스)이 아니었다. 물론 그 종류도 간혹 나타나기는 했으나 금문교에서 주로 발견된 벼룩은 북유럽 쥐벼룩Ceratophulus fasciatus(학명 세라토피루스 파시아투스)이었다. 곤충학자들이 갖게 되는 학문적인 관심의 차원을 넘어 이 두 종류의 벼룩에는 어떤 차이점이 있을까?

드러난 바와 같이 이 두 벼룩은 많은 차이점을 갖고 있었다.

샌프란시스코로서는 뜻밖의 행운을 맞은 셈이었다. 페스트를 퍼뜨린 벼룩의 주된 특징은 두꺼운 등딱지나 날카로운 침이 아니라 장腸

이었다. 캐롤 폭스가 처음 발견할 당시만 해도 그 중요성을 깨닫지 못했으나 지금은 아시아 벼룩 치오피스의 복부에 가시가 많이 나 있다는 사실을 과학자들은 알고 있다. 그 가시들의 안쪽에는 혈액 덩어리가 모여 있는데 이는 페스트를 옮기는 강력한 세균 덩어리를 형성한다. 그 덩어리는 새로운 혈액이 벼룩의 위胃로 전달되지 못하도록 하기 때문에 벼룩은 굶주리기 시작한다. 그로 인해 벼룩은 더욱 적극적으로 공격하게 되고 따뜻한 피를 가진 동물이면 가리지 않고 눈에 보이는 대로 물어뜯는다. 결국 이렇게 사정없이 혈액을 흡입하고 나면 세균이 들어 있는 혈액 덩어리가 제거된다. 바로 이런 과정을 통해 치명적인 페스트가 무기력한 인간에게 전염된다.

파스시아투스fasciatus, 즉 샌프란시스코 벼룩은 그와 같은 가시가 없는 전장前腸을 갖고 있었다. 그래서 페스트를 옮길 수는 있었지만 독성은 다소 약했다. 치오피스, 즉 치명적인 인도 쥐벼룩이 샌프란시스코로 들어오기는 했지만 숫자가 많지는 않았다. 만약 인도 쥐벼룩이 태평양 연안에서 지배적인 종으로 자리를 잡았더라면 페스트에 감염된 환자나 그로 인해 목숨을 잃은 희생자 수가 훨씬 더 늘어났을 것이다.

비록 당시에는 잘 몰랐다고 해도 쥐벼룩에 관해 폭스가 발견한 사실은 후세 과학자들에게 실마리를 제공해주었다. 샌프란시스코 페스트로 인한 희생자가 수천 명이 아니라 수백 명으로 그칠 수 있었던 원인을 설명해줄 단서였다. 페스트균은 치명적이었고 쥐도 엄청나게 많았으며 벼룩은 굶주린 상태였다. 한 가지 다른 점이 있었다면 벼룩 시체에 대해 설명할 길이 없었다는 것뿐이었다.

샌프란시스코 실험실에서 벼룩 연구에 모든 힘을 쏟고 있을 무렵 인디언 서머indian summer(늦가을의 봄날 같은 화창한 날씨—역자 주)가 예고도 없이 찾아왔다. 따뜻하고 햇볕이 강했던 1908년의 9월은 페스트가 재발하기에 알맞은 시기였다. 블루는 초조한 심정으로 상황을 지켜보았다.

아무런 경고도 없이 캘리포니아 주 남단에서 페스트가 재발했다는 소식이 들려왔다. 남쪽으로 640킬로 떨어진 로스앤젤레스의 위생국 직원들은 병든 10살짜리 소년을 돌보고 있었다. 로스앤젤레스의 엘리시안 공원 근처에 살고 있던 도데릭 멀홀랜드는 갑자기 열이 나고 선이 부어 올랐다. 그 소년의 집 근처에서 죽은 다람쥐가 발견되었다. 소년의 생체 검사를 실시한 결과 페스트 양성반응이 나타났다. 죽은 다람쥐에서도 페스트균이 발견되었다. 그렇지만 소년은 목숨을 건졌다. 다행스럽게도 이후에는 페스트에 감염된 다른 사례가 발생하지 않았다. 로스앤젤레스에서는 페스트가 번지지 않았다. 어쨌든 그때까지는 괜찮았다.

세 가지 측면에서 업무를 관리하던 블루는 다람쥐에 대한 정면 공격이 페스트를 박멸시키는 가장 신속한 방법이라고 생각했다. 그러나 다람쥐는 조심스러운데다 아주 빠르기 때문에 미끼로 꾀거나 덫을 설치하는 일이 거의 불가능했다. 그는 소총을 빌리고 탄약을 구매하는데 하루에 1달러 50센트가 필요하다는 내용의 편지를 정부에 보냈다. 그는 다시 한번 관료주의의 벽에 부딪혔다. 정부는 그가 요청한 방법이 정확하지 않다고 그를 비난하면서 자금 지원을 거부했다.

콜비 러커에게는 그보다 더한 아픔이 있었다. 어느 날 저녁, 산호세에서 연설을 한 뒤 러커는 아네트의 주치의와 저녁 식사를 함께 했다. 의사는 그녀가 심하게 기침을 하고 있으며 몹시 걱정된다고 솔직히 털어놓았다. 러커는 일기장에 "나 역시 그녀가 너무나 걱정스럽다.

하지만 어떻게 해야 할지 잘 모르겠다."라고 괴로운 심정을 표현했고.

아네트가 창백하고 피곤한 모습으로 누워 있을 때 아들 콜비는 엄마를 위로하기 위해 자동 피아노로 인기 있는 신곡을 들려주었다. 악보에 맞게 구멍이 뚫려 있는 종이를 삽입하자 "반딧불, 작은 반딧불……"이라는 노래가 울려 퍼졌다. 아네트는 희미하게 웃었지만 그녀를 돌보기 위해 고용된 간호사가 아이에게 조용히 하라고 했다. "그냥 놀게 해 줘요."라고 아네트는 부탁했다. 콜비는 그 곡을 끝까지 엄마에게 들려줄 수 있었지만 다시는 자동 피아노에 손을 대지 않았다. 그리고 엄마를 기쁘게 해 주지 못한 그 노래를 영원히 싫어하게 되었다.

다람쥐들이 많이 죽었다는 소문이 무성한데도 정부가 늑장을 부리고 있는 가운데 러커는 자비로 9달러짜리 소총과 지도 몇 장을 샀다. 그는 가족들을 모두 데리고 이스트 만으로 향했다. 따뜻하고 건조한 날씨가 아네트의 폐에 유익할 것이라고 그는 생각했다. 그는 사륜마차를 타고 디아블로 산의 이스트 만 정상으로 여행을 떠났다. 도중에 길가에서 수박을 먹으며 소풍을 즐기기도 했다. 아네트는 약간 기력을 되찾았다. 샌프란시스코에 되돌아왔을 때 러커는 생일을 맞았다. 귀밑으로 회색 수염이 자라고 있는 모습을 발견한 그는 이제 겨우 서른 세 살이었다.

한편, 전염병이 샌프란시스코에서 물러갔다. 전년도 9월에는 55건의 감염 사례가 있었지만 그 해에는 9월이 다 가도록 한 건도 발생하지 않았다.

블루는 1908년 10월까지 샌프란시스코에서 마지막으로 페스트가 보고 된 이후 8개월이 흘렀음을 알았다. 1907년 5월부터 1908년 2월까지 샌프란시스코 사람들 가운데 페스트에 걸린 환자는 160명이었고 사망자는 모두 77명이었다. 1900년에 페스트가 퍼졌을 때보다 더 광범위하고 신속하게 발생했으며 희생자들도 특정 집단에만 국한되지 않았다. 그러나 그때보다 덜 치명적이었다. 이전에 차이나타운에서 페스트가 발생했을 때는 중국인들이 집중 공격을 당했는데 사례를 비교해 볼 때 이후에 발생한 페스트보다 훨씬 더 치명적이었다. 이는 공식적인 통계 수치를 통해 확인할 수 있다. 감염자가 121명이었고 사망자는 113명이었다. 그러나 많은 백인 의사들이 감염되었거나 사망한 사실을 숨겼다는 점을 감안한다면 실제 얼마나 많은 사람들이 피해를 입었는지 알 길이 없었다.

1900년에 93퍼센트였던 사망률은 1908년에는 50퍼센트로 떨어졌다. 이렇게 사망률이 감소한 부분적인 이유는 미리 진단을 하고 더 나은 치료를 받을 수 있었기 때문이다. 특정 인종을 희생양으로 만드는 일이 없었고 블루가 두 번째 페스트퇴치운동을 실시한 까닭에 사람들은 질병에 대해 두려움을 덜 갖게 되었고 질병을 숨기지 않고 의사의 진찰을 받아보려고 했다. 하지만 차이나타운에서 미처 찾아내지 못한 수많은 감염 사례가 있었을 가능성도 있다. 만약 그 사례를 모두 밝혀내고 통계 수치에 포함시켰더라면 사망률이 실제보다 더 낮았을 것이다. 실제 희생자 수는 지난 세기의 비밀로 남아 있으므로 어느 누구도 알지 못할 것이다.

블루는 이제 안전하리라는 생각에 자신과 함께 일한 직원들의 수를 조용히 줄여 나가기 시작했다. 그렇지만 그는 이스트 만의 상황에 대해서는 안심할 수 없었다. 그는 이스트 만 지역에 번지고 있는 전염병을 추적할 수 있도록 자금 지원을 해 달라고 정부 측에 새로운 요구를 했다.

한편, 콜비 러커는 업무에 시달려 녹초가 되었고 아네트의 폐질환에 대해 무척 걱정하고 있었다. 그는 일기장에 다음과 같이 적었다. "안개 낀 아침. 비를 맞으며 집으로 돌아옴. 지독하게 우울한 저녁 시간을 보냈음."

1908년 10월에 한 가지 놀라운 사건이 블루 박사 팀의 믿음을 깨버렸다. 버려진 과일과 견과류 껍질이 깔려 있던 한 창고에 쥐 한 마리가 냄새를 맡고 나타났다. 승강기가 5층으로 올라가던 중 쥐가 도망치다가 덫에 걸렸다. 필모어 가 401번지에서 의사들이 그 쥐를 마취시킨 후 피부를 벗기고 압정으로 고정시킨 다음 해부를 했다. 그들은 음성 반응이 나오길 기대하며 페스트 검사를 준비했다. 그러나 행운은 찾아오지 않았다. 그 쥐의 몸에는 전염병 세균이 득실거렸다. 85일 만에 발견된 최초의 페스트이었다. 블루가 이미 수차례 경고했듯이 몰래 빠져나간 쥐나 자신을 보호하려는 적의 끈질긴 생명력은 무시할 수 없었다. 아직도 승리의 순간은 찾아오지 않았다. 콜비 러커는 그날 일기장에 페스트가 재발한 사건에 대해 적었다. 그는 1908년에 통용되던 은어를 사용해 일기장 여백에 짤막하게 기록했다. "정말 말도 안 되는 이야기다."

피 / 리 / 부 / 는 / 사 / 나 / 이

위험했던 샌프란시스코의 10년이 끝
나 가는 듯했다. 캘리포니아의 한 창고에서 페스트에 감염된 쥐 한 마
리가 덫에 걸린 이후 검역관들은 관할 구역을 나누어 몰래 빠져나간
쥐들을 수색했다. 그러나 아무것도 발견되지 않았다. 덫에 걸렸던 그
쥐는 감염된 최후의 쥐였음이 입증되었다.

『샌프란시스코 콜』지는 루퍼트 블루를 영웅으로 치켜세웠다. 그
리고 '휘파람으로 쥐들을 구멍에서 빠져나오게 만든 현대판 피리 부는
사나이'라고 칭했다.

로버트 브라우닝Robert Browning의 시 '하멜린의 피리 부는 사나이'
에서는 쥐를 없애 준 피리 부는 사나이에게 보수를 지급하지 못한 대
신 아이들을 잃어버렸다. 이처럼 샌프란시스코 역시 페스트퇴치운동
에 소홀한 대가를 톡톡히 치렀다. 281명이 감염되었고 190명이 사망

했다.

블루는 콜비와 함께 공중위생운동의 통계 수치를 조사하면서 분명 만족했을 것이다. 1만 1천 가구가 넘는 가옥들을 소독했고 25만 평방 피트가 넘는 빅토리아 식 산책로를 콘크리트 보도로 교체했다. 6백만 평방 피트가 넘는 가옥, 상점 그리고 마구간에 쥐가 접근하지 못하도록 시멘트 바닥을 깔았다.

더욱 놀라운 것은 쥐의 통계 수치였다. 블루가 이끌고 있는 사단은 1천만 개가 넘는 미끼를 설치했다. 쥐 35만 마리 이상이 덫에 걸려 죽었고 보상금을 받는 사냥꾼들에게 수거되었다. 15만 4천 마리 이상이 필모어 가 쥐 실험실에서 박테리아 검사를 받았다. 그러나 덫에 걸린 대부분의 쥐는 샌프란시스코 거리의 지하에서 발견되었다. 모두 합해 2백만 마리 이상의 쥐가 죽었다. 이 수치는 샌프란시스코 시 인구의 다섯 배였다.

여러 달 동안 샌프란시스코에서는 수많은 회색 쥐 시체들이 하수구에서 씻겨 나가 만으로 흘러 들었다. 물결 위를 떠다니며 바위에 부딪히다가 마침내 조류를 따라 바다로 쓸려 나갔다.

조류와 상쾌한 바닷바람이 점차 화약 약품과 쥐 시체 썩는 냄새를 흩날려 보냈다. 샌프란시스코만의 고유한 짠 내와 태양, 유칼리나무와 장작 태우는 연기, 빵 굽는 냄새와 커피 향 등이 다시 풍겨 나기 시작했다. 페스트퇴치운동도 계속되었으며 그 덕에 생각지 못한 소득을 올렸다. 페스트뿐만 아니라 모든 전염병이 자취를 감추기 시작했던 것이다. 청결한 집과 상점, 새롭게 정비한 하수 시설, 깨끗한 음식과 물 이 모든 것이 장티푸스에서부터 디프테리아까지 무수한 질병들을 막았다.

도시 전체가 안정을 찾아가는 가운데 1908년 가을과 겨울에 재건

한 도심 지역이 활기를 되찾았다. 지진이 있은 후 2년 동안 25개의 고층 건물이 시 중심지에 들어섰다. 팰리스 호텔과 크로니클 빌딩을 포함해 새로 건축된 9개의 역사적 건물들은 새로운 스카이라인을 형성했다.

차이나타운은 마치 불사조처럼 폐허에서 다시 우뚝 섰다. 낡은 목재 상가들은 조명 장식을 한 탑으로 대체되어 공작과 같은 화려한 색채를 연출했다. 도반개라고 불리는 듀폰 가에서는 노인들이 변화한 모습에 실망하며 서로 악수를 나누었다. 그러나 관광객들은 다시 몰려와 거리를 거닐고 차를 마시며 골동품을 샀다. 수년 간의 고통을 무색하게 만든 도시의 흥겨움이 제자리를 찾았다.

1908년 가을, 버팔로 빌의 와일드 웨스트 쇼는 마켓 가에 화려한 볼거리를 제공했다. 자신의 80세 생일이 다가올 때쯤, 노신사 콜로널 윌리엄 F. 코디는 반백의 머리를 흔들며 새로 태어난 도시의 모습에 놀라움을 금치 못했다. "그래 샌프란시스코는 무사해. 지진과 화재는 사실 축복이나 다름없어. 그래서 이 도시가 세계에서 가장 현대적인 도시가 되었지. 불행만 겪지 않는다면 가벼운 충격 정도는 모든 대도시들에게 좋은 결과가 될 수도 있을 거야."라고 그는 말했다.

어느 누구도, 심지어 블루조차 페스트가 샌프란시스코에 이로운 것이었다고 주장하지 않는다. 그러나 페스트 퇴치프로그램은 분명 샌프란시스코를 더욱 건강한 곳으로 만들었다.

1908년, 추수감사절의 머릿기사에는 오랫동안 기다려온 반가운 소식이 발표되었다.

샌프란시스코에 건강증명서 발행

공중위생국장 위만은 태평양 연안에 위치한 주들에서 페스트가 사라졌다고 보고함.

그러나 블루는 당장 축하를 할 수 없었다. 페스트가 사라지자마자 1909년 겨울에 독한 유행성 감기가 찾아왔다. 지난해에는 피해 갔으나 그 해 블루는 바이러스에 감염되었다. 그는 그 바이러스를 '겁 없는 나의 오랜 적'이라고 불렀다. 최근 몇 년 간 아팠던 것보다 더욱 증세가 심해 블루는 세인트 프랜시스 숙소에 앓아 누웠다. 그리고 3일 간 호텔 관리인들과 웨이터들의 간호를 받았다. 그는 너무 기운이 없어 글씨도 제대로 쓸 수 없다고 여동생 케이트에게 보내는 편지에서 사과의 말을 전했다. "손이 약간 떨린다."라고 그는 설명했다. 그러나 그는 어느 정도 시간이 지난 뒤에 회복되었고 시로부터 감사의 뜻을 전달받았다.

1909년 3월 31일 밤늦은 시각, 샌프란시스코 노브 힐에서 매리언의 피리 부는 사나이와 그의 팀원들의 노고를 치하하는 연회가 열렸다. 첫 희생자인 왕춧킹이 사망한 지 9년이 흘렀고, 마지막으로 페스트 사례가 보고된 지 1년이 지난 뒤, 시련은 끝이 났다.

그날 저녁, 블루와 그의 직원들은 카키색 복장을 하고 나비넥타이를 서로 매 주었다. 그리고 자동차와 경마차에 올라타고는 페어몬트 호텔로 향했다. 그들은 흰색 석조 기둥이 서 있는 현관을 지나 금테 장식이 되어 있는 대리석 로비를 가로질러 연회가 열리고 있는 홀로 발걸음을 옮겼다. 그곳에서 4백 명의 샌프란시스코 유력인사들은 위생국 소속 의료진들과 함께 식사를 하기 위해 7달러 50센트를 지불했다. 그들은 1900년에 의료진들이 맡았던 임무를 비웃었던 사람들이었다.

가슴판이 달린 흰색 셔츠와 연미복을 입은 수많은 사람들이 서로 눈길을 주고받았다. 사진사들은 홀 위로 번개가 치듯 플래시를 터뜨리며 사진을 찍었다. 사진 촬영을 하는 동안 사람들의 얼굴은 새하얗게 되었고 눈을 깜박거렸다. 흰색 천이 덮인 테이블은 온실에서 키운 꽃들로 장식되어 있었고 그날 저녁 요리를 소개한 메뉴 카드가 놓여 있었다. 각 코스는 페스트에 관한 기발한 비유로 되어 있었다. 첫 번째로 굴이 나왔지만 블루 포인트blue point(생식용 작은 굴로 블루의 이름을 빗댄 표현—역자 주)가 아니었다. "왜냐하면 블루가 수년 동안 우리에게 나눠 주었으니까."라고 메뉴에 적혀 있었다. 다음으로 검역 대상에서 제외된 줄무늬 배스bass(농어의 일종)가 나왔다. 채소는 농산물 시장에서 준비한 것이었다. 디저트로는 쥐덫처럼 생긴 아이스크림이 나왔다. 펀치(술, 설탕, 우유, 레몬향료 들을 넣어 만드는 음료—역자 주)는 쓰레기통처럼 생긴 뚜껑과 손잡이가 달린 맥주컵에 제공되었다. 맥주컵에는 '뚜껑을 덮으세요.'라는 슬로건이 적혀 있었다. 그리고 각각의 맥주컵 안쪽에는 쥐 모양의 장난감 선물이 들어 있었다.

질레트 주지사와 테일러 시장 그리고 상인 활동가들은 위생과 관련해 새롭게 발표된 수치에 박수갈채를 보냈다. 새로운 발표에 따르면 연방 정부의 정화운동으로 선페스트가 진압되었을 뿐만 아니라 디프테리아나 성홍열 같은 전염성 질병도 75퍼센트까지 감소했다.

블루는 그곳에 참석한 사람들을 둘러보았다. 최근에 공중위생운동에 동참한 부유하고 힘있는 사람들이 있었다. 그리고 그의 팀원들이 있었다. 그의 충성스런 보좌관 콜비 러커, 마른 체형에 안경을 쓴 조지 맥코이 그리고 검은 턱수염을 기른 벼룩 전문가 캐롤 폭스가 있었다. 그밖에 H.A.L. 리프코겔처럼 10년 전부터 알고 지내던 사람들도 있었다. 리프코겔은 블루에게 도움을 주었던 사람으로, 신체 장애를 가진 병리학자였고 스파이 활동 혐의로 체불 임금도 못 받은 채 해고되었다.

1900년대 초의 사회적 관습에 따라 만찬은 남자들만을 위한 잔치였다. 페스트퇴치운동에 참가했던 여성들은 만찬에 초대받지 못했지만 한참 높은 곳에 있는 발코니에서 연설을 들을 수 있었다.

블루가 연단으로 오르는 동안 기립 박수가 5분 동안이나 울려 퍼졌다. 그의 오래된 수줍음이 다시 되살아나 얼굴이 선홍빛이 되었다. "가슴이 벅차 오를 때는 많은 이야기를 하기가 힘이 듭니다."라고 말하며 그는 연설을 시작했다. "캘리포니아의 입양아가 된 듯한 기분이 듭니다." 그는 페스트퇴치운동의 원동력이 되었던 검역관들과 쥐 사냥꾼들에게 인사를 했다.

"샌프란시스코는 하나의 모범이 되었습니다. 모든 항구 도시는 위생에 대한 경계를 늦추어서는 안 됩니다. 바로 그곳이 질병이 들어오는 통로이기 때문입니다. 샌프란시스코는 전쟁을 치렀습니다. 그리고 여러분과 마찬가지로 저는 샌프란시스코가 얻어낸 승리를 자랑스럽게 생각합니다."

테일러 시장은 블루에게 금으로 된 포켓용 시계를 증정했다. 그 금시계의 표면에는 다음과 같은 글귀가 새겨져 있었다. "U.S.P.H. & M.H.S.(미 공중위생국 & 의료위생서비스—역자 주)의 공중위생 보좌관 루퍼트 블루에게 1908년 위생운동 사령관으로서 의무를 다한 노고에 감사하는 뜻으로 샌프란시스코 시민들이 전달함." 그런 다음 시장은 14명의 공중위생의들에게 메달을 수여했다.

만세 소리가 낮게 퍼졌고 발코니에 있는 여성들로부터 박수갈채가 이어졌다. 콜비 러커가 종종 상기시켜 주었듯이 샌프란시스코가 다시 건강을 되찾은 것은 그들에게 큰 영광이었다.

다음날 아침 4월 1일자 『이그제미너』지의 사설은, 전날 있었던 만찬이 20세기의 황금시대를 예견하는 것이라고 평했다. 그리고 "인간이 질병을 정복한 것은 분명하다."라고 적고 있었다.

그러나 완전히 끝난 것은 아니었다. 도시를 위협했던 페스트는 만의 동쪽에 있는 언덕과 목초지에서 아직도 번성하고 있었다. 겨울 우기가 끝나 가고 마차가 다닐 수 있을 만큼 진흙길이 단단해지자 블루는 캠핑 장비와 육군성에서 지급하는 텐트를 챙겨 팀원들을 콘트라 코스타 카운티로 보냈다. 사전에 미리 대비해 여름 동안 속출하게 될 인간 페스트 사례를 막아 보고자 함이었다. 그는 콜비 러커가 다람쥐 페스트 조사를 책임지기 원했다. 그런데 공중위생국장의 생각은 달랐다. 그는 러커를 북쪽의 시애틀로 보낼 계획을 세우고 있었다. 블루는 공중위생국장에게 재고해 줄 것을 요청했다. 러커는 가장 노련한 페스트 전문가였기 때문이다. 그리고 아네트 문제도 있었다.

그녀의 진단 결과를 외면할 수는 없었다.

"이런 말씀을 드리게 되어 유감입니다만 러커 부인은 폐결핵입니다."라고 블루는 위만에게 엽서를 띄웠다. 그녀는 열이 많이 나서 병상에 누워 있었다. "러커가 이 점에 대해 특별한 조치를 원하는 것은 아니지만 시애틀의 기후가 나쁘기 때문에 그녀를 그곳으로 데려가야만 하는 상황은 원치 않습니다. 루퍼트 블루."

공중위생국장 위만은 자비를 베풀어 그가 남아서 페스트퇴치운동을 계속할 수 있도록 해 주었다. 봄볕으로 도로가 건조해졌을 때 러커는 독이 든 밀 자루를 챙겨 직원 몇 명을 이끌고 이스트 만 언덕으로 되돌아왔다.

그러나 페스트가 잠잠했던 몇 년 동안 감염된 다람쥐들이 널리 퍼져 캘리포니아 중북부의 광활한 지역으로 이주했다. 1909년 중반까지 페스트가 도시 외곽과 시골에 침입해 1,500평방 마일이나 되는 지역을 감염시켰다. 샌프란시스코의 규모가 49평방 마일이라는 점을 감안해 볼 때 무려 30배가 넘는 규모였다.

새로 감염된 지역을 조사하며 러커는 자신의 인생에서 가장 끔찍하고 무서운 경험을 했다. 어느 일요일 아침, 그와 동료 두 명은 실험용 쥐를 잔뜩 가지고 감염된 동굴을 탐사하러 갔다. 감염된 벼룩을 테스트하기 위해 그들은 실험용 쥐의 다리에 줄을 묶어서 감염지역으로 의심되는 동굴에 풀었다. 그 쥐에게 벼룩이 달라붙도록 하기 위한 것이었다. 그리고 나서 그들은 그 쥐를 끌어당겨 털을 빗질한 다음 거기서 나온 벼룩으로 페스트 분석을 했다. 그러나 그날 실험용 쥐가 더 이상 필요 없게 된 사건이 생겼다. 몇 발짝 떨어진 곳에서 다람쥐 두개골 무덤이 발견된 것이었다. 그 주위에 희미한 무리들이 모여 있었다. 그것은 벼룩이었다.

굶주린 벼룩들은 1미터 가량을 뛰어올라 그들을 공격했다. "생명보험에 가입했어?"라고 한 동료가 초조해하며 농담을 했다. 러커는 달아나고 싶은 충동을 참느라고 애썼다. 벼룩이 옷 속으로 들어와 사정없이 물어뜯었다. 그 작업을 끝내고 러커는 호텔로 돌아왔다. 그는 작업복을 벗고서 벼룩에게 물린 상처를 살펴보았다. 마치 홍역이 온 몸에 퍼진 듯 반점이 부풀어 올라 있었다.

곤충학자인 한 팀원이 그를 안심시켜 주었다. 벼룩이 아직 어려서 페스트에 감염된 다람쥐의 피를 빨아먹지 못했다고 했다. 러커는 그날 보았던 검푸르게 변해 버린 다람쥐 시체들을 떠올렸다. "만약 내가 죽는다면 내 몸도 저렇게 되겠지."라고 그는 말했다. 그 곤충학자의 말이 옳았다. 베이지색 유충은 벼룩 새끼였다. 세 사람 모두 아무런 상처를 입지 않고 그곳을 탈출했던 것이다.

다람쥐 페스트가 기승을 부리는 동안 아네트의 건강도 악화되었다. 러커는 "한 번에 여러 가지 일을 맡아서 할 수가 없어요."라고 말하며 일을 도와 줄 사람을 구해 달라고 요청했다. "아내의 상태도 매우 심각해요."라고 그는 말했다. "아내 때문에 휴가를 신청해야 할지도 모를 상황입니다. 그러나 내 일을 경험이 부족한 사람들에게 맡긴다는 것도 마음이 놓이지 않습니다."

러커는 페스트퇴치운동을 계속해 나갔다. 시골 지역을 조사하기 위해 그는 시끄러운 뷰익 무개자동차 roadster 를 구매했다. 그 자동차는 시골길 위를 비틀거리며 달렸다. 그는 병든 아네트를 간호사와 함께 캠프에 남겨 두고 떠났다. 그러나 아들이 그녀 곁에 있으면 결핵에 걸릴 가능성이 있었으므로 러커는 그를 데리고 갔다. 그는 아들이 시골길 위로 튀어 나가지 않도록 임시변통으로 마련한 안전벨트를 매 주었다.[14]

이미 다람쥐의 1.2퍼센트가 감염되었음을 러커는 알게 되었다. 감염된 다람쥐들은 은신처를 찾아 다니며 해안가의 언덕을 건너 동부의 시에라네바다로 이동하고 있었다. 공중위생국장 위만은 직원들에게 감염지역을 지도에 표시하라고 지시했다. 그래서 러커는 캘리포니아 주의 약도를 그려 페스트 감염지역을 검은색 잉크로 표시했다.

공중위생국장 위만은 페스트 지도를 살펴보았다. 그는 수년 간 관료적 형식주의로 늑장을 부리며 대처한 결과를 마침내 마주하게 되었다. 페스트에 감염된 야생 동물들의 분포 지역이 확대되어 막대한 규모에 이르렀다. 전체 감염지역은 대문자 P, 즉 전염병 Plague 의 P자와 비슷했다.

1909년에 이어 1910년까지 다람쥐 페스트와의 전쟁이 계속되었다. 그 전쟁에 전념하던 블루는 필모어 가에 있는 빅토리아 풍의 본부 건물을 폐쇄한 뒤 재건된 샌프란시스코의 시내 중심지로 사무실을 옮겼다. 뉴 몽고메리 가에 위치한 그의 사무실은 아주 호화로운 설비를 갖추고 있었다. 회전의자와 롤탑 데스크 rolltop desk(접이식 뚜껑이 달린 책상 —역자 주)가 있었고 W.& J. 슬로안 사의 35달러짜리 카펫이 깔려 있었다. 이제 그는 정부의 무임소無任所 전염병 전문가로서 샌프란시스코와 해외를 오가며 일을 하게 되었다. 1910년 칠레에 페스트가 발병했을 때 그는 이키케Iquique(칠레 타라파카Tarapaca 주의 주도—역자 주)의 해안 마을로 갔다. 그곳에는 100명의 환자들이 격리병원에서 고통을 겪고 있었다. 파나마와 하와이에서 황열병을 옮기는 모기들의 위협이 있었을 때도 블루는 전염병 예방법에 관해 조언을 해 주었다.

블루가 해외 업무를 담당하고 있을 때 러커는 버클리에 남아 있었다. 그곳에서 그의 아내 아네트가 1910년 5월에 결핵으로 사망했다. 러커와 그의 아들 콜비는 그녀의 시신을 매장하기 위해 밀워키로 갔다. 그는 일 년 동안 그곳에 머물렀다.

1911년 11월, 공중위생국장 월터 위만은 자신의 트레이드마크인 팔자형 콧수염 주위를 면도하다가 면도기에 상처를 입었다. 63세의 위만은 당뇨병을 앓고 있었다. 그래서 면도하다가 생긴 조그만 상처조차도 그에게는 치명적이었다. 당뇨로 인한 혈류 손상으로 상처 부위가 감염될 경우 손을 쓸 방법이 없었다. 살이 썩어 들어가기 시작했다. 당시에는 감염을 막을 수 있는 항생제가 없었다. 상처에서 생긴 독성이 혈관으로 흘러 들어갔다. 패혈증과 힘없이 싸우던 위만은 혼수상태에 빠져 다시는 회복하지 못했다. 미국의 공중위생국은 지도자를 잃었다.

윌리엄 하워드 태프트 대통령이 위만의 후임을 찾기 시작하자 그 자리를 차지하려는 고위 간부들 사이에서 많은 후보들이 나왔다. 그 중 선두주자는 조지프 화이트였다. 그는 한때 블루의 지휘관이었으며 페스트 전쟁을 비판한 사람이었다. 1901년에 처음으로 블루를 비방한 사람이 바로 그였다. 그는 블루가 똑똑하지만 다소 둔한 편이며 페스트 사령관에게 요구되는 에너지와 기지가 부족하다고 비난했다. 그렇지만 결국 그 두 사람은 나란히 페스트와 황열병에 맞서 싸웠다. 이제 그들은 공중위생국의 최고 자리를 놓고 경쟁자가 되었다.

화이트는 서열상 블루보다 한 수 위였다. 일반적인 관점에서 볼 때 그가 차기 공중위생국장이 될 수 있는 유리한 입장에 있었다. 루퍼트 블루는 분명 화이트보다 지위가 낮았다. 하지만 샌프란시스코에서의 성공은 그의 대중적인 인지도를 높여 주었고 행동가로서의 면모를 확인시켜 주었다.

콜비 러커는 밀워키에서 힘겨운 1년을 보낸 뒤 공중위생국으로 되돌아와 블루가 공중위생국장에 임명되도록 로비활동을 벌였다.

그 문제에 관해 블루와 미리 상의하지 않았다는 사실을 깨달은 러커는 하와이에 전보를 부쳤다. "위만 죽었음. 당신을 후보자로 등록했음. 늦지 않게 의사 표시해 주기 바람."

블루는 회신했다. "그대로 진행할 것."

후보들 사이의 경쟁이 뜨거워졌고 언론에서도 예측 보도가 잇달았다. 태프트 대통령은 각자 좋아하는 색깔을 선택하면 된다고 말하면서 기자들의 애를 태웠다. 어떻든 간에 그가 귀띔했듯이 신임 공중위생국장은 화이트 박사 아니면 블루 박사 둘 중의 한 명이 될 것이었다. 그러나 대통령은 블루를 마음에 두고 있다는 사실을 부인하지 않았다.

블루는 워싱턴으로 소환되었다. 그는 자신에게 다가올 행운에 대해 가족들에게 알리지 않았다. 블루는 크리스마스 직전에 케이트에게 보낸 편지에서 다음과 같이 썼다. "가장 훌륭한 사람이 승리하겠지. 우리에겐 정치적 음모의 혼란에서 우리를 이끌어 줄 모세가 필요하니까." 그는 언제라도 로키산맥 너머 저 멀리 서부로 가게 될 날을 기대하고 있다고 조심스럽게 덧붙였다.

그러나 그는 자신의 임무를 위해 다시 서부로 가야 할 운명이 아니었다. 1912년 1월 5일, 태프트 대통령은 관례를 깨고 루퍼트 리 블루를 공중위생국장에 임명해 줄 것을 상원에 제청했다. 페스트 전사로서의 그의 경력을 지지하는 분위기가 고조된 가운데 블루는 상원의 승인을 받았다.

"46세의 사우스캐롤라이나 출신이 많은 연장자들을 제쳐 놓고 승진했다."라고 뉴욕의 『메디컬 타임즈』지는 논평했다. "가장 현명하고 사리분별력이 있으며 가장 능숙한 사람이 공중위생국을 지휘해야 한다는 사실을 인식한 태프트 대통령은 서열을 문제삼지 않고 최고로 훌륭한 사람을 임명했다."

블루의 동료들은 그가 공중위생국의 최고 위치에 설 자격이 있다고 생각했다. 그는 감동을 받았다. 그러나 마냥 기쁘기만 한 것은 아니었다. 그의 어머니 애니 마리아가 그 해 가을 매리언에서 숨을 거두었다. 그의 막내아들이 국내 최고의 의사가 되기 몇 달 전의 일이었다.

공중위생국장으로서 블루에게 주어진 첫 임무는 전혀 지위에 걸맞지 않는 일이었다. 그는 정부 청사의 위생 상태를 점검해야 했다. 그것은 그가 1906년에 위만을 대신해서 하던 일이었다. 바뀐 것은 거의 없었다. 국무부 건물은 비위생적인 타구로 인해 담배즙 냄새가 깊이 스며들어 있었다. 법무부 건물에는 쥐가 들끓었다. 화장실과 식수에는 세균이 득실거렸다. 블루는 공동으로 사용하는 물컵에 주목했다. 많은 공공시설들에서 물컵을 공동으로 사용하고 있었는데 정말로 불결하기 짝이 없었다. 블루는 그 물컵을 분수로 대체했다. 그 간단한 조처로 전염병 사례를 크게 줄일 수 있었다.

블루는 그의 가족들에게 대통령의 임명을 받은 자의 삶이 어떠한지 간략히 설명했다. "밤낮 가릴 것 없이 하루 종일 일에 매달려 있어. 그리고 1913년 1월 1일 퇴임하는 태프트 대통령에게 새해 인사를 하기 위해 최고의 의상을 차려 입는 등 항상 예를 갖추고 있어야 해." 그는 여동생들을 만나러 고향인 매리언을 방문할 틈이 없었다. 그래서 그의 형 빅터와 형수 넬리가 그에게 크리스마스 선물로 케이크를 보내 주었다. 그는 케이크를 맛보니 아주 오래 전 할 일도 없고 걱정거리도 없었던 시절이 생각난다고 했다. 그는 하루하루가 똑같아서 계절이 바뀌는 줄도 모른다고 했다. 그는 휴일도 없이 일을 했다. 책상에 꼼짝없이 붙어 있다 보니 한때 운동선수 같았던 그의 체격은 망가지고 점점 살이 붙었다.

블루는 공중위생국장 자격으로 의제를 확대하여 아주 획기적인 개념을 도입했다. 그것은 다름 아닌 국민의료보험이었다. 비록 당시에는 아주 급진적인 개념이었지만 미국 의학협회로부터 지지를 얻어냈다. 블루는 건강의 중요성을 주장했다. 그의 견해에 따르면 건강을 증진하는 것이 국민의 도덕 수준을 끌어올리고 더욱 행복해질 수 있는 확실한 방법이었다. 게다가 그것은 훌륭한 투자이며 공중위생에 투자한 자금은 나중에 몇 백 배로 되돌아올 것이라고 주장했다.

1913년, 생명보험간부총회에서 그는 "공중위생은 공익사업입니다.”라고 말했다. “우리 국민들의 건강을 지키는 사람으로서 책임을 공감한다는 것은 우리가 살고 있는 이 시대의 영광이 아닐 수 없습니다.”

그 시점에서 의사이자 국민의 권리를 지지하는 사람으로서 블루가 지닌 모든 재능이 빛을 발했다. 블루는 공중위생국장 재임 중반에 미국 의학협회 회장으로 선출되어 유일하게 동시에 두 가지 지위를 가진 의사가 되었다. 그는 국민건강보험을 중심 과제로 삼았다.

“건강보험은 사회법이 한 걸음 더 나아가는 계기가 될 것입니다.”라고 그는 말했다. ‘사회법이 한 걸음 더 나아가는 계기’는 국민건강운동의 슬로건이 되었다. 주요 지지 단체 가운데 하나인 미국 노동법제정협회는 각 지국에 그 슬로건을 내걸었다. 그러나 국민건강보험은 공중위생 전문가들로부터 많은 지지를 받았음에도 일반 시민들의 반응은 그에 못 미쳤다. 건강보험은 제대로 자리잡지 못하고 흐지부지되었다. 한편 1915년, 미국 의학협회는 사람들의 건강과 행복을 증진시키기 위해 최선을 다한 블루에게 금메달을 수여했다.

1916년, 우드로 윌슨 대통령에 의해 재임명된 블루는 십이지장충이나 실명의 주된 원인인 트라코마와 같은 가난한 사람들의 질병을 퇴치하는 계획을 세웠다. 그러나 곧 그의 제안은 긴급하게 돌아가는 국제 정세에 묻히고 말았다. 당시에 미국은 1차 세계대전을 준비하고 있었다. 공중위생국은 관복과 전투양식 면에서 오랫동안 경쟁 관계에 있던 군대에 일시적으로 소속되었다. 블루는 전국의 의사와 병원들이 밀려드는 사상자들을 수용할 수 있도록 준비시켰다. 그러나 군인의 아들이라는 그의 성장 배경이나 공중위생국에서의 경험들도 대서양을 가로지른 전선의 즐비한 시체들 앞에서는 아무런 도움이 되지 못했다.

“내가 유럽에서 한창 벌어지고 있는 그런 충격적인 전쟁을 보게 되리라고는 꿈에도 생각 못했다."라고 그의 여동생에게 편지를 보냈다. "너무나 잔인하단다."

전쟁이 끝난 뒤, 1918년에는 치명적인 인플루엔자 전염병이 돌았다. 희생자 가운데는 샌프란시스코 페스트퇴치운동의 베테랑이었던 도널드 큐리도 있었다. 그는 전염병이 동부 연안을 강타한 직후인 1918년에 보스턴으로 발령받았고 이후 인플루엔자 바이러스에 감염되어 숨졌다.

인플루엔자 외에도 전시에 나도는 전염병이 있었다. 군인들은 군복무의 또 다른 상처를 안고 집으로 돌아왔다. 그것은 성병이었다. 당시 상류사회에서는 사회적인 질병에 대한 이야기를 꺼리던 시대였지만 블루는 젊은이들을 대상으로 성병예방 프로그램에 착수했다. 그는 또한 워싱턴에서 〈여파 aftermath〉라는 제목의, 성병이 남긴 상처를 다룬 연극을 관람했다. 그는 그 연극을 극찬했다. 사람들의 공중위생 의식을 일깨우는 그 힘에 압도당한 블루는 윌슨 대통령에게 그 연극을 보라고 권했다. 윌슨 대통령이 자신의 예방 프로그램에 힘을 실어 주기를 기대하며 그는 대통령의 비서에게 그 연극을 볼 것을 권유하는 편지를 썼다. 꺼리는 정치가들을 달래어 논쟁적인 위생운동에 끌어들이는 것은 블루가 샌프란시스코에서 터득한 기술이었다. 그러나 이번에는 실패했다. 블루의 초대장 아래에 대통령이 그의 유감을 표현했다. "미안하지만 나는 그럴 수 없네. 우드로 윌슨."

공중위생국장을 두 번이나 지낸 블루는 이제 워싱턴에서 지지를 잃기 시작했다. 1차 세계대전 기간에 병원들을 군대 시설로 바꾸라는 의회의 명령을 받았지만 적절한 자금 지원이 이루어지지 않았다. 그래서 주 정부들은 고통을 받았고 정치적인 긴장 관계가 형성되었다. 군병원은 블루가 책임져야 하는 문제였다. 한편 정치적 동조 세력을 찾던 대통령자문위원회의 구성원들은 차기 공중위생국장으로 버지니아 출신의 후보, 휴 커밍을 선택했다. 그는 키가 크고 품위 있는 사람으로 적당한 정치적 감각을 지녔다. 그리고 블루가 겪었던 1차 세계대전 때의 정치적 부담 같은 건 전혀 없었다. 블루는 52세에 그 자리에서 물러났고 국민건강보험을 향한 야심에 찬 그의 꿈도 물거품이 되었다.

많은 저명한 인사들이 골프를 치거나 회고록을 쓰는 시기에 블루는 공중위생국에서 활발한 활동을 재개했다. 그리고 퇴직할 나이가 될 때까지 일을 계속했다. 공중위생국 부국장이라는 낮은 지위를 수락한 블루는 국내에서 발병하는 전염병을 막았고 국제연맹을 포함한 국제 보건협회에 미국 대표로 참석하기 위해 유럽에 가기도 했다. 그는 제네바에서 세계적인 아편 중독과 같은 문제점들을 제기하고 전 세계의 질병을 추적하는데 도움이 될 의료 기준 마련의 필요성을 역설했다.

1923년, 블루는 캣피시 출신으로는 꿈도 꾸지 못할 영예를 얻었다. 프랑스로부터 명예 기사 Chevalier de la Legion d'Honneur 자격을 부여받은 것이었다.

"너도 기억하겠지. 내가 어렸을 때 역사적 인물 가운데 그 누구보다 나폴레옹 1세를 존경했고, 군인이자 정치가로서 그의 삶과 공적에 관한 글을 끊임없이 읽었던 것 말이야."라고 그는 여동생 케이트에게 편지를 적어 보냈다. "그때 나는 상상조차 못했어. 자격도 없는 내가 나폴레옹 1세가 그의 장교들에게 수여했던 훈장을 받게 되리라고는…… 나는 내 코트깃에 그 리본을 달고 있어." 마침내 그는 그의 형 빅터의 가슴에 달려 있던 것만큼 멋진 훈장을 갖게 되었다.

그러나 블루의 정치적 추락은 그에게 치유되지 않을 상처를 남겼다. 1924년 어느 날 밤, 그는 오랜 친구인 콜비 러커와 오랫동안 술자리를 했다. 과거의 기억들을 떠올리자 고통과 역정이 되살아났다. 그는 그의 경쟁자들을 '뱀 같이 음흉한 인간들' 그리고 '구역질 나는 인간들'이라고 비방했다. 심지어 블루의 후임이었던 휴 커밍 밑에서 열심히 활동했던 러커조차 받아서는 안 될 비난을 받았다. 블루는 러커를 '빌어먹을 배신자'라고 불렀다.

그의 발언은 너무 지나쳤다. 러커는 그날 밤 그의 스승을 혼자 남겨 두고 떠나 버렸다. 그리고 두 사람은 6년간 서로 소원하게 지냈다.

1930년, 평화주의자인 러커가 블루에게 연하장을 보내면서 그들의 오랜 침묵은 끝이 났다. 블루는 감사의 답장을 보냈다. 그러나 이 일시적인 화해가 있고 불과 몇 달 후 콜비 러커가 세상을 떠났다. 쥐, 벼룩 그리고 모기와의 싸움에도 끄떡없었던 그가 뉴올리언스 근처의 어느 골프장에서 말벌에 쏘였다. 그 상처로 인해 그는 연쇄상구균에 감염되었고 항생제가 없었던 때라 치명적인 합병증을 막을 방법이 없었다. 그의 나이 쉰 넷이었다.

블루는 그의 부하였던 콜비 러커보다 더 오래 살았다. 그는 워싱턴 D.C.의 패러컷 광장에서 약간 떨어진 아이 광장 1808번지의 베네딕트 호텔에서 독신자로 지냈다. 그는 계속해서 미혼의 여동생 케이트와 헨리에타에게 꾸준히 돈을 부쳤다. 그의 형 빅터가 심장병으로 죽자 그는 조카인 존 스튜어트와 빅터 주니어를 돌보았다. 그 소년들은 삼촌의 외로운 삶에 대해 무척 걱정스러워했다.

그러나 블루는 그들이 걱정하는 것만큼 외롭지 않았다. 오랫동안 샌프란시스코의 금발 미녀들의 유혹을 뿌리쳤던 그가 드디어 워싱턴 사교계의 명사에게 완전히 매료되었다. 릴리안 드 산체스 라투어는 워싱턴 주재 과테말라 대사의 미망인으로 1920년대 엠버시 로우_{Embassy} Row 사교계를 주름잡았었다. 이제 그녀는 블루와 노년을 함께 하는 동반자가 되었다. 조심스러웠던 그들의 우정은 미국 정부가 가까운 친척에게 보내는 공식 편지를 이례적으로 라투어에게 보낸 후에야 알려졌다. 그것은 유족을 위로하는 편지였다.

황열병이나 페스트와 같은 이국적인 전염병을 퇴치하는데 평생을 바친 후 블루는 그의 아버지와 형이 그랬던 것처럼 심장병으로 쓰러졌다. 그는 동맥경화가 악화되어 치료를 위해 볼티모어로 간 후 다시 고향인 사우스캐롤라이나로 돌아갔다.

80세 생일을 한 달 앞두고 찰스턴의 어느 병원에서 블루의 심장은 멈춰 버렸다. 매리언의 장로파 집안 태생이었던 그는 소나무겨우살이로 덮여 있고 매미 울음소리가 고요하게 들리는 마을 묘지로 옮겨졌다. 교회의 4중창단은 찬송가 '내 갈 길 멀고 깊은 밤에'를 불렀다. 그의 시신은 가족들이 묻혀 있으며 무수한 대리석 천사상과 석재 화관들에 둘러싸인, 남부의 오래된 공동묘지에 안치되었다.

회색 화강암으로 된 그의 비석은 여동생 케이트와 헨리에타의 비석보다 높이 솟아 있다. 사우스캐롤라이나의 하늘 아래 서 있는 간소한 그의 비석에는 오로지 한 가지 훈장만이 새겨져 있다. 그것은 바로 그가 신참일 때 혁대 버클에 그려 넣은 공중위생국의 휘장, 즉 헤르메스의 지팡이이다. 그것은 죽은 자를 살려 내어 신들을 화나게 했던 고대의 치료사 아스클레피오스의 후계자를 상징한다. 그러나 그 휘장은 그 이상의 의미가 있다. 블루의 인생이 그랬던 것처럼.

그 비문에는 "인류를 위하여 여러 나라를 돌아다녔던 그가 집으로 돌아와 영원히 잠들었다."라고 적혀 있다.

에 / 필 / 로 / 그

샌프란시스코에는 페스트의 시련과 그것에 대항해서 싸웠던 공중보건의 전사들을 기억하기 위한 기념물이 아무것도 없다. 열병이 일단 소멸되자 모든 것들은 기억에서 잊혀졌다.

샌프란시스코의 페스트를 진단했던 세균학자 겸 검역관 조지프 키년은 시민들에게 최대의 적이 되어 쫓겨났다. 과학자였던 그는 공중보건을 상업과 물물교환 해 버린 욕심 많은 정치가들 때문에 실패했다. 공공기관들의 거부와 보호무역주의에 희생된 셈이다. 희생양이었음에도 불구하고 키년이라는 인물은 샌프란시스코 시에서 증오의 대상이 되었다. 그는 자존심 강하고 고독한 사람이었으며 자신을 가장 필요로 했던 페스트 환자들에게 오만하게 굴었다. 중국인들과 충돌하고 시의 분노에 기름을 부어 가면서 자신이 모든 사람들과 전쟁을 치르고 있다고 생각했다. 그가 상관들에게 신뢰받던 시기에 내놓은 아시아인들에 대한 봉쇄조치와 여행금지령은 너무나 무례하고 인종차별적인 방법이었다. 법원이 중지시키지 않았더라도 그 조치들이 선페스트를 막을 수는 없었으리라는 사실을 우리는 이제 알고 있다. 상처 입고 이해받지 못한 키넌은 샌프란시스코를 떠났고 얼마 뒤 공중위생국에도 사표를 제출했다. 그것으로 국내 무대에서 그의 화려한 경력은 끝나 버렸다. 급작스런 그의 결말은 따뜻한 마음이 깃들이지 않은 과학은 건조하고 가혹한 훈련일 뿐이라는 사실을 기억하게 해 준다.

1901년, 40세에 샌프란시스코에서 떠난 키넌은 동부로 돌아갔다. 그 후, 그는 백신과 면역소를 생산하는 회사의 감독관, 조지 워싱턴 의과대학의 세균학 및 병리학 교수, 워싱턴 D.C.의 시 세균학자 등으로 일했다. 제1차 세계대전 시기에는 미국 육군에서 유행병 전문가로 활약하기도 했다. 그러나 휴전 후 오래지 않아 목에 악성 림프종이 자라났고 결국 1919년 58세로 조지프 키넌은 생을 마감했다!

역사는 동시대인들보다 키넌에 대해 더 관대한 평가를 내렸다. 미국 국립위생학연구소의 설립자이자 미국 국립보건학회의 선구자였던 그는 죽은 후에 미국 국립보건학회의 초대 회장으로 인정을 받았다. 전염병 진단에 세균학이라는 강력한 무기를 적용함으로써 그가 청년기에 이룩했던 세계에서 그는 여전히 기억되고 있는 것이다. 이 시절의 키넌은, 1900년에 많은 이들을 오염시켰던 정치적, 인종적인 독소에 오염되기 전이었다.

한편, 루퍼트 블루는 샌프란시스코를 발판으로 삼아 더욱 후하게 대접받는 의사로 도약했다. 역사는 그의 노력에 대해 꽤 후한 점수를 주었다. 그가 샌프란시스코의 상황에 대한 지휘권을 넘겨받을 무렵 의학계는 마침내 선페스트의 감염 경로에 대해 이해하게 되었다. 그리고 이런 이론을 샌프란시스코에 응용한 사람이 바로 블루였다. 일단 쥐벼룩이 페스트의 근본적인 용의자임을 인식한 블루는 파괴적인 검역 방법들을 자제하고 쥐를 없애는 데 노력의 초점을 맞추었다.

샌프란시스코는 키년과 블루에게 성공적인 공중보건의 지도자가 되느냐 못 되느냐를 실험하는 무대였다. 키년은 지성적인 과학자였지만 고통을 감수해야 하는 대중들한테 공중보건이 어떤 식으로 비쳐질지 생각해 보는 통찰력이 부족했고 인간관계를 조정하는 기술이 서툴렀다. 블루가 인종문제에 개인적으로 어떤 감정을 지니고 있었는지는 알려지지 않았지만 어쨌든 그는 오랫동안 고통받아 온 샌프란시스코의 소수민족 사회에 반감을 불러일으키지는 않았다. 대중 연설에 대해 공포심을 가지고 있다고 고백한 블루는 실제로는 사람들을 끌어당기는 매력과 세련된 매너를 갖추고 있었다. 그는 대중을 설득하고 교육시켜 공중보건계에 변화의 바람을 일으켰다. 뿐만 아니라 공중보건에 대해 민중주의적인 시각을 갖고 있던 그는 유행병을 몰아내는 데 그치지 않고 시민들의 고통을 완화시키고 생활환경을 개선시키기 위해 노력했다.

하지만 권투선수로서의 강한 내면을 지니고 있지 않았다면 블루의 부드러운 설득력과 통솔력은 별 효과를 거두지 못했을지도 모른다. 물론 그의 이런 면모는 그가 권투 장갑을 벗게 되었을 때야 사람들에게 알려졌다.

역사가 귄터 리세는 이렇게 평가한다. "다정다감한 설득에 협박이 더해져서 더욱 큰 효과를 낼 수 있었다." 블루가 페스트퇴치운동의 지휘관으로서 자신의 공적인 힘을 확실히 드러낸 것은 백색함대가 떠난

후 무력해진 시 당국을 위협했을 때뿐이었다.[15]

1908년, 샌프란시스코에서 선페스트를 완전히 박멸한 공중위생학자 블루는 유행병 전문가로 전국적인 명성을 얻었다. 그리고 1912년부터 1920년까지 공중위생국장으로 활동했다. 당시는 세계분쟁과 군대의 대규모 이동이 이루어지면서 질병이 전 세계로 더욱 확산되던 시기였다. 제1차 세계대전 시기에 블루는 유행성 독감과 성병이라는 두 가지 유행병과 싸웠다. 1915년에 미국 의학협회가 그를 가장 인도주의적인 의사로 지명하기도 했지만 그의 전설은 어쩔 수 없었던 세계적인 사건으로 손상을 입었다. 자금력이 부족한 국회의 위임통치라는, 모든 개혁가들에게 악몽 같던 그 시절의 부담을 그도 그대로 느껴야 했다. 즉 블루는 턱없이 부족한 인원과 자금을 가지고 전국의 병원들을 더 나은 의료 시설로 변화시키기 위해 노력했다. 더 강인한 정치가가 있었다면 그의 이런 노력이 결실을 보았을지도 모른다. 그러나 전쟁이 끝난 지 얼마 되지 않은 시점에서 시민 및 군대 위생에 대한 모든 요구에까지 귀기울일 만한 정치가는 없었다. 이런 어려움 아래서 국민건강보험 사업에 전념하고 싶었던 블루의 세 번째 꿈은 꺾이고 말았다. 전세계 우유를 저온 살균시키고 아동위생기관들의 네트워크를 구성하려던 그의 목표 역시 벽에 부딪혔다. 1920년, 블루가 은퇴하자 그의 공중위생 목표는 진부해지고 정치권의 소용돌이 사이에 끼어 결국 마무리되지 못한 채 흐지부지되어 버렸다. 그는 공중위생국에 부국장으로 남아 미국 내 페스트 발생과 국제보건협회의 일들을 처리했다.

몇 년 간 샌프란시스코 만에서 페스트 퇴치에 노력한 후 그 승리의 여세를 전국으로 밀고 나가려던 그의 모든 시도는 결국 실패로 끝나고 말았다. 그는 페스트가 다람쥐들을 통해서 전국으로 번질 수 있다고 여러 해 동안 워싱턴에 경고했다. 그리고 시골 지역의 해충을 없애기 위해 인원과 텐트, 총, 덫 등을 지원해 달라고 요청했다. 하지만 그의 요청에 대해 정부는 늑장을 부리거나 거절해 버렸다. 동부까지 그의 계획을 시행해도 된다는 승인을 받을 무렵에는 이미 시기가 늦고 말았다. 캘리포니아 산야와 초지에 살던 수천 마리의 다람쥐가 이미 야생 동물들에게 페스트를 퍼뜨린 후였기 때문이다.

전염은 서부 산야에서 끝난 것이 아니었다. 동쪽으로 계속 번져서 시에라네바다 산맥을 넘고 로키 산맥까지 퍼졌다. 쥐에서 얼룩다람쥐로, 다시 줄무늬다람쥐로 그리고 시에라 산맥의 줄무늬다람쥐와 남서부 골짜기의 땅 밑에 굴을 뚫고 살아가는 마르모토로. 각 지역을 이동할 때마다 벼룩들은 새로운 숙주로 옮겨 다녔다. 자연계에서 페스트의 서식처는 언제나 설치류였다. 그리하여 페스트는 미국 남서부의 야생 동물 사이에 뿌리를 내렸고 한 세기가 지난 지금도 여전히 전염병의 불씨로 남아 있다.

오늘날 야생 페스트의 번식지역은 전 지구에 두루 퍼져 있다. 캘리포니아 위에 P자형의 얼룩무늬로 그려졌던, 1990년에 콜비 러커가 완성한 페스트 지도는 이제 로키 산맥에서 태평양 연안까지 미국 서부의 3분의 1을 덮는 두꺼운 페스트 밴드로 확대되었다. 페스트는 유럽, 아시아, 아프리카 및 아메리카 대륙까지 전 세계에 퍼져 있다. 지난 50년 동안 세계보건기구는 38개국에서 페스트 보고서를 받았다. 발병 8천 건과 사망 7천 건이 그 안에 포함되어 있다. 브라질, 콩고, 마다가스카르, 미얀마, 페루, 베트남 , 미국 등 7개국은 거의 매년 페스트를 겪고 있다.

루퍼트 블루의 후배들인 미국 질병예방통제센터의 페스트 학자들은 콜로라도 주 포트 콜린스에 감시기구를 운영하고 있다. 근절시키기에는 페스트가 야생계에 너무 깊이 뿌리내렸다고 여겨지는 상황이지만 질병예방통제센터와 주 정부 보건국은 야생계를 꾸준히 감시하면서 벼룩들을 통제하고 세계보건기구에 모든 상황을 보고한다. 페스트 수위가 위험할 만큼 높아지면 등산객과 야영객들에게 경계주의보를 발하고 때로는 위험이 진정될 때까지 주립 공원을 폐쇄하기도 한다. 빨간 원 안에 다람쥐가 그려져 있고 그 위에 사선이 그어져 있는 경고 표시는 서부 전역의 공원지대에서 공통적으로 볼 수 있다.

하지만 이런 경계 조치로는 미국 내에서 매년 십여 건씩 발생하는 선페스트 감염을 막지 못한다. 사냥꾼, 덫 사냥꾼, 야영자 및 시골 거주자늘이 가장 위험하다. 뉴멕시코, 애리조나, 콜로라도, 유타의 고지대 사막과 산기슭까지 주거지 개발이 확장되면서 사람의 거주지가 페스트 왕국에 점점 가깝게 다가가고 있다. 오염된 흙구덩이를 파헤치고 다니는 고양이와 개들이 벼룩을 묻혀 옴으로써 야생 설치류와 사람 사이에 병균을 옮겨 주는 매개체 역할을 하기도 한다. 1977년에서 1998년 사이에 23명이 오염된 고양이를 통해 페스트에 감염되었다. 그 중 5명이 오진이나 치료 지연 등으로 사망했다.

요즘은 항생제 덕분에 페스트로 인해 사망하는 환자들이 줄었다. 정맥에 주사하는 스트렙토마이신이나 기타 항생물질들은 대부분의 환자에게 신속한 치료 효과를 낸다. 그러나 그 효능은 신속한 진단과 적시의 치료가 이루어질 때만 가능하다. 남서부의 의사들은 갑작스럽게 선이 부어 오르고 열이 나면 어떤 질병의 징후인지 예리하게 알아차린다. 이런 지식은 최근 몇 년간 나타난 수십 명의 환자를 통해서 축적된 것들이다.

2000년 새해가 시작되기 얼마 전, 뉴멕시코의 앨버커키 북쪽 지역에 사는 43세의 중년 부인이 술에 취한 듯 비틀거리는 생쥐 한 마리를 집안에서 발견했다. 그녀는 손으로 생쥐를 잡은 후 종이 타월에 쌌다. 그리고 화장실 변기에 버리고 물을 내린 후 항균비누로 손을 씻었다. 그런데 얼마 뒤 몸에 이상한 증상이 생겼다.

림프선이 부어 올랐고 몸이 오들오들 떨렸다. 매우 심한 고통과 등의 통증이 심상치 않았다. 성 조지프 병원에 입원한 후 그녀는 선페스트라는 진단을 받았다. 다행히 21세기의 항생제 치료가 그녀를 중세의 비극에서 구해 냈다.

한 세기 전에 발견되었음에도 아직 완벽하게 치료할 수 없는 페스트는 인류에게 알려진 가장 치명적인 질병 중 하나로 남아 있다. 치료받지 않으면 선페스트의 사망률은 50에서 70퍼센트까지 이른다. 페스트를 치료하지 않고 놔두면 균이 폐로 번지거나 혈류를 타고 몸 속으로 퍼지면서 폐페스트나 패혈증을 일으켜 사망률이 거의 100퍼센트까지 상승한다.

이렇게 치명적인 페스트가 샌프란시스코의 경우 지금까지 겨우 280건만 보고되었다는 점은 천만다행이다. 이것이 정말 유행병이 맞느냐고 묻고 싶은 사람이 있을 수도 있다. 질병예방통제센터의 케네스 게이지는 분명히 그렇다고 대답한다. 유행병이란 일반적인 경우보다 발생률이 어느 정도 높은 경우라고 정의된다. 1900년 이전에는 미국에 페스트의 영향이 없었다. 샌프란시스코의 페스트 사례가 미국 대륙에서 발생한 첫 감염 사례였다고 알려져 있다. 처음 발생한 이후 페스트는 서부의 주들 사이를 넘나들며 거점을 확보했다. 오늘날 예방백신과 항생제의 발달에도 불구하고 페스트가 매년 십여 건 정도 발생한다. 21

세기 미국의 도시 지역에서 선페스트가 40여 건이나 발생했다는 사실은 이것이 유행병이고 긴급 상황이라는 생각이 들게 만든다. 그러므로 280건의 확인된 사례와 172건의 사망은 페스트가 분명히 유행병이라는 사실을 충분히 증명해 준다.

"샌프란시스코에는 확실히 유행병이 퍼져 있었습니다." 옛 캘리포니아 주지사 헨리 게이지와는 아무런 인척 관계가 없는 게이지 박사는 이렇게 확신한다. "지금 만약 그 정도로 많은 사례들이 발생한다면 우리는 아마 미쳐버릴 겁니다."

게이지 박사는 콜로라도 주 포트 콜린스의 질병예방통제센터에서 활동하는 페스트 전문가이다. 쥐와 벼룩 사이의 묘한 기생관계에 대한 해박한 지식을 지니고 있는 게이지 박사는 샌프란시스코에 페스트를 퍼뜨린 벼룩의 위가 해부학적으로 특이한 전장 구조를 가지고 있지 않았다면 더 많은 희생자를 냈을지도 모른다고 말한다. 그는 1894년에 유행했던 페스트가 아시아에서만 수백만 명의 사망자를 냈다고 믿는 사람들 중 한 명이다. 왜냐하면 위의 전장에 가시가 있는 동양 쥐벼룩이 그 매개체였기 때문이다. 게이지 박사는 샌프란시스코가 그와 같은 운명을 면할 수 있었던 것은 이 지역의 벼룩들이 살해자의 해부학적 구조로는 부족한 점을 지니고 있었기 때문이라고 생각한다.

파괴적인 죽음을 일으키는 유행병의 다른 요인들은 모두 갖추어져 있었다. 예컨대 똑같은 선페스트균과 엄청난 수의 쥐떼가 있었으며 시민들은 인종차별과 무지, 탐욕, 보호무역주의 등으로 얼룩져 질병의 위험에 무감각한 상태였다. 티끌 같은 곤충 내부의 작은 결점 하나가 바바리 연안을 피렌체나 런던 같은 운명에서 지켜 주었던 셈이다.

혹시 샌프란시스코의 페스트균이 비교적 유순한 변종이었던 것은 아닐까 궁금해 하는 사람이 있을지도 모르겠다. 그러나 게이지는 그렇지 않다고 분명히 말한다. 현재 미국 서부에 퍼져 있는 종류는 1900년 샌프란시스코에서 번지기 시작했던 종류이며 1894년의 유행병 발생 때 아시아를 쑥대밭으로 만들고 전 세계에 퍼졌던 것과 같은 것이다. 샌프란시스코에서 페스트에 감염되었던 사람들이 놀라운 속도로 죽었다는 사실은 이곳에 유입된 변종이 오히려 더 강력했다는 증거가 되기도 한다. 차이나타운에서 발생한 1차 시기의 페스트 사망률은 93퍼센트였다. 1907년 도시 전역에서 발생했던 2차 시기에는 빠른 진단과 입원, 예르생의 항혈청 치료 덕분에 사망률이 50퍼센트를 밑돌았다. 항생제가 없던 이 시절의 치료는 유동액의 공급과 해열제 투약, 간호 등이 전부였으며 현대의 기준으로 보면 유치하기 이를 데 없다. 그럼에도 그런 치료법이 환자의 생명을 구하는데 도움이 되었으며 최소한 죽음을 편하게 맞도록 해 주었다.

바바리 페스트의 발병시기인 1900년에서 1909년 사이는 빅토리아 시대와 현대 샌프란시스코 사이의 역사적 과도기였다. 이 시기 건축의 상당수가 지진으로 붕괴되거나 일련의 개발을 위해 완전히 파괴되었다. 왕춋킹이 죽었던 듀폰 가(오늘날의 그랜트 대로)와 잭슨 가 모퉁이의 글로브 호텔 자리에는 현재 전면이 유리로 된 은행 건물이 들어서 있다. 한때 일본인 매춘굴이 있던 자리에는 작은 무역 회사들과 옷가게들이 기념품 상점 및 약초 상점과 다닥다닥 붙어 있다. 머천트 가의 실험실은 1906년 지진으로 무너졌다. 하지만 그 골목은 차이나타운과 하늘을 찌를 듯 서 있는 트랜스아메리카 피라미드 사이의 통로로 남아 있다. 한때 검역 텐트가 설치되어 있었던 포츠머스 광장은 다시 아이들이 뛰어 놀고 중국인 노인들이 아침마다 태극권 운동을 하는 공원이 되었다.

페스트 실험실과 쥐 실험실로 쓰였던 필모어 가 401번지의 빅토리아 풍 건물은 이제 사라지고 벽토로 말끔하게 장식된 아파트가 들어섰다. 지진 난민보호소의 난민 18명이 페스트에 당했던 로보스 광장은 현재 모스콘 운동장이라고 불리는 공원이 되었다. 여기서 한 블록만 더 가면 요트 선착장이다. 그러나 캘리포니아 가의 오래된 머천트 익스체인지는 전혀 변하지 않았다. 지금도 산책하는 사람들은 루퍼트 블루가 시민들을 불러 모은 후 무관심에서 마음을 돌려 발 벗고 나설 수 있도록 설득했던 건물 안으로 드나들 수 있다.

엔젤 아일랜드는 주립 공원이 되었다. 1900년 키년의 검역소가 있던 호스피탈 만에는 아무런 흔적도 남아 있지 않다. 1910년에 문을 열었던 이민자수용소는 이제 벽에 한자로 시를 조각해 놓은 박물관이 되었다. 이 시들은 이민자들이 당했던 설움을 말없이 증언해 주고 있다. 지금은 소독약 냄새 대신 바비큐 냄새가 감돌고 있다. 선창에 도착한 배들은 이민자들 대신 햇살 아래 소풍을 즐기러 나온 사람들을 쏟아낸다.

유행병에 대한 반응이 더디기만 했던 샌프란시스코는 거의 한 세기 후인 1981년, AIDS 증후군이 동성애자들에게 일격을 가했던 시기에 훌륭하게 대처했다. AIDS 증후군 발생 초기, 미국 전역이 이 질병에 대해 부정하거나 차별적인 시선을 보낼 때 샌프란시스코는 신속하고 인간적인 치료의 모범을 보여 주었다. 각종 질병들이 공격해 오는 요즘에도 공격받은 나라들은 또 다시 거부의 정책, 상업적인 보호무역주의, 차별주의적인 시선 등을 종종 과학인양 떠들어 대고 의학적인 진단이라고 소리치고 있다. 광우병 또는 소의 해면상뇌증牛海綿狀腦症

이라고 불리는 질병이 1980년대와 1990년대에 영국의 소목장을 강타했다. 이와 유사한 인간의 질병인 크로이츠펠트 야콥병(인간 광우병)으로 치명적인 감염자가 125명이나 나왔다. 정부와 산업계가 신속히 대처했더라면 이 비극을 피할 수 있지 않았을까? 유행병이 나타나면 거부, 보호무역주의, 희생양 찾기 등이 빈번히 일어난다. 1900년 샌프란시스코의 정책들은 전혀 이례적인 경우가 아니며 앞으로 다가올 유행병들의 강력한 힘에 대한 예고편일 뿐이다.

지금까지 알려진 바로는 세균이 번지는 데는 국내의 지형적인 경계선들이 별 방해가 되지 못한다고 한다. 그러나 페스트가 1994년 인도에 발생했을 때 미국인들의 눈은 두려움에 떨며 국제공항에 쏠렸다. 혹시라도 매우 전염성이 높은 폐렴 같은 증세의 병을 앓는 사람이 봄베이나 델리에서 비행기를 타고 뉴욕에 내렸으면 어떻게 하나? 페스트가 이미 미국 서부에 깊이 자리를 잡고 있다는 사실을 모르는 대부분의 사람들은 이런 두려움을 느끼고 있었다. 한 세기 전에도 구멍이 많았던 경계선들이 비행기 여행시대인 현대에 와서는 훨씬 더 뚫리기 쉬워졌다. 질병예방통제센터의 질병 전사들은 증기선으로 여행하던 시기의 전사들보다 전투준비를 할 시간이 훨씬 적다.

천연두에서 폴리오까지 많은 전염성 질병이 근절되거나 억제되면서 우리의 안전감각은 오히려 무뎌져 버렸다. 2001년 9월, 우편물에 동봉된 채 배달된 탄저균 소동은 옛 질병이 테러의 무기가 되어 돌아올 수 있다는 현실에 대해 전 세계가 경악하게 만들었다.

공중보건 시스템의 파괴는 이런 질병들이 다시 돌아올 수 있고 시민들이 쉽게 공격받을 수 있는 환경을 조성한다. 이런 질병의 원인균들이 살인자의 손에 들어가 있든 국경 없는 테러조직의 손에 들어가 있든 혹은 국가차원의 무기개발계획의 일환이든 과거에 우리가 접했던 것과 같은 대규모 감염사태의 위협에 또 다시 대비해야 한다는 사실을 떠올리게 만든다.

페스트를 근절시키려던 블루의 노력과는 완전히 상반된 노력이 진행 중이다. 즉, 몇몇 나라들이 생화학무기로 이용하기 위해 세균을 연구하고 있다. 14세기 초 타타르(남부 러시아에서 시베리아 중부에 걸친 터키어족—역자 주)의 군인들은 페스트에 오염된 시체들을 오늘날 크리미아Crimea로 불리는 마을의 성벽 위로 집어 던졌다. 제2차 세계대전 시절 일본인들은 욕조에 조성한 작은 곡물 밭에 오염된 쥐와 벼룩을 사육한 뒤 중국에 이 치명적인 곤충들을 뿌렸다. 당시에는 그런 사실에 대해 공식적으로 부인했지만 몇 십 년이 흐른 뒤인 2002년 8월, 도쿄 지방법원이 전 세계 언론에 발표했던 내용을 취소함으로써 이런 사실을 인정했다.

냉전시기에 미국은 페스트 무기제조를 연구했지만 지나치게 오래 배양한 세균이 실험용 튜브 속에서 독성을 잃는 문제에 부딪혔다. 이 계획은 그대로 폐기되었지만 그에 대한 가혹한 대가까지 모두 폐기시키지는 못했다. 1959년, 미국 메릴랜드 주 포트 디트릭의 육군 연구소에서 페스트를 분석하고 있던 젊은 화학자가 불덩이 같은 몸으로 오들오들 떨면서 구토와 각혈이 섞인 기침을 했다. 백신과 보조주사까지 투여했지만 별 소용이 없었고 결국은 다량의 스트렙토마이신을 주입해 간신히 목숨을 구했다. 힘들게 선페스트를 이겨 내긴 했지만 그는 호된 시련으로 간이 망가졌다. 3년 뒤 영국의 포턴 다운에 있는 이와 유사한 연구기관의 유능한 세균학자는 훨씬 운이 나빴다. 방어용 무기 개발을 목적으로 예르시니아 페스티스를 연구하는 동안 그는 선페스트에 감염되었고 솔즈베리 병원으로 이송되었지만 결국 죽고 말았다. 조사 결과 그의 죽음은 '의학적인 불운'이라는 판결이 났다.[16]

미국과 영국 두 나라는 생화학무기 개발계획을 수십 년 전에 폐기시켜 버렸다. 그리고 1975년 세균전을 금지하는 '생화학무기금지조약'에 서명했다. 그러나 구 소련은 1992년까지 가공할 변종 생화학무기 개발계획을 계속 추진해 왔다. 망명자들의 보고를 통해 서구인들은 소비에트 연방의 야심이 가장 강력한 페스트 무기를 개발하는 것이라는 사실을 처음으로 알게 되었다. 그리고 탄저균, 천연두 및 기타 천벌들도 함께 말이다. 2차 대전 때 일본인들이 만주에 살포했던 벼룩 소나기와 달리 러시아는 페스트균의 지구력을 향상시켰고 이 계획에 'L1'이라는 암호명을 붙였다. 키로프 시의 무기공장 무기고에는 순수한 페스트균이 20톤 가량이나 보유되어 있었다.

소련에서 망명한 캐네스 알리베크와 같은 과학자들은 철거된 소비에트 생화학무기 산업이 여전히 비밀리에 유지되고 있다가 최후의 날에 페스트 유령을 무기로 사용할지도 모른다고 우려한다. 그러나 이런 위협이 과학적인 창의력을 발휘하게 만드는 새로운 자극제가 되기도 한다. 예컨대 예르시니아 페스티스의 유전학적 청사진을 분석하고 이해하기 위한 노력 등이 그렇다. 9월 11일 세계무역센터와 미국 국방성에 가해진 테러 공격이 있은 지 정확히 3주 후, 영국 과학자들이 페스트균의 완벽한 게놈 지도를 해독해 냈다고 발표했다. 미국 국방부는 페스트의 공격을 막을 수 있는 새로운 백신을 개발하고 있다. 미국 과학자들은 자연적으로 혹은 테러리스트들의 공격에 의해 페스트가 발생할 경우 신속하게 감지할 수 있도록 하는 DNA지문감식시스템을 고안하고 있는 중이다. 프랑스 과학자들은 페스트가 그 부모 균인 예르시니아 슈도튜베르쿨로시스 위에 매우 치명적인 독성을 더하게 만드는 '악성 유전자'에 특별히 관심을 집중하고 있다.

페스트 박사들에게 폴 루이 시몽의 벼룩 발견은 마치 월터 리드가 황열병에서 모기의 역할을 발견한 것과 같았다.

"우리는 암흑 속에서 싸웠습니다." 블루가 말했다.

공중위생국장으로 재직한 기간과 그 이후에도 루퍼트 블루는 페스트 전사였다. 그리고 때때로 페스트가 그를 다시 찾아오기도 했다. 어느 날 그의 워싱턴 사무실로 아무런 약속 없이 불량배들이 찾아와 비서를 당혹스럽게 만들었다.

"잠깐만 블루 박사님을 뵙고 싶어서 그냥 들렀습니다." 블루의 옛 쥐 잡이 부대 고참이 이렇게 밝혔다.

블루의 사무실로 안내된 그들은 꼭 끼는 조끼를 입고 시계주머니를 찬 모습의 그를 알아보았다. 이제 그의 허리는 더 굵어져 있었고 권투선수의 떡 벌어졌던 가슴은 펀치 한방에 무너져 내릴 것 같았다. 양미간 사이에는 희끗한 머리가 내려와 있었지만 트레이드마크인 콧수염만은 그대로 기르고 있었다. 블루는 소란스런 방문객들을 환영하며 잠시 쥐 잡이 포상금과 무지개 쥐들에 대한 추억에 잠겼다.

블루는 현장에서 뛰고 싶은 욕구를 잃은 적이 없었다. 심지어 공중위생국장으로 재직하고 난 이후에도 그랬다. 1924년, 로스앤젤레스에 30명의 희생자가 나자 그는 오랜 적인 쥐들과 다시 한판 승부를 벌이기 위해 서부로 돌아가며 행복해 했다. 그는 자신이 평생 그랬듯이 전염병을 인지한 즉시 전투를 벌일 수 있게 늘 만반의 준비가 되어 있는 공중보건의들을 상시 대기시켜야 한다고 정부에 재촉했다.

종종 호기심 많은 시민들이 고대의 천벌에 현대인들은 어떤 대가를 지불해야 하느냐는 질문의 편지를 그에게 보내곤 했다. 캘리포니아 주 콜로라도에 사는 앨더 월이라는 부인 역시 그런 사람들 중 한 명이었다. 그녀는 선페스트에서 살아난 친구에게 공중위생국장의 조언을 들려주고 싶다고 했다. 그녀는 친구가 앞으로 참아 내야 할 증세들이 어떤 것이냐고 물었다.

블루는 이렇게 답장했다. "부인, 선페스트의 재앙은 사람의 심장에 '가혹한 흔적'을 남깁니다. 그리고 그것은 사람마다 다를 수 있습니다."

감사의 글

페스트부터 에이즈까지 온갖 유행병들에 관한 기사를 담당하는 의학전문기자로서 나는 다니엘 디포의 『페스트 일기』를 읽고 또 읽었다. 질병의 원동력은 무엇인가, 두려움이 인간을 얼마나 어리석은 존재로 몰아붙일 수 있는가에 대한 통찰력을 기르기 위함이었다. 1994년 새로 맡은 『월 스트리트 저널』의 건강 칼럼을 쓰기 시작할 무렵, 페스트가 지구 저 반대쪽에 있는 인도에 다시 나타났다. 페스트가 다시 등장하면서 마스크를 쓰고 환자와 죽은 사람들을 살피는 인도 의사들의 사진이 서구인들의 눈앞에 열병의 악몽을 다시 떠올리게 만들었다. 뉴욕이나 로스앤젤레스에 전염병에 감염된 여행객들이 들어올지도 모른다는 우려가 생겨났다. 각 신문의 편집장들은 내게 인도에서 발생한 열병에 대해 칼럼을 써달라고 청탁했다. 나는 미국의 질병예방 통제센터가 전염병의 유입을 막기 위해 어떤 식으로 공항을 감시하고 있는지에 대한 글을 썼다. 이곳의 전문가들은 여객기에 실려 들어올지도 모르는 질병의 위협에 대해 경계태세를 취하고 있었다. 그들은 페스트가 미국 서부의 야생계에서는 이미 풍토병으로 자리잡았다고 말했다. 이 외국의 재앙처럼 보이는 질병이 사실은 이미 미국 땅에 익숙한 존재라는 소리였다. 그래서 페스트가 어떻게 미국에 들어오게 되었을까 하는 이야기를 해보고 싶었다.

그러나 페스트가 10년간 그을려 놓고 지나간 역사를 재복원하는 데는 여러 사람의 도움이 필요했다. 작업 초기에는 샌프란시스코 캘리포니아 대학의 의학사학자 귄터 리세가 학술적으로 분석해 쓴 논문들에서 유익한 정보를 얻었다. 특히 리세 박사가 1992년 『블루틴 오브 더 히스토리 오브 메디신Bulltin of the History of Medicine』지에 기고한 기사 「오래 당기기, 힘차게 당기기, 함께 당기기」는 풍부한 사건 기록들은 물론, 유행병을 진압하는 활동에서 정치적인 힘이 어떤 역할을 할 수 있는지에 대해 눈을 뜨게 해 주었다. 페스트에 걸린 아동들을 치료했던 샌프란시스코 종합병원의 전前 소아과 과장 모지스 그로스먼은 조사에 많은 힘을 보태 주었다. 이 도시의 역사학자들, 샌프란시스코 역사박물관의 글래디스 핸슨과 찰스 프라키아는 친절하게 전문지식을 나누어 주었다. 또 '소사이어티 오브 캘리포니아 파이오니어스'의 수전 하스 역시 많은 사진 자료들을 참고할 수 있게 해 주었다.

미국 공중보건사 연구가인 존 파라스캔돌라에게 특별히 감사하고 싶다. 많은 자료, 식견 그리고 전문적인 해설을 통해 나를 자신의 전문 분야로 이끌어 준 참 너그러운 스승이었다.

한편 메릴랜드 칼리지파그의 국립문서관리국에서 노련한 사서 마조리 시아랜트의 도움을 받아 일주일 동안 각종 기록들을 뒤적거리며 나는 행복한 비명을 질렀다. 그녀는 국립공문서관리국의 90번 그룹 중앙 파일(1897~1923)들로 가득 채운 폭스바겐만 한 크기의 수레를 밀고 왔다. 그 속에 쌓여 있는 해묵은 편지, 검시 보고서, 전보 등은 미국 공중위생국 페스트 전사들의 역사를 고스란히 담은 채 세월과 함께 담배처럼 누렇게 변해가고 있었다. 캘리포니아 샌 브루노의 국립공문서관리국 직원들에게도 감사를 전하고 싶다. 이곳에는 엔젤 아일랜드 검역소에 대한 기록 문서들과 1906년 지진에 대한 기록 문서들이 보관되어 있다. 메릴랜드 베데스다 국립의학도서관의 스티븐 그린버그, 엘리자벳 튜니스 및 모든 직원에게 감사한다. 그들은 조지프 J. 키년의 편지와 각종 사진 및 기타 서류들을 조사하는 데 도움을 주었다.

버클리 캘리포니아 대학의 밴크로프트 도서관과 이스트 아시안 도서관의 풍부한 자료들 역시 큰 보탬이 되었다. 또 마이크로필름으로 한 세기 전의 차이나타운 신문들을 참을성 있게 조사해 준 도서관 사서 웨이치푼에게 깊은 감사를 전한다. 버클리 볼트 홀 법과대학의 찰스 맥클레인 교수는 공중위생과 시민권 사이의 충돌에 대한 분석에 도움을 주었다. 샌프란시스코 시립도서관의 샌프란시스코 역사관은 각종 문서와 사진 자료를 찾기에는 더없이 좋은 천국이었다. 톰 캐리와 팻 애크러 및 그들의 동료들에게 감사한다.

세기를 거슬러 올라가 차이나타운 문화의 비밀을 여는 일은 번역가 프리시아 휴이 수녀의 도움이 없었다면 불가능한 일이었다. 그녀는 차이나타운의 일간지 『충사이예포』지의 기사들 속에서 중국인 이민자들의 상처를 읽어 내고 유머와 몸짓으로 나를 '황금산' 이민자공동체의 정교한 언어 세계로 안내했다. 샌프란시스코 차이나타운의 많은 학자들과 토론을 나누며 큰 도움을 받았다. 해리 처크 신부, 중국인 자선협동단체의 제임스 친 그리고 산타크루즈 캘리포니아 대학의 교수이며 샌프란시스코 중국계미국인사 단체의 회원인 주디 영 교수가 그들이다.

콜로라도 주 포트 콜린스의 질병예방통제센터 소속의 페스트 학자인 케네스 게이지, 데이빗 데니스, 메리 추 박사들은 페스트에 대해 자신들이 알고 있는 모든 지식을 나눠 주었다. 쥐부터, 벼룩, 인간 희생자들에 대한 내용까지. 파리 파스퇴르 연구소의 페스트 도서관 관장 엘리사벳 카르니에는 베트남에서 마다가스카르까지 전세계 페스트 발생지역에 전염병이 만연했지만 예방접종이 불가능했던 시절의 모험들을 들려주었다.

루퍼트 블루의 유령을 열심히 추적하며 그의 고향마을까지 찾아온 양키 기자를 너그럽게 보아준 사우스캐롤라이나 매리언의 주민들에게도 깊은 감사를 전한다. 톰 그리그스의 친절, 토미 렛의 문화적인 안내 그리고 수전 개스케, 루시아 애트킨슨, 엘리자벳 매킨타이너 부인이 제공해 준 사회사적인 지식들, T. 캐롤 애트킨슨 3세 판사와 함께 나눈 대화 등이 이 책에 감칠맛을 더해 주었다. 특히 루퍼트 블루가 성장했던 농장을 돌아보게 허락해 준 블루 필드 대농장의 주인 로버트 맥컬롬에게 특별한 감사를 전한다.

동료 메리 크리스틴 카트맨은 쾌활하고 흑색 옥과 같은 눈을 지닌 루퍼트 블루의 중년 시절 로맨스에 대한 정보들을 찾아 다니고 역사가 베스 퍼맨의 필사본 노트를 해독하느라 애썼으며 마이크로필름에서 페스트와 관련된 일간지 기사들을 찾느라고 고생했다.

직업 세계 안으로 자신의 개인사를 끌어들이지 않고 '불평도 해명도 하지 않는 성격의' 알려지지 않은 영웅에 대해 조사하는 일은 어려운 도전이다. 루퍼트 블루라는 인물이 바로 그랬다. 많은 조사 끝에 나는 블루 가의 자손들 연락처를 알아냈다. 블루의 조카 손자들인 워싱턴 D.C.의 일레노어 스튜어트 블루, 플로리다 잭슨빌의 J. 마이클 휴스가 성의껏 작은할아버지에 대한 기억과 기록들을 나눠 주었다. 그들이 보여 준 자료들 중에는 샌프란시스코 시가 블루에게 증정했던 황금시계도 들어 있었다. 블루의 조카 손자인 휴스는 내 집요한 질문에 참을성을 가지고 성의껏 응해 주었고 다락방에서 블루의 거의 반세기 동안의 비범한 경력이 담겨 있는 사적인 편지들을 찾아 주었다. 더구나 가문의 보물을 나에게 맡겨 준 그 신뢰감에 더할 수 없이 큰 감사를 전한다.

또 메릴랜드 아널드의 콜비 박스톤 러커에게도 똑같은 감사의 마음을 전한다. 그 역시 할아버지 윌리엄 콜비 러커가 거의 40년간 썼던 일기와 글들을 맡길 만큼 나를 신뢰해 주었다. 윌리엄 콜비 러커는 선페스트와 황열병에 대항하는 전쟁에서 루퍼트 블루의 조수였다. 그리고 블루 박사의 충실한 전기 작가이기도 했다. 블루가 속을 잘 드러내지 않고 금욕주의적이었다면 러커는 솔직하고 감정적인 성격이었다. 페스트 퇴치운동에 대한 그의 보고서를 통해 블루의 성격을 엿볼 수 있었다.

『월스트리트 저널』지의 폴 스타이거 편집장과 다니엘 허츠버그 부편집장을 비롯해 편집부 직원들과 동료들의 지원이 없었다면 조사와 집필 과정 모두 불가능했으리라. 부장인 가브리엘라 스턴과 마이클 월드홀츠, 일리스 타노우에, 부부장인 론 윈슬로와 밥 맥고프에게 감사한다. 샌프란시스코에 있는 스티브 요더, 캐리 돌런, 앤 그라임스, 샤론 매시에게도 감사한다.

나의 대리인 핸리 두나우는 이전부터 재빠르고 직관적으로 내 계획을 이해하는 데 선수였다. 그는 내 글 속에서 생명력이 느껴질 때까지 산더미 같은 자료들을 파고들라고 나를 자극하곤 했다.

내 원고를 초고부터 완성본이 될 때까지 다듬어 준 랜덤 하우스의 편집자 앤 고도프 실장의 조언과 도움은 최고의 행운이 분명했다. 그녀의 열정 덕분에 나는 소설 기법에 눈을 떴다. 선샤인 루커크의 열정과 데이빗 에버쇼프 편집부 직원들 그리고 현대도서관의 커트니 호델에게 매우 감사한다.

모든 조사가들은 대가들의 도움에 의지한다. 그리고 12명의 대가들이 내 원고를 감수하기 위해 자신들의 본업을 잠시 옆으로 밀어 두었다는 사실을 나는 잘 알고 있다. 바로 미국 공중보건 사학자 존 패러 스캔돌라, 페스트 과학자 데이빗 데니스 박사, 캔 게이지 박사, 메이 추 박사, 모지스 그로스먼 박사, 차이나타운 사학자 힘 마크 라이, 샌프란시스코 사학자 글레이디스 한센, 찰스 프라키아, 의학사 연구가 권터 B. 리세, U.C. 버클리의 법학과 교수 찰스 맥클레인, 존스 홉킨스 대학의 법과 공중보건학자 제임스 G. 하즈가 그런 분들이다. 그분들의 건설적인 조언이 매우 보탬이 되었다.

마지막으로 이 모험에 함께해 준 남편 랜돌프 체이스 박사와 우리 아이들 존던 앤드류, 레베카 클레어에게 큰 사랑과 감사를 전한다.

주석

1. 맬컴 E. 바커(Malcolm E. Barker)의 『샌프란시스코의 더 많은 추억(More San Francisco Memoirs), 1852-1899』(샌프란시스코, 런던본 출판사, 1996), pp. 269, 225-226. 영국인 소설가 앤서니 트롤럽(Anthony Trollope)은 샌프란시스코에 그다지 특별한 인상을 받지 못했다. "샌프란시스코에는 볼 만한 것이 거의 없다." 라고 표현했을 정도이다. "시설이 좋지 못한 야생 동물원과 바다사자의 울음소리를 들을 수 있는 '클리프 하우스' 정도가 고작이다." 그리고 이 도시의 주목할 만한 유일한 특징은 증권거래소뿐이라고 덧붙이면서, 파리의 거래소보다 훨씬 더 '광적인' 분위기라고 지적했다.

2. "후들럼(hoodlum)이라는 단어는 샌프란시스코의 특산물이다." 사무엘 윌리엄스라는 스크리브너 출판사 소속의 한 작가는 이렇게 쓰고 있다. "유쾌하고 평화로운 분위기일 때 샌프란시스코인들의 주요한 오락거리 중 하나가 중국인에게 돌팔매질하기이다." 또 다른 어원학자는 Muldoon(멀둔)이라는 성(姓)의 어형이 잘못 전해져서 생긴 아일랜드어 noodlum이나 바바리아어의 hodalump을 잘못 발음해서 나온 단어라고 추정하기도 한다. 바커의 『샌프란시스코의 더 많은 추억』, pp. 228-231을 참고하기 바란다.

3. 검역관 조지프 키년은 1900년 3월 샌프란시스코에서 발생한 페스트의 원인을 제공한 것이 오스트레일리아호일지 모른다고 생각했다.

4. 1900년 3월 8일자 〈충사이예포〉에 실린 '왕 춧 킹 사건'을 프리시아 휴이가 번역했다. [외국어에 대한 음역 및 음성표기의 차이로 인해 왕 춧 킹(Wong Chut King)의 이름 표기가 영자신문에서는 Wing Chut King 혹은 Chick Gin 등 여러 가지로 표기되

었음에 유의해야 한다. '링엽(Ling Yup)'이라는 그의 고향 지명에 대해서 차이나타운의 사학자인 힘 마크 라이는 광동성 출신들이 'n'과 'l' 소리가 뒤섞인 발음을 낸다는 사실에 주목한다. 즉 링엽(Ling Yup)이 아니라 서닝(Sunnig) 지역의 생략형 표기인 닝엽(Ning Yup)이 옳을 것이라는 추정이다. 페이항은 광동인들과 북경인들이 섞여 사는 지역이다. 백항(Bak Hang)으로도 알려져 있는 이 지역에서 '왕'은 아주 흔한 성이다.]

5. 페스트의 병리학적인 설명과 전염에서 죽음에 이르기까지의 진행과정에 대해 그레그(Gregg)가 〈페스트(Plague)〉 pp. 113-128에 묘사해 놓았다.

6. 1900년 3월 8일자 〈충사이예포〉 1면의 '왕 츳 킹 사건'. 장의사의 의미와 '수명이 긴 관'이라는 사우판포의 뜻을 설명한 부분은 프리시아 휴이의 도움을 받았다. 그리고 장의사와 장례의 문화적 의미에 대한 부분은 사학자 힘 마크 라이의 견해를 참조했다. '사우판' 혹은 '사우반'은 문자 그대로 수명이 긴 판자로 만든 관을 의미한다. '포'는 상점이란 의미이다. 또 그는 '츙상포'라는 단어가 더 나을지 모른다고 덧붙였다. 이것은 긴 수명과 관 양쪽 모두와 관련된 용품을 판매하는 상점이라는 의미라고 한다.

7. 1892년에서 1895년 사이에 찍었으리라 추정되는 루퍼트 블루의 해병대 병원 제복 차림 사진은 콜롬비아 사우스캐롤라이나 대학 내 사우스캐롤라이니언 도서관에 소장된 블루가(家) 콜렉션의 일부이다.

8. 16세의 담배 제조공 림 파 무에의 선페스트로 인한 사망 기사는 '캘리포니아 주 샌프란시스코 시군 중국인 영안실 기록'에 남아있는 내용이다. 이 기록은 캘리포니아 샌 브루노의 NARA(미국 국립 문서 기록부)에 마이크로필름 형태로 보관되어 있다. 1900년 5월 30일자 〈샌프란시스코 콜〉 1면에도 키년 박사가 림 파 무에의 선에서 페스트균을 다시 발견했다는 내용이 실렸지만 '차이나타운 전문 조사관, 추가발견 단 한 건에 그쳐'라는 반어적인 제목을 달아놓았다. 여기 나열한 그녀의 증상은 찰스 T. 그레그가 『페스트 : 20세기의 고대 질병(Plague : An Ancient Disease in the Twentieth Centyry)』(알부케르크, 뉴 멕스코 대학 출판부, 1985)에서 묘사했던 선페스트의 전형적인 증상들이다.

9. 월터 위만이 1901년 2월 20일 빅터 본 박사에게 보내는 개인적인 비밀 서간. 친애하는 본 박사 / 오늘 박사에게 편지를 보내는 이유는 샌프란시스코 위원회와 관련된 정보가 앤아버로 혹시 새어 들어가더라도 언론에 공개되지 않도록 힘 좀 써달라고 부탁하기 위해서입니다. 그것은 지나치게 조심하다 빚어진 일이어서 샌프란시스코 위원회가 침묵의 봉인을 깰 이유는 전혀 없습니다. 그러나 앤아버의 언론은 상당히 활동적이라고 정평이 나있으니 위원회의 움직임을 통해 무엇인가 추론해낼 수 있을지도 모르지요. 이 침묵의 목적은 주지사를 우리 일에 협조하도록 끌어들이기 위해서입니다. 사실이 언론을 통해 공개된다면 우리 계획대로 끌고 나가기 힘들지도 모릅니다. 안녕히 계십시오. / 해병대 병원 공중위생국장 월터 위만.

10. 이레네 로시 건에 관한 전보에는 그녀의 주소를 Verraness 혹은 Versaness 18번지라고 적고 있는데 라틴계 구역의 골목인 바렌 가(varennes St.)를 잘못 표기했으리라 추정된다. 지금도 유니온 가와 그린 가 사이를 지나는 이 길 양편에는 빅토리아풍 집들이 줄지어 있다. 이곳은 피에트로 스파다포라와 그의 어머니가 사망한 재스퍼 플레이스에서 겨우 한 블록 남짓 떨어져 있다.

11. 소설보다도 더 흥미진진한 샌프란시스코 뇌물 사건 공판의 결말을 여기서 자세하게 설명하기에는 너무나 복잡하다. 미수로 그친 헤네이 검사의 암살 시도라든가 탐정 사무소를 내는 정보국 요원 번즈의 미래, 루프와 슈미츠 시장의 항소와 투옥기간의 단축, 시 정계로 복귀한 시장의 놀라운 시도 등 그 이후의 정황들 중 가장 중요한 부분들에 대한 이야기만도 300-316 페이지가 넘는 분량이다.

12. 바우어즈 일가의 비극은 당대의 여러 기사에서 언급되고 있다. 특히 1908년 윌리엄 잉글리스가 『하퍼즈 위클리』에 쓴 「벼룩, 쥐, 페스트」라는 기사에서는 생후 2개월 된 아기를 제외하고 가족 여섯 명이 모두 죽었다고 보도하고 있다. 시와 연방정부 기록을 살펴보면 마가렛과 하워드 바우어즈가 페스트로 죽었다는 점은 완전히 일치한다. 나머지 세 명의 가족은 최소한 병들고 마지막 네 번째는 병원에 입원했던 것으로 추정된다. 이 책의 사망자 수는 샌프란시스코 보건국의 사망증명서와 루퍼트 블루가 1907년 12월 30일에 월터 위만에게 보낸 마가렛 바우어즈의 부검 기록을 참고로 했다. 서류 중에는 바우어즈 부인을 '마가렛(Margaret)' 혹은 '마거리트(Marguerite)'로 다르게 표기한 것도 있다.

13. 다시 세워진 병원은 AIDS에 대응하는 공중위생의 전형이 되었다. 이 점에 대해서는 브라이스델과 그로스만이 『대재해, 유행병과 소홀히 여기는 질병들: 샌프란시스코의 공중위생과 공중 보건의 발달(Catastrophes, Epidemics and Neglected Diseases: San Francisco General Hospital and the Evolution of Public Care)』(샌프란시스코, 샌프란시스코 종합병원 재단, 캘리포니아 출판사, 1999)에서 자세히 다루고 있다.

14. 러커의 『황색 깃발 아래서(Under the Yellow Flag)』, p. 129. 아들을 데리고 여행을 떠남으로써 아내의 결핵이 아이에게 옮지 않게 막으려는 절망적인 노력에 대해 설명하면서 러커는 이렇게 적었다. "엄마에게 병이 옮지 않도록 피신시키는 것보다 아이를 그냥 질병에 노출시키는 편이 차라리 나을지도 모른다는 생각이 들었다. 육체적으로 몹시 힘든 여름이었지만 정신적인 고통은 조금도 가시지 않았다. 아네트의 병은 조금 차도가 있는가 싶더니 금방 더 악화됐다."

15. 리세는 블루를 가리켜 '부드럽게 말하면서도 권력의 지팡이를 휘두를 줄 아는 대단한 PR감각을 지닌 뛰어난 정치가'라고 치켜세운다. 하지만 2000년 어느 인터뷰 때, 남부에서 나고 자란 블루가 인종갈등이 내재된 샌프란시스코의 정치상황을 어떻게 잘 조정했을까, 라고 묻자 사우스캐롤라이나 마리온의 원로시민이며 블루 가의 친구이기도 한 엘리자벳 매킨타이어는 조금 다른 견해를 밝혔다. 그녀는 부드러운 목소리로 이렇게 대답했다. "왜냐하면 블루는 남부의 모성애를 지니고 있기 때문이죠."

16. 찰스 T. 그레그, 『페스트:20세기의 고대 질병(Plague: An Ancient Disease in the Twentieth Century)』(알부케르크, 뉴 멕스코 대학 출판부, 1985), pp. 211-213. 이 외에 R.W. 부어마이스터와 여러 명이 『미국 의학협회 연보 1962년 5월호』에 공동 집필하여 실은 기사 「실험실에서 포착한 선페스트(Laboratory-Acquired Pneumonic plague)」를 참고하기 바란다. 또 영국 응용미생물학 연구센터의 필 루턴이 쓴 개인 논문도 참고하라. 미국인의 죽음은 미국이 아직 세균무기 연구에 매달리던 시기에 일어났지만 영국인의 죽음은 영국이 공격용 화학무기 및 세균무기 개발계획을 포기한 이후에 일어났다는 사실에 주목해야 한다.

참고 문헌

⚬ 개인 소장 원고

Letters of Rupert Lee Blue. Collection of J. Michael Hughes, Jacksonville, Fl., great-nephew of Dr. Blue. Quoted by gracious permission of Mr. Hughes.

Blue family letters and memorabilia. Collection of Eleanor Stuart Blue, Washington, D.C., great-niece of Dr. Blue. Quoted by gracious permission of Ms. Blue.

Private papers of W. Colby Rucker. Collection of Colby Buxton Rucker, Arnold, Md., grandson of Dr. Rucker. Quoted by gracious permission of Mr. Rucker.

⚬ 공공 기록 보관소

National Archives and Records Administration. Public health documents in Records Group 90, Central File 1897-1923, the NARA II in College Park, Md., and at NARA in San Bruno, Calif.

National Library of Medicine. History of Medicine Division, Bethesda, Md.

The Library of Congress, Washington, D.C.

The Blue Family Collection, including letters of John Gilchrist Blue, Victor Blue, and photographs. The South Caroliniana Library, University of South Carolina, Columbia, S.C.

John Hendricks Kinyoun Papers. Genealogy Series, Rare Book, Manuscript, and Special Collections Library, Duke University, Durham, N.C.

◈ 신문
San Francisco Chronicle
San Francisco Examiner
San Francisco Call
The San Francisco News
The Sacramento Bee
San Jose Mercury
The Washington Post
The Washington Star
Chung Sai Yat Po, the daily newspaper of San Francisco Chinatown. Archived on microfilm at the University of California, Berkeley, East Asian Library.

◈ 단행본
Adams, Charles F. The Magnificent Rogues of San Francisco: A Gallery of Fakers and Frauds, Rascals and Robber Barons, Scoundrels and Scalawags. Palo Alto, Calif.: Pacific Books, 1998.

Alibek, Ken. Bilohazard. New York: Random House, 1999.

Barker, Lewellys F. Time and the Physician. New York: G. P. Putnam's Sons, 1942.

Barker, Malcolm E., ed. San Francisco Memories, 1835-1851: Eyewitness Accounts of the Birth of a City. San Francisco: Londonborn Publications, 1994.

________, ed. More San Francisco Memories, 1852-1899: The Ripening Years. San Francisco: Londonborn Publications, 1996.

________, ed. Three Fearful Days: San Francisco Memories of the 1906 Earthquake and Fire. San Francisco: Londonborn Publications, 1998.

Bean, Walton. Boss Ruef's San Francisco: The Story of the Union Labor Party, Big Business, and the Graft Prosecution. Berkeley: University of California Press, 1952.

Blaisdell, F. William, M.D., and Moses Grossman, M.D. Catastrophes, Epidemics and Neglected Diseases: San Francisco General Hospital and the Evolution of Public Care. San Francisco: The San Francisco General Hospital Foundation, California Publishing Co., 1999.

Boccaccio, Giovanni. The Decameron. Trans. Guido Waldman. Oxford: Oxford University Press, 1993.

Brechin, Gray. Imperial San Francisco: Urban Power, Earthly Ruin. Berkeley: University of California Press, 1999.

Bronson, William. The Earth Shook, the Sky Burned: A Photographic Record of the 1906 San Francisco Earthquake and Fire. San Francisco: Chronicle Books, 1986.

Camus, Albert. The Plague. Trans. Stuart Gilbert. New York: Vintage International, 1991.

Cantor, Norman F. In the Wake of the Plague: the Black Death and the World It Made. New York: The Free Press, 2001.

Choy, Philip P., Larraine Dong, and Marlon K. Hom. The Coming Man: 19th Century Perceptions of the Chinese. Seattle: University of Washington Press, 1995.

Craddock, Susan. City of Plagues: Disease, Poverty, and Deviance in San Francisco. Minneapolis: University of Minnesota Press, 2000.

Defoe, Daniel. A Journal of the Plague Year. London: Penguin Books, 1966.

Dennis, David T., Kenneth L. Gage, et al., Plague Manual: Epidemiology, Distribution, Surveillance and Control. Geneva: World Health Organization,

1999.

Fracchia, Charles A. Fire and Gold: The San Francisco Story. Encinitas, Calif.: Heritage Media Corp., 1996.

Furman, Bess. A Profile of the United States Public Health Service, 1798-1948. Washington, D.C.: U.S. Department of Health, Education, and Welfare, 1973.

Garraty, John A., and Mark C. Carnes. American National Biography. New York: Oxford University Press, 1999.

Genthe, Arnold. As I Remember. New York: A John Day Book, Reynal & Hitchcock, 1936.

Gregg, Charles T. Plague: An Ancient Disease in the Twentieth Century. Albuquerque: University of New Mexico Press, 1985.

Hammond, Peter M., and Gradon B. Carter. From Biological Warfare to Healthcare: Porton Down, 1940-2000. Hampshire, England: Palgrave, 2002.

Hansen, Gladys, and Emmet Condon. Denial of Disaster: The Untold Story and Photographs of the San Francisco Earthquake and Fire of 1906. San Francisco: Cameron and Company, 1989.

Harden, Victoria A. Inventing the NIH: Federal Biomedical Research Policy, 1887-1937. Baltimore: Johns Hopkins University Press, 1986.

Hart, James D. A Companion to California. New York: Oxford University Press, 1978.

Hodgson, Barbara. The Rat: A Perverse Miscellany. Berkeley: Ten Speed Press, 1997.

Hom, Marlon K. Songs of Gold Mountain: Cantonese Rhymes from San Francisco Chinatown. Berkeley: University of California Press, 1987.

Lai, Him Mark, Genny Lim, and Judy Yung. Island: Poetry and History of Chinese Immigrants on Angel Island, 1910-1940. Seattle: University of Washington Press, 1991.

Lau, Theodora. The Handbook of Chinese Horoscopes. New York: Perennial Library, 1988.

Levy, Harriet Lane. 920 O'Farrell Street: A Jewish Girlhood in Old San Francisco. Berkeley: Heyday Books, 1996.

Lewis, Sinclair. Arrowsmith. New York: Signet Classic, 1961.

Martin, Mildred Crowl. Chinatown's Angry Angel: The Story of Donaldina Cameron. Palo Alto, Calif.: Pacific Books, 1986.

Mayne, Alan. The Imagined Slum: Newspaper Representation in Three Cities, 1870-1914. Leicester: Leicester University Press, 1993.

McClain, Charles J. In Search of Equality: The Chinese Struggle Against Discrimination in Nineteenth-Century America. Berkeley: University of California Press, 1994.

McNeill, William H. Plagues and Peoples. New York: Anchor Books/Doubleday, 1977.

Melendy, H. Brett, and Benjamin F. Gilbert. The Governors of California: Peter H. Burnett to Edmund G. Brown. Georgetown, Calif.: The Talisman Press, 1965.

The Merck Manual. 17th ed. Edited by Mark H. Beers, M.D., and Robert Berkow, M.D. Whitehouse Station, N.J.: Merck Research Laboratories, 1999.

Merck's 1899 Manual. New York: Merck & Co., 1899.

Mollaret, Henri H., and Jacqueline Brossolet. Alexandre Yersin, ou Le vainqueur de la peste. Paris: Librairie Artheme Fayard, 1985.

Mullan, Fitzhugh. Plagues and Politics: The Story of the United States Public Health Service. New York: Basic Books, 1989.

Nee, Victor G., and Brett de Bary Nee. Longtime Californ': A Documentary Study of an American Chinatown. Stanford: Stanford University Press, 1986.

Numbers, Ronald L. Almost Persuaded: American Physicians and Compulsory Health Insurance, 1912-1920. Baltimore: Johns Hopkins University Press, 1978.

O'Brien, Robert. This Is San Francisco. San Francisco: Chronicle Books, 1994.

Pierce, J. Kingston. San Francisco, You're History! Seattle: Sasquatch Books, 1995.

Porter, Roy. The Greatest Benefit to Mankind: A Medical History of Humanity. New York: W. W. Norton & Co., 1997.

Rathmell, George. Realms of Gold: The Colorful Writers of San Francisco, 1850-1950. Berkeley: Creative Arts Book Company, 1998.

Rucker, W. Colby. "Under the Yellow Flag: Reminiscences of a Sanitarian." This unpublished autobiography of Dr. Rucker's was graciously shared by his grandson Colby Buxton Rucker of Arnold, Md.

Tchen, John Kuo Wei. Genthe's Photographs of San Francisco's Old Chinatown. Photographs by Arnold Genthe. New York: Dover Publications, 1984.

Todd, Frank Morton. Eradicating Plague from San Francisco: A Report of the Citizens' Health Committee and an Account of Its Work. San Francisco: C. A. Murdock & Co., 1909.

Twain, Mark. The Innocents Abroad. New York: Signet Classic, 1966.

__________. The Complete Humorous Sketches and Tales of Mark Twain. Edited by Charles Neider. Cambridge, Mass.: Da Capo Press, 1996.

Williams, Ralph Chester. The United States Public Health Service, 1798-1950. Washington, D.C.: Commissioned Officers Association of the United States Public Health Service, 1951.

Yung, Judy. Unbound Feet: A Social History of Chinese Women in San Francisco. Berkely: University of California Press, 1995.

________. Unbound Voices: A Documentary History of Chinese Women in San Francisco. Berkely: University of California Press, 1999.

Ziegler, Philip. The Black Death. Surrey, Eng.: Sutton Publishing Ltd., Bramley Books, Quadrillion Publishing Ltd., 1998.

☞ 기사, 논문, 구술 자료

Daniel, Edna Tartaul. "Robert Langley Porter: Physician, Teacher and Guardian of the Public Health." University of California, San Francisco, Medical Center Library, Archives and Special Collections. Permission to quote granted by Regional Oral History Office, Bancroft Library, University of California, Berkeley.

Link, Vernon B. "A History of Plague in the United States." Public Health Monograph no. 26. Washington, D.C.: U.S. Public Health Service, 1955.

Lipson, George Loren. "Plague in San Francisco in 1900: The United States Marine Hospital Service Commission to Study the Existence of Plague in San Francisco." Annals of Internal Medicine 77, no. 2 (August 1972): 303-310.

Lucaccini, Luigi F. "The Public Health Service on Angel Island." Public Health Reports 3 (January/February 1996): 92-94.

"The Report of the Government Commission on the Existence of Plague in San Francisco." Occidental Medical Times XV, no. 4 (April 1901): 101-117.

Risse, Guenter B. "'A Long Pull, a Strong Pull, and All Together': San Francisco and Bubonic Plague, 1907-1908." Bulletin of the History of Medicine 66

(Spring 1992): 260-286.

________. "The Politics of Fear: Bubonic Plague in San Francisco, California, 1900." In New Countries and Old Medicine: Proceedings of an International Conference on the History of Medicine and Health, edited by Linda Bryder and Derek A. Dow, pp. 1-19. Auckland, New Zealand: Pyramid Press, 1995.

Scholten, Paul. "When Bubonic Plague Came to San Francisco." San Francisco Medicine (July 1980), 16-18.

Trauner, Joan B. "The Chinese as Medical Scapegoats in San Francisco, 1870-1905." California History 57, no. 1 (Spring 1978): 70-87.

Wyman, Walter. The Bubonic Plague. Washington, D.C.: Government Printing Office, 1900.